"十二五"职业教育国家规划教材
经全国职业教育教材审定委员会审定

全国高等职业教育医疗器械类专业
国家卫生健康委员会"十三五"规划教材

供医疗器械类专业用

医用超声诊断仪器应用与维护

第 **2** 版

主　编　金浩宇　李哲旭

副主编　王　锐

编　者　（以姓氏笔画为序）

王　锐（沈阳药科大学）　　　　　　张刚平（广东食品药品职业学院）

刘　原（安徽医学高等专科学校）　　张庆祝（徐州市双惠医疗设备有限公司）

苏永兴（内蒙古自治区人民医院）　　张智强（日立医疗（广州）有限公司）

李　伟（山东医学高等专科学校）　　金浩宇（广东食品药品职业学院）

李哲旭（上海健康医学院）　　　　　陶　蔷（首都医科大学）

杨　蕊（上海健康医学院）　　　　　董安定（江苏医药职业学院）

人民卫生出版社

图书在版编目（CIP）数据

医用超声诊断仪器应用与维护/金浩宇,李哲旭主编.
—2 版. —北京:人民卫生出版社,2018
ISBN 978-7-117-25668-1

Ⅰ.①医… Ⅱ.①金…②李… Ⅲ.①超声波诊断机-
应用-高等职业教育-教材②超声波诊断机-维修-高等职业
教育-教材 Ⅳ.①TH776

中国版本图书馆 CIP 数据核字（2018）第 040217 号

人卫智网	www.ipmph.com	医学教育、学术、考试、健康,
		购书智慧智能综合服务平台
人卫官网	www.pmph.com	人卫官方资讯发布平台

医用超声诊断仪器应用与维护

第 2 版

主　　编：金浩宇　李哲旭
出版发行：人民卫生出版社(中继线 010-59780011)
地　　址：北京市朝阳区潘家园南里 19 号
邮　　编：100021
E - mail：pmph @ pmph. com
购书热线：010-59787592　010-59787584　010-65264830
印　　刷：三河市潮河印业有限公司
经　　销：新华书店
开　　本：850×1168　1/16　印张：21　插页：10
字　　数：494 千字
版　　次：2011 年 8 月第 1 版　　2018 年 7 月第 2 版
　　　　　2024 年 1 月第 2 版第 5 次印刷(总第 11 次印刷)
标准书号：ISBN 978-7-117-25668-1
定　　价：59. 00 元
打击盗版举报电话：010-59787491　E-mail：WQ @ pmph. com
（凡属印装质量问题请与本社市场营销中心联系退换）

全国高等职业教育医疗器械类专业
国家卫生健康委员会"十三五"规划教材
出版说明

《国务院关于加快发展现代职业教育的决定》《高等职业教育创新发展行动计划(2015—2018年)》《教育部关于深化职业教育教学改革全面提高人才培养质量的若干意见》等一系列重要指导性文件相继出台,明确了职业教育的战略地位、发展方向。同时,在过去的几年,中国医疗器械行业以明显高于同期国民经济发展的增幅快速成长。特别是随着《关于深化审评审批制度改革鼓励药品医疗器械创新的意见》的印发、《医疗器械监督管理条例》的修订,以及一系列相关政策法规的出台,中国医疗器械行业已经踏上了迅速崛起的"高速路"。

为全面贯彻国家教育方针,跟上行业发展的步伐,将现代职教发展理念融入教材建设全过程,人民卫生出版社组建了全国食品药品职业教育教材建设指导委员会。在指导委员会的直接指导下,经过广泛调研论证,人民卫生出版社启动了全国高等职业教育医疗器械类专业第二轮规划教材的修订出版工作。

本套规划教材首版于2011年,是国内首套高职高专医疗器械相关专业的规划教材,其中部分教材入选了"十二五"职业教育国家规划教材。本轮规划教材是国家卫生健康委员会"十三五"规划教材,是"十三五"时期人卫社重点教材建设项目,适用于包括医疗设备应用技术、医疗器械维护与管理、精密医疗器械技术等医疗器类相关专业。本轮教材继续秉承"五个对接"的职教理念,结合国内医疗器械类专业领域教育教学发展趋势,紧跟行业发展的方向与需求,重点突出如下特点:

1. 适应发展需求,体现高职特色 本套教材定位于高等职业教育医疗器械类专业,教材的顶层设计既考虑行业创新驱动发展对技术技能型人才的需要,又充分考虑职业人才的全面发展和技术技能型人才的成长规律;既集合了我国职业教育快速发展的实践经验,又充分体现了现代高等职业教育的发展理念,突出高等职业教育特色。

2. 完善课程标准,兼顾接续培养 本套教材根据各专业对应从业岗位的任职标准优化课程标准,避免重要知识点的遗漏和不必要的交叉重复,以保证教学内容的设计与职业标准精准对接,学校的人才培养与企业的岗位需求精准对接。同时,本套教材顺应接续培养的需要,适当考虑建立各课程的衔接体系,以保证高等职业教育对口招收中职学生的需要和高职学生对口升学至应用型本科专业学习的衔接。

3. 推进产学结合,实现一体化教学 本套教材的内容编排以技能培养为目标,以技术应用为主线,使学生在逐步了解岗位工作实践、掌握工作技能的过程中获取相应的知识。为此,在编写队伍组建上,特别邀请了一大批具有丰富实践经验的行业专家参加编写工作,与从全国高职院校中遴选出的优秀师资共同合作,确保教材内容贴近一线工作岗位实际,促使一体化教学成为现实。

4. 注重素养教育,打造工匠精神 在全国"劳动光荣、技能宝贵"的氛围逐渐形成,"工匠精神"在各行各业广为倡导的形势下,医疗器械行业的从业人员更要有崇高的道德和职业素养。教材更加强调要充分体现对学生职业素养的培养,在适当的环节,特别是案例中要体现出医疗器械从业人员的行为准则和道德规范,以及精益求精的工作态度。

5. 培养创新意识,提高创业能力 为有效地开展大学生创新创业教育,促进学生全面发展和全面成才,本套教材特别注意将创新创业教育融入专业课程中,帮助学生培养创新思维,提高创新能力、实践能力和解决复杂问题的能力,引导学生独立思考、客观判断,以积极的、锲而不舍的精神寻求解决问题的方案。

6. 对接岗位实际,确保课证融通 按照课程标准与职业标准融通、课程评价方式与职业技能鉴定方式融通、学历教育管理与职业资格管理融通的现代职业教育发展趋势,本套教材中的专业课程,充分考虑学生考取相关职业资格证书的需要,其内容和实训项目的选取尽量涵盖相关的考试内容,使其成为一本既是学历教育的教科书,又是职业岗位证书的培训教材,实现"双证书"培养。

7. 营造真实场景,活化教学模式 本套教材在继承保持人卫版职业教育教材栏目式编写模式的基础上,进行了进一步系统优化。例如,增加了"导学情景",借助真实工作情景开启知识内容的学习;"复习导图"以思维导图的模式,为学生梳理本章的知识脉络,帮助学生构建知识框架。进而提高教材的可读性,体现教材的职业教育属性,做到学以致用。

8. 全面"纸数"融合,促进多媒体共享 为了适应新的教学模式的需要,本套教材同步建设以纸质教材内容为核心的多样化的数字教学资源,从广度、深度上拓展纸质教材内容。通过在纸质教材中增加二维码的方式"无缝隙"地链接视频、动画、图片、PPT、音频、文档等富媒体资源,丰富纸质教材的表现形式,补充拓展性的知识内容,为多元化的人才培养提供更多的信息知识支撑。

本套教材的编写过程中,全体编者以高度负责、严谨认真的态度为教材的编写工作付出了诸多心血,各参编院校为编写工作的顺利开展给予了大力支持,从而使本套教材得以高质量如期出版,在此对有关单位和各位专家表示诚挚的感谢! 教材出版后,各位教师、学生在使用过程中,如发现问题请反馈给我们(renweiyaoxue@163.com),以便及时更正和修订完善。

人民卫生出版社

2018 年 3 月

全国高等职业教育医疗器械类专业
国家卫生健康委员会"十三五"规划教材
教材目录

序号	教材名称	主编	单位
1	医疗器械概论(第2版)	郑彦云	广东食品药品职业学院
2	临床信息管理系统(第2版)	王云光	上海健康医学院
3	医电产品生产工艺与管理(第2版)	李晓欧	上海健康医学院
4	医疗器械管理与法规(第2版)	蒋海洪	上海健康医学院
5	医疗器械营销实务(第2版)	金 兴	上海健康医学院
6	医疗器械专业英语(第2版)	陈秋兰	广东食品药品职业学院
7	医用X线机应用与维护(第2版)*	徐小萍	上海健康医学院
8	医用电子仪器分析与维护(第2版)	莫国民	上海健康医学院
9	医用物理(第2版)	梅 滨	上海健康医学院
10	医用治疗设备(第2版)	张 欣	上海健康医学院
11	医用超声诊断仪器应用与维护(第2版)*	金浩宇 李哲旭	广东食品药品职业学院 上海健康医学院
12	医用超声诊断仪器应用与维护实训教程(第2版)*	王 锐	沈阳药科大学
13	医用电子线路设计与制作(第2版)	刘 红	上海健康医学院
14	医用检验仪器应用与维护(第2版)*	蒋长顺	安徽医学高等专科学校
15	医院医疗设备管理实务(第2版)	袁丹江	湖北中医药高等专科学校/荆州市中心医院
16	医用光学仪器应用与维护(第2版)*	冯 奇	浙江医药高等专科学校

说明:* 为"十二五"职业教育国家规划教材,全套教材均配有数字资源。

全国食品药品职业教育教材建设指导委员会
成员名单

主 任 委 员：姚文兵　中国药科大学

副主任委员：刘　斌　天津职业大学　　　　　　　马　波　安徽中医药高等专科学校

　　　　　　冯连贵　重庆医药高等专科学校　　　袁　龙　江苏省徐州医药高等职业学校

　　　　　　张彦文　天津医学高等专科学校　　　缪立德　长江职业学院

　　　　　　陶书中　江苏食品药品职业技术学院　张伟群　安庆医药高等专科学校

　　　　　　许莉勇　浙江医药高等专科学校　　　罗晓清　苏州卫生职业技术学院

　　　　　　昝雪峰　楚雄医药高等专科学校　　　葛淑兰　山东医学高等专科学校

　　　　　　陈国忠　江苏医药职业学院　　　　　孙勇民　天津现代职业技术学院

委　　　　员（以姓氏笔画为序）：

　　　　　　于文国　河北化工医药职业技术学院　杨元娟　重庆医药高等专科学校

　　　　　　王　宁　江苏医药职业学院　　　　　杨先振　楚雄医药高等专科学校

　　　　　　王玮瑛　黑龙江护理高等专科学校　　邹浩军　无锡卫生高等职业技术学校

　　　　　　王明军　厦门医学高等专科学校　　　张　庆　济南护理职业学院

　　　　　　王峥业　江苏省徐州医药高等职业学校　张　建　天津生物工程职业技术学院

　　　　　　王瑞兰　广东食品药品职业学院　　　张　铎　河北化工医药职业技术学院

　　　　　　牛红云　黑龙江农垦职业学院　　　　张志琴　楚雄医药高等专科学校

　　　　　　毛小明　安庆医药高等专科学校　　　张佳佳　浙江医药高等专科学校

　　　　　　边　江　中国医学装备协会康复医学装备　张健泓　广东食品药品职业学院

　　　　　　　　　　技术专业委员会　　　　　　张海涛　辽宁农业职业技术学院

　　　　　　师邱毅　浙江医药高等专科学校　　　陈芳梅　广西卫生职业技术学院

　　　　　　吕　平　天津职业大学　　　　　　　陈海洋　湖南环境生物职业技术学院

　　　　　　朱照静　重庆医药高等专科学校　　　罗兴洪　先声药业集团

　　　　　　刘　燕　肇庆医学高等专科学校　　　罗跃娥　天津医学高等专科学校

　　　　　　刘玉兵　黑龙江农业经济职业学院　　邗枝花　安徽医学高等专科学校

　　　　　　刘德军　江苏省连云港中医药高等职业　金浩宇　广东食品药品职业学院

　　　　　　　　　　技术学校　　　　　　　　　周双林　浙江医药高等专科学校

　　　　　　孙　莹　长春医学高等专科学校　　　郝晶晶　北京卫生职业学院

　　　　　　严　振　广东省药品监督管理局　　　胡雪琴　重庆医药高等专科学校

　　　　　　李　霞　天津职业大学　　　　　　　段如春　楚雄医药高等专科学校

　　　　　　李群力　金华职业技术学院　　　　　袁加程　江苏食品药品职业技术学院

莫国民	上海健康医学院	**晨　阳**	江苏医药职业学院
顾立众	江苏食品药品职业技术学院	**葛　虹**	广东食品药品职业学院
倪　峰	福建卫生职业技术学院	**蒋长顺**	安徽医学高等专科学校
徐一新	上海健康医学院	**景维斌**	江苏省徐州医药高等职业学校
黄丽萍	安徽中医药高等专科学校	**潘志恒**	天津现代职业技术学院
黄美娥	湖南食品药品职业学院		

前　言

　　《医用超声诊断仪器应用与维护》(第1版)自2011年7月出版以来,得到了众多开设医疗器械相关专业的职业院校甚至是开设了生物医学工程专业的本科院校的广泛使用,有力地满足了国内医疗器械相关专业培养医用超声诊断仪器高端技术技能型人才的教材使用需求,获得了国内众多使用单位的青睐和好评,被教育部评为国家级"十二五"规划教材。然而,我们也清醒地认识到,第1版教材的出版只是解决了相关专业教材的有无问题,在使用中陆续收到使用单位反馈的不少问题,需要进一步修订完善。人民卫生出版社组织国内相关高职高专院校,启动了医疗器械相关专业教材的第2版修订编写工作。本书作为其中的一部重点专业教材,由国内多所高职院校和医疗器械生产企业的专家参与编写,参编人员针对第1版出现的问题包括部分章节的理论内容还显得过多、过深,课堂互动、案例分析、知识链接等增强教材趣味性、可读性、启发性的栏目还偏少等进行了充分的修订完善,并将书中主要教学设备需要根据使用单位的反馈进行调整和更新,同时充实应用实例的内容,补充更多的实训项目,加强理论联系实际。编写组克服了时间紧、任务重的种种困难,按期完成了书稿的编写,每章还配套提供了课件、同步练习和其他数字资源。

　　本书是为高职高专院校医疗器械相关专业编写的一本专业课教材,内容以介绍较为成熟的、在临床实践中广泛应用的B型超声诊断仪器技术为主,还介绍了目前超声诊断中出现的新知识、新技术、新设备,反映了超声诊断科技发展的趋势,使学生能够适应未来技术进步的需要,兼顾了实用性和先进性的要求。全书力求体现"以就业为导向、以能力为本位、以发展为核心"的职业教育理念,理论知识以"必需、够用"为原则,不追求学科知识内容的系统、完整,简化理论知识的阐释或推导过程,同时加强理论联系实际,充实应用实例的内容,"以例释理",将基础理论融入大量的实例中。

　　本书的第一、二、六章对超声诊断成像的基础理论、超声诊断仪器的基本情况和超声成像新技术进行了介绍,由王锐、陶蔷、李伟、张智强老师编写;第三章以临床应用最为广泛的B型超声诊断仪的基本原理、基本结构、基本电路为主线,选取典型仪器作为教学载体进行详细的分析,重点培养学生对超声典型电路的分析能力,为学习更为复杂的高端超声诊断仪和进行设备维修奠定良好的技术基础,由金浩宇、张刚平、董安定老师编写;第四、五章对目前临床超声诊断中应用的新知识、新技术和新设备进行了分析和介绍,由李哲旭、刘原、杨蕊老师编写;第七章对超声诊断仪器的质量控制与检测进行了专门的介绍,由李哲旭、王锐老师编写;本书的第八章对超声设备的验收、安装与维修进行了专门的讲解,介绍了大量非常实用的维修方法,列举了大量的维修案例,由张庆祝、苏永兴老师编写。本书的配套教材《医用超声诊断仪器应用与维护实训教程》专门对实训教学环节进行了设计,包括超声诊断仪的临床应用、质量控制、在线测试、维护保养及超声工作站的操作使用等实训内容,有相应的操作步骤,通过这些实践锻炼,可以切实培养学生对超声诊断仪器的动手实践能力。本书的编者为全书的出版作了大量的文字修订和图例的设计工作。

　　本教材既可作为高职高专医疗器械相关专业及本科生物医学工程专业的专业课教材,又可作为各级医院医学工程技术人员的技术培训及参考书。

　　为充分体现内容的先进性,本书在编写过程中参阅了大量的著作和期刊论文,在此谨向上述作者们致以诚挚的谢意!非常感谢本书的编写团队,你们牺牲了大量的节假日和休息时间,保证了本书的顺利完成,谢谢你们!

　　由于时间仓促,加之作者水平有限,错误和不足之处在所难免,恳请读者和同行批评指正!

金浩宇

2018 年 3 月

目　录

第一章

超声诊断成像技术的理论基础

ER-01章PPT

学习目标

知识目标

1. 掌握超声波的基本概念。
2. 熟悉超声波在人体组织中传播的相关特征参数。
3. 了解超声与物质相互作用的有关知识。

技能目标

1. 通过掌握超声波的特征参数，在实践中体会人体组织不同声阻抗对超声反射回波强度的影响。
2. 熟练应用超声波的传播与衰减特性，在实践中比较骨骼与空气以及其他介质对超声波的衰减差异。
3. 通过超声在人体中传播特性的知识储备，为后续医用超声诊断仪器的学习奠定基础。

导学情景

情景描述：

无论是健康体检还是到医院就诊，医生经常会让患者做超声检查。大多数人对超声的认识就是，怀孕后要对孕妇做 B 超检查。而事实上，超声绝非仅用于孕妇检查胎儿，这只是超声在临床医学应用的一部分而已，而且超声还可以用在非医学领域，比如工业领域。那么，超声波究竟是什么东西？它是如何被发现的？它具有什么特性？超声波究竟可以用在人体的哪些部位检查？超声波在这些物体中是如何传播的呢？

学前导语：

本章我们将带领同学们进入以下几个模块：了解超声波的发现过程；熟练掌握超声波的概念以及分类；通过学习超声波的特征参数以及超声波在人体的不同部位的传播特性以及衰减规律，分析超声在人体不同部位中的声像特点；了解超声与物质的相互作用。

第一节　超声波的发现及应用

一、超声波的发现

超声波的发现源于意大利。18 世纪时，意大利教士扎罗·斯帕拉捷（Lazzaro Spallanzani）是著名的博物学家、生物学家、生理学家和实验生理学家。他通过在黑暗的环境里分别蒙住蝙蝠的眼睛、鼻子、耳朵等部位对蝙蝠进行飞行实验,研究为何蝙蝠能在黑暗中自如飞行。

后来人们继续研究,终于弄清了其中的奥秘。原来,蝙蝠靠喉咙发出人耳听不见的"超声波",这种"声音"沿着直线传播,碰到物体就像光照到镜子上那样反射回来。蝙蝠用耳朵接受到这种"超声波",就能迅速做出判断,灵巧的自由飞翔,捕捉食物。

斯帕拉捷的实验,揭示了蝙蝠能在黑暗中飞行自如的奥秘:它是用超声波确定障碍物的位置的。

1880 年,皮埃尔·居里(Pierre Curie)和雅克·居里(Jacques Curie)兄弟发现压电效应,解决了利用电子学技术产生超声波的办法,从此迅速揭开了发展与推广超声技术的历史篇章。

医学超声(medical ultrasound)成像是向人体内发射超声波,并接收由人体组织反射的回波信号,根据其所携带的有关人体组织的信息重建超声影像,超声影像通过显示器显示出人体组织的超声成像切面图。

二、超声波的概念

在自然界里有各种各样的波,但根据其性质基本上可以分为两大类:电磁波和机械波。电磁波是由于电磁振荡产生的,是电磁场的变化在空间的传播过程,它传播的是电磁能量,如无线电波、可见光和 X 射线等,都属于电磁波,电磁波可以在真空及介质中传播,它在空气中传播的速度是 $3 \times 10^8 m/s$。

机械波是由介质中的质点受到机械力的作用而发生周期性振动产生的。机械波是由于机械力(弹性力)的作用,机械振动是在连续的弹性介质内的传播过程,它传播的是机械能量。我们熟悉的水波和地震波等都是机械波。机械波只能在介质中传播,不能在真空中传播。速度一般从每秒几百米至几千米,比电磁波速度要慢得多。机械波按其频率可分成各种不同的波(表 1-1)。

表 1-1　机械波分类

次声波	声波(可闻)	超声波
<20Hz	20 ~ 20kHz	>20kHz

超声波和声波一样,也是一种机械波,声波是物体机械振动状态(或能量)的传播形式。所谓振动是指物质的质点在其平衡位置附近进行的往返运动。譬如,鼓面经敲击后,它就上下振动,这种振动状态通过空气介质向四面八方传播,这便是声波。人的耳朵能够听到的声音其频率在 20Hz 到 20kHz 之间。

振动频率大于 20kHz 的,其每秒的振动次数(频率)甚高,超出了人耳听觉的上限(20kHz),人们将这种听不见的声波叫作超声波。超声波和可闻波本质上是一致的,它们的共同点都是一种机械振动,通常以纵波的方式在弹性介质内传播,是一种能量的传播形式,其不同点是超声波频率高,波长短,在一定距离内沿直线传播,具有良好的束射性和方向性。

知识链接

声　波

物体的机械振动是产生波的源泉，波的频率取决于物体的振动频率。频率范围在 20～20kHz 内的波称为可听声波（可闻声波），频率范围小于 20Hz 的波称为次声波，频率范围在 2×10^4～10^8Hz 的波称为超声波，频率范围在 10^8～10^{12}Hz 的波称为特超声波。次声波、可闻声波、超声波、特超声波统称声波。可见，整个声波频谱是比较宽的，其中只有可闻声波才能为人耳所听到，而次声、超声、特超声虽然属于声波却不能为人耳所察觉。

每秒振动 1 次为 1Hz，$1MHz=10^6$Hz 即每秒振动 100 万次。

超声波是 2×10^4～10^8Hz 的机械波。超声波的频率范围很宽，而医学超声的频率范围在 200kHz 至 40MHz 之间，超声诊断常用频率在 1MHz 到 10MHz 范围内，相应的波长在 1.5mm 至 0.15mm 之间。从理论上讲，频率越高，波长越短，超声诊断的分辨率越好。

目前腹部超声成像所用的频率范围 2～5MHz 之间，常用为 3～3.5MHz，眼科方面所使用的超声频率在 5～15MHz 范围内。

知识拓展

若将超声后散射显微镜也应用到医学超声波各个频段，其应用情况如图 1-1、图 1-2 所示。

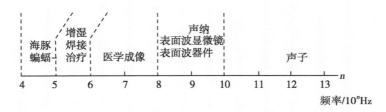

图 1-1　医学超声的频段范围在 10^5～10^8Hz

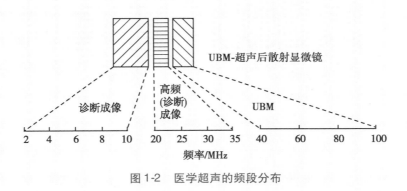

图 1-2　医学超声的频段分布

医学超声波检查的工作原理与声纳有一定的相似性，即将超声波发射到人体内，当它在体内遇到界面时会发生反射及折射，并且在人体组织中可能被吸收衰减。因为人体各种组织的形态与结构是不相同的,因此其反射与折射以及吸收超声波的程度也就不同,医生们正是通过仪器所反映出的波形、曲线、或影像的特征来辨别它们。此外再结合解剖学知识、正常与病理的改变,便可诊断所检查的器官是否有病。

案例分析

　　案例:超声波在自然界中是否也存在?

　　分析:虽然说人类听不出超声波,但自然界的风声、海浪声等含有超声波,特别是一些动物天生具有利用超声波的本领完成"导航"、追捕食物或避开危险物。 大家可能看到过夏天的夜晚有许多蝙蝠在庭院里来回飞翔,它们为什么在没有光亮的情况下飞翔而不会迷失方向呢? 原因就是蝙蝠能发出 2 万 ~ 10 万 Hz 的超声波,这好比是一座活动的"雷达站"。 蝙蝠正是利用这种"声纳"判断飞行前方是否有障碍物的。 与雷达在精确度和抗干扰能力等方面比较,蝙蝠远胜于现代无线电定位器。 深入研究动物身上各种器官的功能和构造,将获得的知识用来改进现有的设备的新学科叫作仿生学。

三、超声波的分类

1. 按质点振动方向和波传播方向的关系分类　　超声波依据质点振动方向与波的传播方向的关系,分为纵波和横波。

横波是质点振动方向与波的传播方向垂直的波。横波由切变弹性所引起,也称切变波如图 1-3(1)所示,横波不能在液体及气体介质中传播,这是因为液体和气体无切变弹性。

纵波是质点的振动方向与波的传播方向相同的波。纵波是由压缩弹性引起的。纵波通过时,介质中各点出现周期性的稀疏和稠密,因此也称为疏密波或压缩波如图 1-3(2)所示。纵波可以在固体、液体、气体介质中传播。

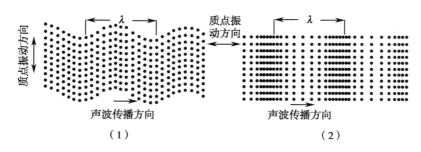

图 1-3　横波与纵波示意图
(1)横波　(2)纵波

由于人体软组织切变弹性很小,横波的传播特性比纵波的差,造成早期的超声诊断治疗仪主要采用纵波的方式传播。现在超声诊断仪所采用的非线性技术则利用横波的传播特性。

传播过程中,一种波形引起另一种波形时称为波形转换。例如当纵波以某一角度传到固体平面上,在界面上就发生复杂的机械相互作用,结果在固体中就有纵波与横波同时传播。超声诊断中,在软组织与骨骼界面上就会发生波形转换。由于横波的传播速度与方向均不同于纵波,因此会产生虚假的回波信号。

2. **按波阵面的形状分类**　波从波源出发,在介质中传播。在某一时刻介质中相位相同的各点组成的面称为波面。显然波面有无数个,最前面的一个波面也就是波源最初振动状态传播的各点组成的面,通常叫波阵面。波面有各种形状,波面为平面的波称为平面波,波面为球面的波称为球面波,波面为柱面的称为柱面波,如图1-4所示。

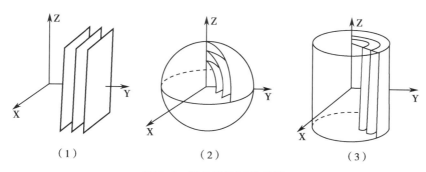

图 1-4　按波阵面形状分类
（1）平面波　（2）球面波　（3）柱面波

超声诊断中,探头发射的超声波在近场可视为平面波,在远场可视为球面波。但为了方便起见,我们把它都视为平面波。超声波与人体内微小障碍物(如红细胞)发生作用时,障碍物散射的超声波是球面波。

3. **按发射超声的类型分类**　可分为连续波和脉冲波。目前,连续波只用在连续波多普勒领域中,A 型、M 型、B 型、脉冲多普勒及彩色多普勒均采用脉冲波。

四、超声波的应用

超声波具有方向性好,穿透能力强,易于获得较集中的声能,在水中传播距离远等特点,可用于测距、测速、清洗、焊接、碎石等,在医学、军事、工业、农业上得到广泛的应用,主要体现在以下几方面:

1. **超声检验**　超声波的波长比一般声波要短,衍射现象不显著,具有较好的方向性,而且能透过不透明物质,超声波的这一特点,既便于定向发射以寻求目标,又便于聚焦以获得较大的声强,已被广泛用于超声波探伤、测厚、测距、遥控和超声成像技术。

2. **超声处理**　利用超声的机械作用、空化作用、热效应和化学效应(本部分内容详见本章第五节),可进行超声焊接、钻孔、固体的粉碎、乳化、脱气、除尘、除垢、清洗、灭菌、促进化学反应和进行生物学研究等,在工矿业、农业、医疗等各个部门获得了广泛应用。

3. **基础研究**　超声波作用于介质后,在介质中产生声弛豫过程,声弛豫过程伴随着能量在分子各自由度间的输运过程,并在宏观上表现出对声波的吸收。通过物质对超声的吸收规律可探索物质的特性和结构,这方面的研究构成了分子声学这一声学分支。

4. **医学应用**　医学领域最早利用超声波是在1942 年,奥地利医生杜西克首次用超声技术扫描脑部结构;以后到了20 世纪60 年代医生们开始将超声波应用于腹部器官的探测。如今超声波扫描技术已成为现代医学诊断不可缺少的工具(医学超声的详细内容将在后续章节中介绍)。

点滴积累　∨

1. 超声波是声波的一种,与电磁波在种类、传播的速度、能量的形式以及传播的条件有很大区别。
2. 超声波有多种分类办法,可以按照质点的振动方向和波的传播方向分;可以按照波阵面的形状分;可以按照发射超声的类型分;可以按照波的频率分。
3. 超声波由于其具有高频率、低波长以及穿透力强等特点,在工业、农业、军事、医学领域都有很重要的作用。

第二节　超声传播的特征参数

一、超声波的物理量

超声的物理量包括波长、周期和频率、声速等。

1. **波长**　沿声波传播方向,振动一个周期所传播的距离,或在波形上相位相同的相邻两点间距离,记为 λ,单位为 m。

对于纵波,波长等于两相邻密集点(或稀疏点)间的距离,如图 1-5(1)所示;对于横波,则是相邻两波峰(或波谷)之间的距离,如图 1-5(2)所示。

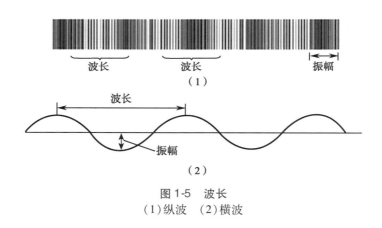

图 1-5　波长
(1)纵波　(2)横波

2. **频率**　介质中质点在单位时间内振动的次数称为频率,用 f 表示。单位为 Hz。频率在超声成像中是非常重要的参数,它与探测深度成反比,其大小决定设备的探测深度。

频率和波长在超声成像中是两个极为重要的参数,波长决定了成像的极限分辨率,而频率则决定了可成像的组织深度。

3. **周期**　声源振动一次所经历的时间,记作 T,单位为 s,它还等于介质中的质点在平衡位置往返摆动一次所需的时间。其大小与成像的分辨率有关。

$$T = 1/f$$ 　　　　　　　　　　　式(1-1)

超声诊断常用的频率范围在 1 ~ 10MHz 之间,而最常用的为 2.5MHz、3MHz、3.5MHz、5MHz 或 7.5MHz。

4. 声速 超声波每秒在介质中传播的距离,记作 c,单位为 m/s。

声波的传播过程实质上是能量的传递过程,它不仅需要一定的时间,而且其传递时间的长短还与介质的密度及弹性,介质的特性以及波动的类型有关。

它的大小由介质的性质所决定;与介质的密度和弹性模量有关。在人体软组织中传播的平均声速为 1540m/s(见表 1-2)。

表 1-2 超声波在人体组织中传播声速

介质名称	声速(m/s)	介质名称	声速(m/s)
空气(0℃)	322	肾脏	1560
空气(15℃)	340	头颅骨	3360
石蜡油	1420	羊水	1550
生理盐水(37℃)	1532	晶状体	1474
人体软组织(平均值)	1540	玻璃体	1532
血液	1570	巩膜	1604
脑组织	1540	钢铁	5300
肌肉	1568	铝	6400
脂肪	1476	有机玻璃	2720
肝脏	1570		

频率 f、波长 λ 和声速 c 三者之间的关系是:

$$c = \lambda \times f \qquad\qquad 式(1-2)$$

由于液体和气体只能承受压应力,不能承受剪切应力,在液体和气体介质中只能传播纵波,不能传播横波和表面波。液体和气体中的纵波波速 c 为:

$$c = \sqrt{\frac{K}{\rho}} \qquad\qquad 式(1-3)$$

式(1-3)中:

K—介质的容变弹性模量;

ρ—介质密度。

由公式(1-3)可知,液体、气体介质中的纵波声速与其容变弹性模量和密度有关,介质的容变弹性模量愈大、密度愈小,声速就愈大。液体介质中的声速与温度有关,除水以外的所有液体,当温度升高时,容变弹性模量减小,声速降低。水温度低于74℃时,声速随温度升高而增加;高于74℃时,声速随温度升高而降低。

相同频率的超声波在不同介质中传播,声速不相同。通常超声波在固体中传播的速度大于在液体中的传播速度,在液体中的传播速度又大于在气体中的传播速度。

人体组织分软组织(包括血液、体液)、骨与软骨及含气脏器(如肺、胃肠道)。医用超声设备一般将软组织声速定为1540m/s(平均值)。通过该声速可测量软组织的厚度。

二、超声波声场的特征参数

所谓声场,是指声波在其中传播的那部分介质范围,即有声波存在的弹性介质所占有的空间。声场可以分为自由声场和混合声场。

1. **声压**　超声波在介质中传播,介质的质点密度时疏时密,以致平衡区的压力时弱时强,这样就产生了一个周期性变化的压力。

有超声波时介质中的压力与静压力之差[见式(1-4)]用 P 表示。声压分瞬时值、有效值、平均值、最大值等,若无特别说明均为有效值。

$$P = P_w - P_0 \qquad 式(1-4)$$

式(1-4)中:

P_w 为有波动时的压强;

P_0 为无波动时的静压强。

单位:帕斯卡(Pa),微帕斯卡(μPa),$1Pa = 10^6\mu Pa$。

特点:声压的幅值与介质密度、波速和频率成正比。

2. **声强**　在超声波声场中某一点的单位时间内,一个垂直于传播方向上单位面积产生的平均超声能量称为超声强度,简称声强,用 I 表示。对于平面波或球面波时,在传播方向上的有效声强 I_0 为:

$$I_0 = \frac{P^2}{\rho_0 c} \qquad 式(1-5)$$

式(1-5)中:

I_0——有效声强;

P——有效声压;

ρ_0——介质密度;

c——声速。

超声强度的单位为瓦/厘米^2(W/cm^2)或焦耳/(厘米^2·秒)(J/(cm^2·s))。

声强是超声诊断与治疗中的一个重要参量。声强与声源的振幅有关,振幅越大,声强也越大;振幅越小,声强也越小。当声源发出的声波向各个方向传播时,其声强将随着距离的增大而逐渐减弱。这是由于声源在单位时间内发出的能量是一定的,离开声源的距离越远,能量的分布面也越大,因此通过单位面积的能量就越小。基于这一原理,在超声诊断探头发射超声时,必须考虑波束的聚焦,它可以减小声能的分散,使声能向一个比较集中的方向传播,因而可以增加诊断探测的深度。

当超声波传播到介质中某处时,该处原来静止不动的质点开始振动。因而具有动能。同时该处介质产生弹性变形,因而也具有弹性位能,其总能量为二者之和。

3. **声阻抗**　介质的密度与超声在介质中传播速度的乘积称声阻抗。声阻抗值一般为固体>液>气体。超声在密度均匀的介质中传播,不产生反射和散射。当通过声阻抗不同的介质时,在两种介质的交界面上产生反射与折射或散射与绕射。

声场中某一位置上的声压与该处质点振动速度之比定义为声阻抗(式(1-6)),用 Z 表示。

$$Z = \frac{P}{V} = \rho c \qquad 式(1-6)$$

式(1-6)中:

P—介质中某点有效声压;

V—振动质点速度有效值;

ρ—介质密度;

c—声速;

Z—声阻抗率有效值。

声阻抗是表征介质声学性质的重要物理量。超声波在两种介质组成的界面上的反射和透射情况与两种介质的声阻抗密切相关。由于声速 $c = \sqrt{B/\rho}$(B 为弹性系数),故有 $Z = \sqrt{\rho B}$。这表明声阻抗率 Z 只与介质本身声学特性有关,故又称特性阻抗。介质越硬,B 值越高,声特性阻抗越大。材料的声阻抗与温度有关,一般材料的声阻抗随温度升高而降低。这是因为声阻抗 $Z = \rho c$,而大多数材料的密度 ρ 和声速 c 随温度增加而减少。

特性阻抗类比于线性电路中的电阻,声压类比于电压,振速类比于电流,故式(1-6)类比于线性电路中的欧姆定律公式(1-7):

$$R = \frac{V}{I} \qquad 式(1-7)$$

超声诊断中常用的各种介质的声特性阻抗在表1-3中列出。

表1-3　常用介质的密度、声速、声阻抗

介质名称	密度(g/cm³)	超声纵波声速（m/s）	声阻抗（10^5瑞利）
空气(22℃)	0.00118	344	
水(37℃)	0.9934	1523	0.000407
生理盐水(37℃)	1.002	1534	1.513
石蜡油(33.5℃)	0.835	1420	1.186
血液	1.055	1570	1.656
脑脊液	1.000	1522	1.522
羊水	1.013	1474	1.493
肝脏	1.050	1570	1.648
肌肉	1.074	1568	1.684
人体软组织(平均值)	1.016	1500	1.524
脂肪	0.955	1476	1.410
颅骨	1.658	3360	5.570
晶状体	1.136	1650	1.874

按声速和阻抗的不同,人体组织可分成三类:气体和充气的肺;液体和软组织;骨骼和矿物化后的组织。由于这三类材料存在着较大的阻抗差别,超声波很难从某一类材料传到另一类材料区域中

去。结果限制了超声成像诊断只能用于那些有液体和软组织的,且声波传播通路上没有气体或骨骼阻挡的那些区域。但是,在液体和软组织中,声速和阻抗变化不大,使得声反射量适中,既保证了界面回波的显像观察,也保证了声波可穿透足够的深度,而且接收回波的时延与目标深度近似的成正比关系,这是 B 超诊断图像成功应用必要的物理基础。

4. **分贝与奈培**　生产实验中,声强数量级最大值与最小值相差 12 个数量级,如听觉的声强范围为 $10^{-16} \sim 10^{-14} \mathrm{W/cm}^2$,显然不方便,用相对量比值取对数,大大简化运算,同时由于人体听觉对声信号强弱刺激反应不是线形的,而是成对数比例关系。所以采用分贝与奈培来表达声学量值单位。

通常规定引起听觉的最弱声强 $I_1 = 10^{-16} \mathrm{W/cm}^2$ 为作为声强的标准,另一声强 I_2 与标准声强 I_1 之比的常用对数称为声强级,单位为贝尔(Bel)。

$$L = \lg \frac{I_2}{I_1} (\text{Bel}) \qquad 式(1\text{-}8)$$

实际应用贝尔太大,故式(1-8)取 1/10 贝尔即分贝(dB)来作单位。

$$L = 10\lg \frac{I_2}{I_1} = 20\lg \frac{P_2}{P_1} (\text{dB}) \qquad 式(1\text{-}9)$$

$$\Delta = 10\lg I_2/I_1 = 20\lg P_2/P_1$$

式(1-9)中:

I_1—标准声强;

I_2—某点声强;

P_1—基准声压;

P_2—某点声压。

常用声压(波高比)对应的 dB 值列于表 1-4。

表 1-4　常用声压(波高比)对应的 dB 值

P_2/P_1 或 I_2/I_1	10	4	2	1	1/2	1/4	1/10
dB	20	12	6	0	−6	−12	−20

用分贝值表示回波幅度的相互关系,不仅可以简化运算,而且在确定基准波高以后,可直接用仪器衰减器表示波高。因此,分贝概念的引用对超声图像应用有很重要的实用价值。

5. **声压级**　声压级以符号 SPL 表示,其定义为将待测声压有效值 P_e 与参考声压 P_{ref} 的比值取常用对数,再乘以 20,即:

$$SPL = 20\lg \frac{P_e}{P_{ref}} \qquad 式(1\text{-}10)$$

其单位是 dB。

式(1-10)中:

P_e—待测声压有效值;

P_{ref}—参考电压有效值

6. **声强级**　声强级用 L 表示,其定义为某待测声强有效值 I 与参考声强 I_0 的比值的对数乘以

10,即：

$$L = 10\lg\frac{I}{I_0}$$ 式（1-11）

声强级的常用单位是分贝（dB）。

式（1-11）中：

I—某待测超声波声强的有效值；

I_0—参考声强。

超声诊断仪回波的动态范围可达 100dB 以上（以声压表示），就是指最大回波信号与最小回波信号之比可达 100 000 倍以上。

点滴积累

1. 超声波的基本物理量包括波长、周期、频率以及声速。
2. 超声波在固体、液体、气体中的传播速度依次减弱，并且传播速度只与介质的性质有关。
3. 超声波的特征参数包括声压、声强、声阻抗等。
4. 声阻抗是用来区分不同介质的主要传播参数，并且超声波在固体、液体、气体中的声阻抗也是依次减弱。
5. 声压级和声强级可以简单、方便的表征不同声波间的能量区别。

第三节　超声波在人体内的传播特性

由于超声波频率 f 高，波长 λ 短，超声波比普通声波具有特殊性，即近似于光的某些特征，如束射性、折射、反射等，本节简要介绍超声波在人体内传播的主要特性。

一、超声波的束射（定向）性

人耳可感受的声音是无指向性的球面波，即以声源为中心呈球面向四周扩散，其周围均能听到的声音。超声波频率越高，波长越短，超声波的束射性越强，其指向性越明显。当超声波发生的压电晶体直径尺寸远大于超声波波长时，所产生的超声波就类似于光的特性。

超声诊断装置用作人体检测时，紧靠探头的晶体辐射区域叫近场区，超声声场接近于圆柱状；离探头晶体辐射较远的区域，超声波声场以一定的角度扩散叫远场区。

知识拓展

超声在介质内传播的过程中，明显受到超声振动影响的区域称超声场，即超声能量作用的弹性介质空间。超声场具有以下特点：如果超声换能器的直径明显大于超声波波长，则所发射的超声波能量集中成束状向前传播，这种现象称为超声的束射性（或称指向性）。换能器近侧的超声波束宽度与声源直径相近似，平行而不扩散，近似平面波，该区域称近场区。近场区内声强分布不均匀。近场区以外的超声波以某一角度扩散称为远场区。该区超声波近似球面向外扩散，声强分布均匀，但逐渐减弱，换能器的频率愈高，直径愈大，则超声束的指向性越好、其能量越集中。

　　处于均匀介质中的声源所产生的超声场分布有一定的规律。而一个实际应用中的声源所产生的超声场往往并不处于一个均匀介质之中,当超声波在非均匀介质中传播,碰到不同的界面和各种反射物,都将形成反射,因此声场分布将变得十分复杂,要对其进行定量的精确分析是一件复杂的工作,需要专门的论述。如图 1-6 至图 1-9 所示是几个特定形状声源传输过程中的超声场分布情况。

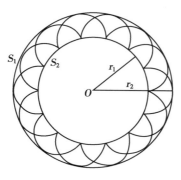

图 1-6　点声源的球面波声场图

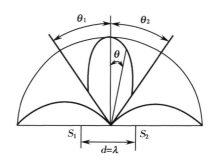

图 1-7　两个声源的声场指向性图

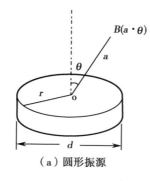

（a）圆形振源

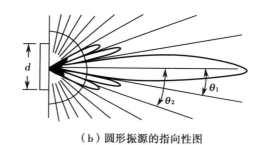

（b）圆形振源的指向性图

图 1-8　圆形振源及其声场指向性图

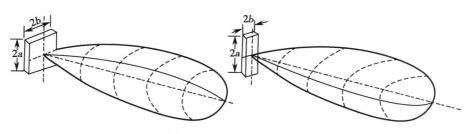

图 1-9　矩形换能器指向性图

　　由于超声波具有很强的束射性,在超声波治疗时,要注意使超声波前端与辐射面垂直,对准治疗部位。由于超声波前端辐射出的超声场中心处最强,愈向外侧愈弱,所以,在超声波治疗操作时,一般都要以一定的速度,在治疗部位做小圆周或其他形式的移动,以使治疗部位得到的超声波剂量基本均匀,从而保证治疗效果的良好。

二、超声波在人体组织界面上的反射特性

1. 声学界面　超声波在无限大的介质中传播只在理论上是可能的,实际上,任何介质总有一个

边界,超声波在非均匀性组织内传播或从一种组织传播到另一种组织,由于两种介质声阻抗不同(介质的密度和声速不同)形成声学界面(见图 1-10)。入射角、折射角、透射角(折射角)分别用 θ_i、θ_r、θ_t 来表示。

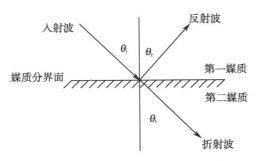

图 1-10　超声波入射、反射和折射波示意图

超声波透过界面时,其方向、强度和波形的变化,取决于两种介质的特性阻抗和入射波的方向。在原介质中的声波称为入射波;在分界面处,入射波的能量一部分产生反射,另一部分能量通过界面继续传播,这就是透射。透射后超声束的波速可能发生变化,但声束的频率是不变的。

如果界面尺寸比入射超声波的波长大很多时,则一部分入射超声波能量波速不变,在不同声阻抗改变的分界面处形成反射波,回到原介质内。

反射波能量强度由两介质(人体内组织)界面阻抗差和组织界面大小决定,一般反射组织界面越大,反射的超声波能量也越强。如果入射超声波的波长远大于反射界面尺寸时,不产生反射波。

2. 超声波声压反射系数　超声波垂直投射到两种不同的声阻抗 Z_1、Z_2 的介质界面时,不考虑超声吸收的情况下,超声波声压反射系数 γ 为:

$$\gamma = \frac{Z_2 - Z_1}{Z_2 + Z_1} \qquad 式(1\text{-}12)$$

式(1-12)中:

γ—超声波垂直投射的声压反射系数;

Z_1—第一介质组织声阻抗值;

Z_2—第二介质组织声阻抗值。

超声波以 θ 角投射到两种不同的声阻抗 Z_1、Z_2 的介质界面时,不考虑超声吸收的情况下,声压反射系数 γ_p 为:

$$\gamma_p = \frac{Z_2 \cos\theta_i - Z_1 \cos\theta_t}{Z_2 \cos\theta_r + Z_1 \cos\theta_t} \qquad 式(1\text{-}13)$$

式(1-13)中:

γ_p—超声波以 θ 角投射的声压反射系数;

Z_1—第一介质组织声阻抗值;

Z_2—第二介质组织声阻抗值。

难点释义

反射波、透射波相对于入射波的强弱由**反射系数**和**透射系数**来反映。声压反射系数是反射声压（P_r）与入射声压（P_i）的比值，声压透射系数是透射声压（P_t）与入射声压（P_i）的比值。声强反射系数是反射声强（I_r）与入射声强（I_i）的比值，声强透射系数是透射声强（I_t）与入射声强（I_i）的比值。

以上四个系数可根据下面的界面平衡条件求解：

1. 在界面上两边的总压力应该相等。

2. 界面上两边质点的速度应该连续。

公式表示如下：

（1）$P_r + P_i = P_t$

（2）$V_i \cos\theta_i - V_r \cos\theta_r = V_t \cos\theta_t$

再根据声阻抗的定义公式 $Z = \dfrac{P}{V}$ 代入（2）中，

联解，便可以得到四个系数。

3. 声强反射系数　超声垂直投射到两种不同的声阻抗 Z_1、Z_2 的介质界面时，不考虑超声吸收的情况下，声强反射系数为：

$$\gamma_q = \left(\frac{Z_2 - Z_1}{Z_2 + Z_1}\right)^2 \qquad\qquad 式（1\text{-}14）$$

式（1-14）中：

γ_q—超声垂直投射的声强反射系数；

Z_1—第一介质组织声阻抗值；

Z_2—第二介质组织声阻抗值。

超声波以 θ 角投射到两种不同的 Z 的介质界面时，在不考虑超声吸收的情况下，声强反射系数 γ_q 为：

$$\gamma_q = \left(\frac{Z_2 \cos\theta_i - Z_1 \cos\theta_t}{Z_2 \cos\theta_r + Z_1 \cos\theta_t}\right)^2 \qquad\qquad 式（1\text{-}15）$$

式（1-15）中：

γ_q—超声波以 θ 角投射的声强反射系数；

Z_1—第一介质组织声阻抗值；

Z_2—第二介质组织声阻抗值。

从式（1-12）到式（1-15）可见反射波声压和声强，与超声波投射到两种不同声阻抗 Z_1、Z_2 的介质界面声阻抗差成正比，两种介质声阻抗差愈大，反射能量越多，透射能量越少。超声波在固体-气体、液体-气体界面上反射强烈。这说明超声波很难从气体进入固体或液体中，反之也很难从固体或液体进入气体中。这也是很难利用超声波对肺进行诊断检查的原因。当 Z_1 与 Z_2 愈接近，则反射的能量越少,透过的能量越多,如果 $Z_1 = Z_2$,没有反射,即全透射。表 1-5 为不同界面(垂直时)反射系数值。

表 1-5　不同界面(垂直时)反射系数

	水	脂肪	肌肉	皮肤	脑	肝	血液	颅骨
水	0.000	0.047	0.020	0.029	0.007	0.035	0.007	0.570
脂肪			0.060	0.076	0.054	0.049	0.047	0.610
肌肉				0.009	0.013	0.015	0.020	0.560
皮肤					0.022	0.006	0.029	0.560
脑						0.028	0.000	0.570
肝							0.028	0.550
血液								0.570

医用超声探头声匹配层和晶体声阻抗率相同,在界面上无反射,保证晶体发射的超声波信号全部透射到人体。

超声诊断中,超声垂直反射的情况特别多。若超声倾斜入射到声阻抗不同的介质分界面上,则反射超声也呈斜射。

超声波通过人体内的器官时,由于组织结构差异而成为不同的声阻抗介质,会发生多层和多次的反射。反射体界面的介质可分为三种状态:①实质性;②囊性;③气体。

通过人体内的器官、组织结构差异界面反射是超声波诊断成像的主要基础,不发生界面反射就得不到需要诊断的信息,但反射太强,所剩余的超声能量太弱,又会影响进入第二层、第三层介质组织中去的超声能量,得不到所需要的诊断结果。如果反射面的线径较小,会呈现散射和绕射现象。

4. 人体各种组织、器官回声特征类型

(1)无反射型:血液、腹水、羊水、尿液、脓汁等液体物质,结构均匀,无明显声阻抗差异,反射系数近似为零,无反射回波的三无回声特征。形成无回声暗区声像图。但因吸收少,声能透射好,则具有后壁回声增强的特征。

(2)少反射型:呈现于实质均匀的软组织声阻抗差异较小、反射系数小、回声幅度小,是三小回声特征。检查用低增益时,相应区域表现为暗区,增加增益时,呈密集反射光点,即少反射型或低回声区。

(3)多反射型:结构复杂的实质组织声阻抗差异稍大、反射系数稍大、回波幅度稍大,是三稍强回声特征。检查用低增益时,为多个反射光点,增益加大时,回声光点更为密集明亮,称为高回声区。

(4)全反射型:软组织与含气组织的交界处声阻抗差异大、反射系数大(达 99.9%)、回波幅度大,是三大回声特征(近全反射),形成多次反射和杂乱的强反射。

三、超声波的折射

折射是因人体各种组织中的声阻抗不同,超声波束倾斜入射经过这些组织间的大界面时,由于声速发生变化而引起超声波束前进方向的改变。折射使测量、超声方向产生误差。

超声波入射到体表时,临界角一般 15°~20°,当入射角>20°时,超声波在介质分界面上全部反射,声束不能进入第二介质区。当超声波入射的界面不平度较大时,因折射声束会产生会聚或发散,超声图像易出现折射伪影。

四、超声波的透射

超声波垂直或倾斜入射到两种组织介质界面时,有部分超声能量产生透射,垂直通过界面后的超声传播方向不变,倾斜入射时通过界面后超声传播方向发生变化。

1. 声压透射系数　超声波垂直投射到两种声阻抗不同介质界面时,不考虑超声波吸收的情况下,声压透射系数 τ_P 为:

$$\tau_P = \frac{P_t}{P_i} \qquad \text{式(1-16)}$$

式(1-16)中:

P_t—透射波声压;

P_i—入射波声压。

根据超声波声压关系式(1-12)解出

$$\tau_P = \frac{2Z_2}{Z_2 + Z_1} \qquad \text{式(1-17)}$$

式(1-17)中:

τ_P—超声波垂直投射声压透射系数;

Z_1—第一介质组织声阻抗值;

Z_2—第二介质组织声阻抗值。

2. 超声以 θ 角投射到两种不同声阻抗 Z 介质界面时,不考虑超声吸收的情况下,声压透射系数为

$$\tau_P = \frac{2Z_2\cos\theta_i}{Z_2\cos\theta_t + Z_1\cos\theta_r} \qquad \text{式(1-18)}$$

如果第二媒介质为薄层时,其 τ_P 为:

$$\tau_P = \sqrt{\frac{1}{1 + \frac{1}{4}\left(m - \frac{1}{m}\right)^2 \sin^2 \frac{2\pi\sigma}{\lambda}}} \qquad \text{式(1-19)}$$

式(1-19)中:

σ—第二媒介质厚度;

λ—超声波长;

m—声字阻抗比($m = Z_1/Z_2$)

当 $\sigma = 0$ 或 $\sigma = 1/2\lambda$ 的整数倍时,τ_P 最大,当 $\sigma = 1/4\lambda$ 及奇数倍时,τ_P 最小。

从式(1-19)看出薄层界面的反射与透射情况。超声波通过异质薄层时的声压反射率和透射率不仅与介质声阻抗和薄层声阻抗有关,而且与薄层厚度同其波长之比有关。

当薄层两侧介质声阻抗相等,且薄层厚度为其半波长的整数倍时,超声波全透射,无反射,好像不存在异质薄层一样;当异质薄层厚度等于其四分之一波长的奇数倍时,声压透射率最低,声压反射率最高。

超声通过介质薄层传播的几种特殊情况:

(1) 若Z_2比Z_1和Z_3小得多(如中间有空气薄层),则Z_1Z_3/Z_2变得很大,入射的超声能量被大量反射而减小,超声透射的能量就非常小;

(2) 若薄层的厚度d远小于进入薄层的超声$\lambda/2$时,或者d约为半波长的整数倍时,薄层对超声的影响很小,可以忽略。超声诊断时使用的耦合剂的厚度应当尽可能地薄;

(3) 若第二层介质厚度为1/4波长的奇数倍,超声能量完全透射进入第三层。

3. 声强透射系数　超声波垂直投射到两种不同声阻抗值的介质界面时,声强透射系数τ_1为:

$$\tau_1 = \frac{透射波声强}{入射波声强} = \frac{I_t}{I_i} = \frac{4Z_2Z_1}{(Z_2+Z_1)^2} \qquad 式(1-20)$$

超声波以θ角投射到两种不同介质界面时,在不考虑超声吸收的情况下,声强透射系数τ_1为:

$$\tau_1 = \frac{4Z_2Z_1\cos^2\theta_i}{Z_2\cos\theta t + Z_1\cos\theta_r} \qquad 式(1-21)$$

当两种介质的声阻抗值Z近似时,透射的超声能量多,当$Z_1=Z_2$时,超声能量全部透射,而不发生反射。

实际超声诊断中,超声要通过几层特性阻抗不同的介质传播。例如,超声穿过探头和皮肤间的耦合剂进入人体后,要透过皮肤层、脂肪层、肌肉层,最后再进入内脏,这就要了解超声在通过各层介质后的传播规律。

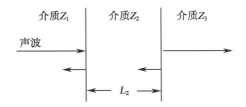

图 1-11　透过薄层的超声波

假设平面超声波垂直入射,通过三层介质(图 1-11),那么,第三层介质中的透射波能量I_3与第一层的入射能量I_1之间的关系

$$\frac{I_3}{I_1} = \frac{4Z_3Z_1}{(Z_3+Z_1)^2\cos^2K_2L_2 + (Z_2+Z_3Z_1/Z_2)^2\sin^2K_2L_2} \qquad 式(1-22)$$

式(1-22)中:$K_2 = 2\pi/\lambda$;L_2为中间层厚度。

上式的解在两种特殊情况特别有用。一种情况是:若中间层厚度$L_2 \ll \lambda_2/4$ 或 $L_2 = n\lambda_2/2$,n是整数,则:

$$\frac{I_3}{I_1} = \frac{4Z_3Z_1}{(Z_3+Z_1)^2} \qquad 式(1-23)$$

此时波能透过中间层传播而与该层材料的特性无关,就是说中间层足够薄,或厚度为半波长的整数倍,声波几乎可以全部通过第二种介质。因此,在超声诊断中耦合剂层的厚度尽可能薄,只要把探头与皮肤间的气泡排除即可。超声换能器辐射面上的保护膜厚度或水路耦合透声窗薄膜的厚度也要按这个关系选用。

另一种情况是，如果中间层厚度 $L_2 = (2n-1)\lambda_2/4$，n 为整数，且 $Z_2 = \sqrt{Z_1 Z_3}$ 则：

$$\frac{I_3}{I_1} = 1 \qquad\qquad 式（1-24）$$

由此可见：中间层的厚度为四分之一波长的奇数倍，且特性阻抗等于其他两种介质特性阻抗的几何平均值时，从第一种介质到特性阻抗完全不同的第三种介质，有可能达到完全透射。这一结论对于制造超声诊断仪器探头十分有用。晶体如果直接与皮肤接触，由于它们两者声阻抗率相差较大，超声能量将有相当一部分反射回来，进入人体的只是一部分。为此，在晶体表面增加一层匹配层，其厚度为 $\lambda_2/4$ 的奇数倍，声阻抗等于晶体和皮肤声阻抗的几何平均值，则超声能量就能全部透过匹配层而进入人体。

五、超声波的衍射

当超声传播过程中，遇到界面或障碍物的线径与超声的波长相近时，超声会绕过这一分界面或障碍物的边缘几乎无阻碍地向前传播，只在分界面或障碍物的后面留下一点声影的现象。

衍射是指声波在传播过程中，遇到障碍物或缝隙时传播方向发生变化的现象。只有缝、孔的宽度或障碍物的尺寸跟波长相差不多或者比波长更小时，才能观察到明显的衍射现象。超声与障碍物相互作用后，可绕过界面或障碍物的边缘几乎无阻碍地向前传播，所以又称为绕射，如图 1-12 所示。

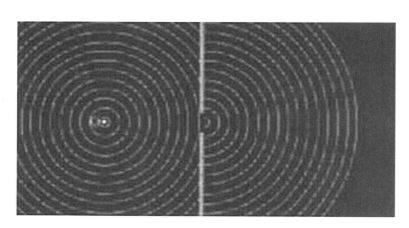

图 1-12　超声波的衍射

衍射现象在诊断时也经常用到，例如胆结石，超声与之作用在其界面发生反射，在其边缘发生衍射，于是在胆结石后方出现"声影"，这常作为判断是否是结石的依据。但衍射现象是复杂的，与障碍物的大小、声束直径的粗细都有关。一般说来，如果结石较大，则只有边缘处发生衍射，结石后方留下声影；如果结石太小则发生完全绕射，后方没有声影。

六、超声波的散射

1. 超声界面反射的条件　界面的尺寸要比声波的波长大得多。

2. 超声界面声衍射的条件　声波传播过程中遇到大小与波长相当的障碍物，声波将绕过该障碍物而继续前进，这种现象称声衍射。超声仪器无法检测这类目标。因此，超声波波长越短，能发现障碍物越小。这种发现最小障碍物的能力,称为显现力。能检测到物体的最小直径,称为最大分辨力。最大理论分辨力等于 $\lambda/2$。实际上,仪器的最大分辨力为理论值的 1/8 到 1/5。

3. 超声界面声散射条件　超声波传播过程中,遇到直径小于波长的微小粒子(即 $d \ll \lambda$),微粒吸收声波能量后,再向四周各个方向辐射球面波现象称为超声散射如图 1-13 所示。它可出现在不规则的粗糙面上,任何生物组织的介质中,散射现象是声波传播中最普遍、最基本的现象,它是超声成像诊断技术的基础。从广义上来说,除了由介质的吸收以及界面的反射所引起的变化外,由于介质的不均匀性引起入射波时间和空间成分的任何变化都可以定义为散射。

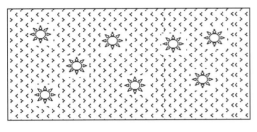

图 1-13　超声波的散射

人体中发生超声散射的小物体主要有红细胞和脏器内的微小组织结构。散射和反射是完全不同的,反射发生在界面上,而散射发生在介质内。一般说来,大界面上超声的反射回声幅度较散射回声幅度大数百倍。利用超声的反射只能观察到脏器的轮廓,利用超声的散射才能弄清脏器内部的病变。

散射体尺寸越大且越接近超声波长时,散射越显著;超声的频率越高,散射越显著。

界面散射是超声成像诊断脏器解剖结构和多普勒血流状况的主要根据,人体各种组织、器官内的微粒结构的大小、形状各异,超声入射到这些障碍物或界面上时向四面散射。声像图的背景中大量像素来自散射,超声波在人体的脏器内部通过极小组织结构发生散射,才能够分辨脏器内的病变,利用反射观察到脏器位置轮廓。多普勒血流仪是利用血流中的红细胞在声场内有较强的散射,从而获得人体血流的多普勒频移信号。

散射使超声前进方向的能量减弱,导致反射到超声探头的能量减小。由于超声探头可以在任何角度接收到散射波,将造成超声图像的背景干扰(噪声)。

七、叠加原理和干涉

1. 叠加原理　介质中同时存在几列波时,每列波能保持各自的传播规律而不互相干扰。在波的重叠区域里各点的振动的物理量等于各列波在该点引起的物理量的矢量和。这一事实即为波的叠加原理。如图 1-14 所示。

图 1-14　叠加原理示意图

波的叠加原理包含了两点:

(1) 波的独立传播原理:各波源所激发的波可以在同一介质中独立地传播,它们相遇后再分

开,其传播情况(频率、波长、传播方向、周相等)与未遇时相同,互不干扰,就好像没有和其他波相遇一样;

（2）位移矢量叠加原理:在它们重叠的区域里,介质的质点同时参与这几列波引起的振动,质点的位移等于这几列波单独传播时引起的位移的矢量和。

需要注意的是,这种叠加不是强度的叠加,也不是振幅的简单相加,而是振动矢量的叠加。

2. 干涉　两个或多个频率相同、振动方向相同、相位相同的声源,在同一介质中相遇时,可使某些地方的振动始终加强(相位相同叠加)某些地方始终减弱甚至抵消(相位相反叠加),超声能量在空间重新分布,引起声场中振动幅值的变化,这一现象称为波的干涉。如图 1-15 所示。

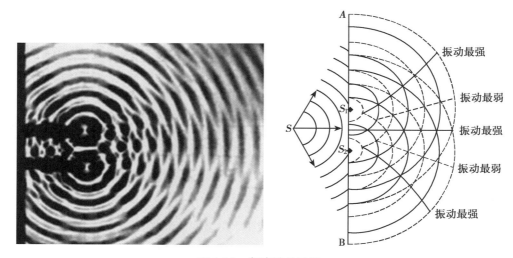

图 1-15　超声波的干涉

波的干涉是波叠加的一个特殊情况,任何两列波都可以叠加,但只有满足相干条件的两列波才能产生稳定的干涉现象。符合干涉条件的两列波称为相干波。

发生干涉的区域中,介质中的质点仍在不停振动,其位移的大小和方向都随时间做周期性的变化,但振动加强的点始终加强,振动减弱的点始终减弱,并且振动加强的区域和减弱的区域互相间隔,形成的干涉条纹位置不随时间发生变化。应当明确,所谓振动加强是指质点参与的合振动的振幅比单独一列波引起的振动振幅大的情况,因此,振动加强的点的位移是在不断变化的,在某一时刻的位移可以为零,只是其振动的振幅保持不变而已。

同频率的两波源在同种介质中产生的两列波,波长相同。这两列波的波峰和波峰(波谷和波谷)相遇处,振动加强;波峰和波谷相遇处振动减弱。因此可得:若介质中某质点到两波源的距离之差为波长的整数倍,则该质点的振动是加强的;若某质点到两波源的距离之差是半波长的奇数倍,则该质点的振动是减弱的。

点滴积累 ∨

1. 超声波在人体中的传播特性有反射、折射（透射）、衍射（绕射）、散射、干涉、叠加等传播特性。

2. 不同传播特性的产生可以通过超声波的波长 λ 与界面的尺寸大小 d（线径）的关系来判断。

3. 反射波、透射波相对于入射波的强弱由反射系数和透射系数来反应。

4. 超声不同的检测方式利用不同的传播特性。比如，利用超声的反射观察脏器的轮廓、利用散射观察内部结构、利用衍射观察结石等病变。

第四节　超声波在生物组织中的衰减与吸收

超声波是一种波动，它和其他波动过程一样，在介质中传播的物理性质与其他类型的波动（如光波）类似，也有波的叠加、反射、折射、透射、衍射、散射以及吸收、衰减等特性。

一、超声的衰减

超声在介质中传播时，在传播方向上的能量随传播距离的增大而逐渐减小的现象，称为超声的衰减。超声的衰减机制十分复杂，结合超声波的传播特性研究和分析，介质对超声造成衰减的机制可以归纳为三类：

1. **扩散衰减**　超声波在传播过程中，随着传播距离的增大，由于反射、折射使其波阵面逐步扩大，从而导致超声波束的截面积增大，导致传播方向上单位面积的声波能量减弱，也就是声束扩散引起的声衰减，称为扩散衰减。可以采用声束聚焦的方法来减少或克服这种衰减。

2. **散射衰减**　声波在介质中传播时，当介质中含有微小颗粒时会发生散射现象，可以造成传播方向上的声能衰减。散射不仅与粒子的形状、尺寸和数量有关，还与介质的性质有关。

3. **吸收衰减**　超声波在介质中传播时，有一部分能量会转化为热能等其他形式的能量。组织的声吸收机制不仅和波形、介质的黏滞性有关，而且和许多复杂的物理、化学弛豫过程及热传导有关。按经典理论认为，介质吸收衰减可归结为三种形式：黏滞性吸收衰减、导热性吸收衰减、弛豫性吸收衰减。

（1）黏滞性吸收衰减：当超声在介质中传播时，介质的黏滞性（内摩擦）阻碍质点振动，如同运动物体受到摩擦力的阻碍一样，使一部分能量由于弹性摩擦被吸收，这就是黏滞性吸收衰减。

（2）导热性吸收衰减：超声在弹性介质中传播时，介质中的质点会出现压缩和伸张运动。伴随着这种运动会出现介质温度的上升（稠密区），产生的热能传导到超声能量传播方向附近的介质中，从而导致声能减小，即导热性吸收衰减。

（3）弛豫性吸收衰减：当超声频率很高时，在周期性的压缩和稀疏作用下，组织吸收声能，内部的分子运动从一种能量状态转换到另一种能量平衡状态。其能量状态的相互转换需要一定的时间过程，即能量没有立即转变到外部，而是暂时"储存"在组织内部。这种现象同样也会导致声能的减小，即弛豫性吸收衰减。

实验还表明，组织的声吸收还与温度有着密切的关系，生物组织的声吸收随温度升高而升高，而水的声吸收却随温度升高而降低。另外，正常组织与病理组织对超声的吸收也是有差别的。

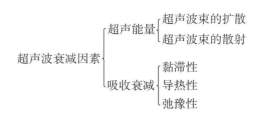

在人体组织中衰减程度一般规律是:骨组织（或钙化）>肌腱（或软骨）>肝脏>脂肪>血液>尿液（或胆汁）。组织中含胶原蛋白和钙物质越多,声衰减越大;液体内含蛋白成分多时声衰减大。在超声

▶▶ 课堂互动

　1. 为什么骨骼和肺部不能做超声检查?

　2. 吸收衰减和散射衰减有哪些不同?

诊断的频率范围内,生物软组织的声衰减系数大多与频率成正比。超声波频率越高,分辨力越好,但衰减越强,穿透力越差;反之,频率越低,分辨力越差,但衰减越弱,穿透力越强。在超声诊断仪中,为使深部回声信息清楚,一般采用 STC 或 TGC 调节进行补偿声衰减。

二、衰减参数

描述声能衰减的参数常用的有两个:衰减系数和半价层。

1. 衰减系数　生物组织的衰减系数和组织的厚度、超声的频率等参数有关,是由吸收衰减系数和散射衰减系数两部分组成。人体软组织对超声的平均衰减系数约为:0.81dB/（cm·MHz）,其含义是超声频率每增加 1MHz 或超声传播距离每增加 1cm,则组织对超声的衰减增加 0.81dB。表 1-6 是人体部分组织对不同频率超声的衰减系数。

表1-6　人体部分组织的衰减系数

人体组织	衰减系数[dB/（cm·MHz）]	频率范围（MHz）
眼球玻璃体液	0.10	6～30
血液	0.18	10
脂肪	0.63	0.8～7.0
延髓（顺纤维）	0.80	1.7～3.4
脑组织	0.85	0.9～3.4
肝脏	0.94	0.3～3.4
肾脏	1.00	0.3～4.5
脊髓	1.00	1.0
肌肉（顺纤维）	1.30	0.8～4.5
颅骨	20.00	1.6
肺	41.00	1.0

2. 半价层　就是组织内部传播的超声波,其强度衰减到初始值的一半时所传播的距离。用 H 表示,单位为厘米（cm）。以此来说明组织吸收声能的程度。表1-7 给出了人体部分组织对于超声吸收的半价层。

表 1-7　人体部分组织的半价层

组织器官	半价值（cm）	超声频率（MHz）
血浆	100	1.0
血	35	1.0
脂肪	6.9	0.8
肌肉	3.6	0.8
脑（固定标本）	2.5	0.87
肝（死后 20h）	2.4	1.0
颅骨	0.23	0.8
肾	1.3	2.4
腹壁（连腹肌）	4.9	1.5

点滴积累

1. 超声波在介质中的衰减包括扩散衰减、散射衰减、吸收衰减。

2. 衡量超声波衰减的参数主要有衰减系数和半价层两种。

3. 人体的不同组织对超声的衰减规律与介质有关，一般按照固体＞液体＞气体的规律衰减，并且衰减与超声波的频率成正比。

第五节　超声与物质的相互作用

超声在介质中传播时，与介质发生相互作用，这种作用与超声本身的特性密切相关。超声既是研究物质的有效媒介，又是改变物质的有效能量。我们正好从这两方面来阐述超声与物质的相互作用。

一、物质对超声的作用

几乎各种物质（包括生物体）均可用作超声波传播的介质，物质的性质、结构等固有特性必然影响到超声在其中的传播状态。这种改变，相当于物质把本身的特征信息传递给了超声，即超声的信息载体作用。有效地提取和利用这些信息，便可进行医学超声诊断、水下探测等研究。

二、超声对物质的作用

利用超声的高频率、大功率、高强度等特性去改变作为介质的物质，体现超声对物质的各种影响。

1. **机械作用**　超声波在介质中传播时，介质质点振动振幅虽小，但频率很高，加速度可达重力加速度的几十万倍甚至百万倍，每平方厘米强度可达几瓦，在介质中可造成巨大的压强变化，超声波的这种力学效应叫机械作用。这是超声波在介质中传播，介质质点交替压缩与伸张形成了交变声压，从而获得巨大加速度（如在频率为 800～1000kHz、声强为 0.5～2W/cm² 的超声波作用下，水分子得到的加速度可以超过重力加速度 5 万～10 万倍），介质中的分子因此产生剧烈运动，相互摩擦，引起组织细胞容积和内容物移动、变化,从而对组织内物质和微小细胞结构产生一种"微细按摩作用",这种作用可引起细胞功能的改变,引起生物体的许多反应。

超声波的机械作用可以改善血液和淋巴循环,增强细胞膜的弥散过程,从而改善新陈代谢,提高组织再生能力,所以可治疗某些局部血液循环障碍性疾病,如对治疗营养不良性溃疡效果良好。小剂量的超声波能使神经兴奋性降低、神经传导速度减慢,因而对周围神经疾病,如神经炎、神经痛,具有明显的镇痛作用。大剂量超声波作用于末梢神经可引起血管麻痹、组织细胞缺氧,继而坏死。超声波的机械作用能使坚硬的结缔组织延长、变软,还可击碎人体内各种结石。

2. 热作用　超声波作用于介质,使介质分子产生剧烈振动,通过分子间的相互作用,引起介质温度升高。当超声波在机体组织内传播时,超声能量在机体或其他介质中产生热作用主要是组织吸收声能的结果。人体各组织吸收声能的功能不同、产热量不等,在整个组织中,超声波产热量是不均匀的,骨组织和结缔组织升温显著,脂肪和血液升温最少,如在强度为 $5W/cm^2$ 的超声波作用 1.5 分钟后,肌肉升温约为 $1.1℃$,骨质约为 $5.9℃$ 。超声波在两种不同组织交界面产热较多,特别是在骨膜上可产生局部高热,这对关节、韧带等运动创伤的治疗有很大意义。

超声波的热作用,可使组织温度升高、血液循环加快、加快代谢、增强细胞吞噬作用,以提高机体防御能力和促进炎症吸收,还能降低肌肉和结缔组织张力,有效地解除肌肉痉挛,使肌肉放松,达到减轻肌肉及软组织疼痛的目的。常用的针对关节炎、关节扭伤、腰肌痛等疾病产生消炎镇痛作用,疗效较好的透热疗法是应用超声波的热作用使人体局部温度升高,引起血管扩张、血流加速和组织的新陈代谢加强,达到治疗目的。超声波产生的热有 79%～82% 由血液循环带走,18%～21% 由邻近组织的热传导散布,因此当超声波作用于缺少血液循环的组织时,应十分注意避免温度过热,以免发生损伤,如眼部,因其球体形态、层次多、液体为主要成分和血液循环慢等特点,容易因热积聚导致损伤;生殖器官对超声波较敏感,故超声波的热作用会引起生殖腺组织损伤。治疗剂量超声波虽不足以引起生殖器官形态学改变,但动物实验可致流产,故对孕妇下腹部禁用。睾丸组织对超声波很敏感,高强度作用可致实质性损害和不育。

3. 理化作用　超声波的理化作用是机械作用和热作用继发的若干物理化学变化,又称继发效应。理化作用比较复杂,其作用是多方面的,如引起氢离子浓度的改变(如炎症组织中伴有酸中毒现象时,超声波可使 pH 向碱性方面变化,从而使症状减轻,有利于炎症的修复)、对酶活性的影响(如超声波作用能使关节内还原酶和水解酶活性增加,目前认为在超声治疗作用中水解酶活性的变化是起重要作用的)。治疗剂量超声波可增强生物膜弥散过程,促进物质交换,继而加速代谢、改善组织营养,对病变组织有促进其恢复的作用。超声波可提高半透膜的渗透作用,使有利营养物质进入细胞内,同样可使药物更易进入病菌体内,增强药物的杀菌效能。

超声波的机械作用、热作用和理化作用,使局部组织细胞受到微细按摩、局部组织分层处温度升高、细胞功能受到刺激、血液循环增进、组织软化、化学反应加速、新陈代谢增加。超声波还能使复杂的蛋白质解聚为普通的有机分子,能影响到许多酶的活性,使蛋白分子和各种酶的功能受到影响,pH 发生变化,生物活性物质含量发生改变等。三种作用有机结合,并通过复杂的神经-体液途径产生治疗作用,其中神经系统的反应和调节在超声波的治疗机制中起主导作用,而超声作用过程中发生的体液方面的改变,又是作用的物质基础,二者有机结合,构成统一的反应过程。

4. 空化作用　当超声波能量作用于液体时,由于疏密振动使液体内部发生变化,当声压达到一定值时发生生长和崩溃的动力学过程。空化作用一般包括 3 个阶段:空化泡的形成、长大和剧烈的崩溃。当盛满液体的容器中通入超声波后,由于液体振动而产生数以万计的微小气泡,即空化泡。这些气泡在超声波纵向传播形成的负压区生长,而在正压区迅速闭合,从而在交替正负压强下受到压缩和拉伸。在气泡被压缩直至崩溃的一瞬间,会产生巨大的瞬时压力,一般可高达几十兆帕至上百兆帕。这种巨大的瞬时压力,可以使悬浮在液体中的固体表面受到急剧的破坏。通常将超声波空化分为稳态空化和瞬间空化两种类型:

(1) 稳态空化:在液体内部一般都含有大量的微气泡,在超声的机械振动作用下,气泡周围液体中溶解的气体向气泡析出而逐渐膨胀。当气泡增大到和超声波长差不多时,气泡就相当于共振腔,在共振时振幅高于入射超声振幅几个数量级。例如,在水中超声频率为 1MHz 时,气泡直径可达 $0.7\mu m$。这种在介质出现气泡的现象称为稳态空化。

(2) 瞬间空化:在高强度、高频率的超声作用下,会产生瞬间空化。当在液体某区域内声压出现瞬时负值,可达 −101kPa 时,可使液体破碎性断裂,形成空腔。当声压值回升为正时,空腔崩溃,此时产生了一个正的压强脉冲,其幅值可达 101kPa,从而导致一系列的破坏作用。

超声波空化作用的强弱与声学参数以及液体的物理化学性质有关,对于一般液体超声波强度增加时,空化强度增大,但达到一定值后,空化趋于饱和,此时再增加超声波强度则会产生大量无用气泡,从而增加了散射衰减,降低了空化强度;超声波频率越低,在液体中产生空化越容易。也就是说要引起空化,频率愈高,所需要的声强愈大。即空化是随着频率的升高而降低;液体的表面张力越大,空化强度越高,越不易于产生空化;黏滞系数大的液体难以产生空化泡,而且传播过程中损失也大,因此同样不易产生空化;液体温度越高,对空化的产生越有利,但是温度过高时,气泡中蒸汽压增大,因此气泡闭合时增强了缓冲作用而使空化减弱。

知识链接

超声波空化效应

利用超声波可以进行清洗,速度快,无损伤,大型的宾馆、饭店用它清洗餐具,不仅清洗效果好,还具有杀灭病毒的作用。　超声波清洗属物理清洗,把清洗液放入槽内,在槽内作用超声波。　由于超声波与声波一样,是一种疏密的振动波,在传播过程中,介质的压力作交替变化。　在负压区域,液体中产生撕裂力,并形成真空的气泡。　当声压达到一定值时,气泡迅速增长,在正压区域气泡由于受到压力挤破灭、闭合。　此时,液体间相互碰撞产生强大的冲击波。　虽然位移、速度都非常小,但加速度却非常大,局部压力可达几千个大气压,这就是所谓的空化效应。　对于瓶类的清洗,是用超声波清洗技术代替原有的毛刷机,它经过翻转注水、超声清洗、内外冲洗、空气吹干、翻转等流程而实现的。　金属零件、玻璃和陶瓷制品的除垢是件麻烦事,如果在放有这些物品的清洗液中通入超声波,清洗液的剧烈振动冲击物品上的污垢,能够很快清洗干净。

三、医学超声的安全剂量

超声与物质的机械作用、热作用、理化作用和空化作用等研究告诉我们,医学超声的利用一定要在安全剂量下运用。

超声是一种机械能,超声的产热和空化效应在人体内是否产生,取决于使用仪器的功率和频率,现在超声诊断仪的功率约为 $10mW/cm^2$,(超声治疗仪为 $0.5 \sim 2.5W/cm^2$)。长期的动物实验和临床超声检查,都说明超声诊断所用的剂量,对人体无明显危害。如图 1-16 所示为超声诊断安全剂量图。从图中可以粗略地看出,人体超声强度的安全剂量,与超声照射时间也有密切的关系。

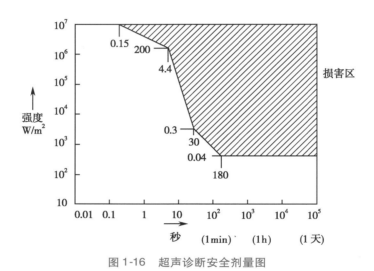

图 1-16　超声诊断安全剂量图

必须指出的是:对于不同的检查对象,其安全剂量也应有些不同。如对检查胎儿的安全剂量就应尽可能小,一般控制在 $20mW/cm^2$,30 分钟以内。在胚胎形成的初期,胎儿大脑中的神经细胞极易受到外界影响,孕妇在做 B 超时,胎儿的神经细胞会随之震动,由此,大脑的发育自然会或多或少地受到影响(出生"左撇子"概率可能会高些)。另外,超声对耳膜的震动就像是地铁列车进站,这些都可能会对胎儿有所影响。而检查成人心脏、脑时,就可以稍大一些,一般控制在 $40mW/cm^2$,60 分钟以内。表 1-8 是 1995 年美国食品药品管理局(FDA)发布的安全剂量规定值(最大值),供参考。

表 1-8　美国 FDA 发布的超声安全规定值(最大值)

临床应用	I(SPTA)(mW/cm²)	I(SPPA)(mW/cm²)
外周血管	1500	350
心脏	730	350
腹部、小器官、头部	180	350
眼	68	110
儿科及胎儿	180	350

注:①I(SPTA):空间峰值时间峰值声强;I(SPPA):空间峰值脉冲平均声强;I(SATA)空间平均时间平均声强;I(SAPA):空间平均脉冲平均声强。②监测胎心,连续波(CW)限制在 I(SATA)20mW/cm² ;脉冲波为 I(SAPA)≤20mW/cm² 。

技能赛点 ∨

1. 针对不同的检测部位（包括婴幼儿），如何准确设置每台超声仪器的输出功率（安全剂量）？

2. 不同部位的超声检测时间应该控制在多少？

四、超声波对人体的作用

超声波具有比电磁波穿透性强的性质。容易进入电磁波不能穿透或分辨的生物组织。超声波在人体组织内传播时，其强度将随传播距离的增加而逐渐衰减，这是由于超声波被人体组织吸收、反射、绕射和散射等原因造成，而其中吸收是主要的。超声波在生物组织中几乎有80%被胶原蛋白所吸收。其中骨质吸收系数最大，所以超声波很难通过骨质传播。人体软组织对超声波的吸收不仅与介质的物理特性有关而且与其生理状态有关，从临床检查中可知，正常组织与病变组织对超声吸收是不同的。癌组织对超声吸收较大，炎症组织次之，正常组织最小。超声诊断仪就是根据向生物体内发射高频超声脉冲再接收来自生物体内的反射波原理进行超声诊断的。临床医生根据反射波所在位置可以测试病灶在人体组织中的深度、大小、数量，根据反射波的幅度和波形可以推测病灶的物理性质（肿瘤、炎症、结石、溃疡等）。

超声波是一种机械波，其声学参数反映了介质的弹性性质，但大多数并不是直接而是间接地反映。组织的弹性与疾病密切相关，例如肝硬化、恶性肿瘤，其硬度和正常组织、良性肿瘤有显著的差异。对组织弹性的测定，归根到底是要测出组织在应力作用下的应变。从系统分析的角度来看，组织弹性的检测和成像可采用工程方法，对组织施加一个激励（可以是体外施加压力，即外应力，也可以是体内心脏或大血管搏动产生的振动，即内应力），然后测量各部分组织所引起的动态位移，得出应变。应力和应变得到后，就可以确定组织的弹性参量，最后还可以将得到的组织弹性信息进行彩色或灰度编码，得到图像的显示，称为声弹性图。具体实施时，位移的检测可以采用多普勒技术或互相关法处理。

超声是一种机械能，超声的产热和空化效应在人体内是否产生，取决于使用仪器的功率和频率，现在超声诊断仪的功率为 $10mW/cm^2$，（超声治疗仪为 $0.5 \sim 2.5W/cm^2$），根据国内外实验研究证明对机体无损害作用，但对胎儿的检查时间不宜太长。

点滴积累 ∨

1. 超声对物质的作用主要包括机械作用、热作用、理化作用、空化作用等形式。

2. 利用超声检查人体时必须控制在安全剂量和规定时间内，不同部位、不同人群的安全剂量和检测时间要求不一。

学习小结

一、学习内容

超声诊断成像技术的理论基础

- 超声波的发现及应用
  - 超声波的发现
  - 超声波的概念
  - 超声波的分类
  - 超声波的应用
- 人体组织超声传播的特征参数
  - 周期、频率、波长、声速
  - 声压、声强、声阻抗率
- 超声波在人体内的传播特性
  - 超声波的束射(定向)性
  - 反射、折射、透射
  - 波的叠加原理
- 超声波在生物组织中的衰减与吸收
  - 衰减
  - 吸收
- 超声与物质的相互作用
  - 物质对超声的作用
  - 超声对物质的作用

二、学习方法体会

　　1. 本章涉及的相似概念较多,对比学习方法可以很好地用在不同波形的学习、超声波的不同传输特性等方面的学习。

　　2. 加强本章中超声波的定义、分类、参数、特性、衰减等超声学基础知识的学习,为以后学习医学超声成像设备的基本结构和工作原理以及超声成像技术打下坚实的理论基础。

　　3. 掌握超声波的基本特点以及传输特性,对超声波在不同领域的应用(超声检验、超声处理、基础研究、医学研究)理解很有帮助。

目标检测

一、单项选择题

1. 压电效应的发现者是(　　　)

　　A. 居里夫妇　　　　　　B. 居里兄弟　　　　　　C. 伦琴　　　　　　D. 豪斯菲尔德

2. 下面关于波的描述错误的是(　　　)

　　A. 电磁波可以在真空中传播　　　　　　B. 电磁波可以在介质中传播

　　C. 纵波可以在真空中传播　　　　　　D. 声波可以在固体中传播

3. 下列关于横波的描述正确的是(　　　)

　　A. 质点的振动方向与波的传播方向相互平行

　　B. 表示横波时,在其波形图上可以有疏密和稀疏部分

　　C. 横波是超声诊断与治疗中常用的波型

D. 横波的传播速度比电磁波的速度慢

4. 以下哪种波形不属于按照波阵面分类的波形（　　）

    A. 球面波　　　　　　　　B. 柱面波　　　　　　　　C. 曲面波　　　　　　　　D. 平面波

5. 检测脏器的内部结构或者病变主要利用超声的（　　）原理

    A. 散射　　　　　　　　　B. 折射　　　　　　　　　C. 绕射　　　　　　　　　D. 反射

6. 探头发射的超声波在远场可视为（　　）

    A. 球面波　　　　　　　　B. 柱面波　　　　　　　　C. 曲面波　　　　　　　　D. 平面波

7. 超声波的透热疗法会使人体局部温度升高,主要利用超声波的（　　）作用

    A. 机械作用　　　　　　　　　　　　　　B. 热作用

    C. 空化作用　　　　　　　　　　　　　　D. 理化作用

8. 对胎儿进行超声检查的时间一般不能超过（　　）

    A. 30 分钟　　　　　　　　　　　　　　B. 1 小时

    C. 1.5 小时　　　　　　　　　　　　　　D. 2 小时

9. 超声波的（　　）可以使坚硬的结缔组织延长、变软,还可以击碎人体内的各种碎石

    A. 机械作用　　　　　　　　　　　　　　B. 热作用

    C. 空化作用　　　　　　　　　　　　　　D. 理化作用

10. 超声对人体检查过程中发现有声影出现来判断有无结石,主要依靠（　　）

    A. 散射　　　　　　　　　B. 折射　　　　　　　　　C. 衍射　　　　　　　　　D. 反射

二、多项选择题

1. 超声对物质的吸收衰减包括（　　）

    A. 黏滞性衰减　　　　　　　　　　　　　B. 导热性衰减

    C. 弛豫性衰减　　　　　　　　　　　　　D. 扩散衰减

2. 衡量超声波对物质衰减的作用参数有（　　）

    A. 衰减系数　　　　　　B. 半价层　　　　　　C. 混响时间　　　　　　D. 半衰期

3. 超声波的声场特征参数包括（　　）

    A. 声压　　　　　　　　B. 声强　　　　　　　　C. 声阻抗　　　　　　　D. 波长

4. 人体中组织的衰减规律正确的是（　　）

    A. 骨组织>肌腱　　　　　　　　　　　　B. 肝脏>脂肪

    C. 血液>尿液　　　　　　　　　　　　　D. 肝脏>肌腱

5. 超声波的传输特性包括（　　）

    A. 折射　　　　　　　　B. 衍射　　　　　　　　C. 散射　　　　　　　　D. 电离

三、简答题

1. 简述超声波衰减的三种形式。

2. 简述超声波在人体内传播的特性。

3. 如何理解两种介质的声阻抗差愈大，超声波反射能量越大？

ER-01章习题

（王锐　李伟　陶蔷）

第二章

医用超声诊断仪器概论

学习目标 ∨

知识目标

1. 掌握常用超声诊断仪器的结构、原理及性能指标。

2. 熟悉医用超声诊断仪器的分类及常见的超声成像技术。

3. 了解医用超声成像发展简史以及常见的超声临床检查技术。

技能目标

1. 熟练掌握医用超声诊断仪器的分类、性能指标及参数设置，为临床检查提供服务。

2. 学会分析超声诊断仪器的一般结构、原理，为后续整机结构电路分析学习奠定基础。

导学情景 ∨

情景描述：

某市人民医院要采购彩超设备 2 台，目前，市面以及临床上所使用的医用超声诊断仪器种类繁多、型号复杂，该院如何在实际的操作使用以及保养、维护、维修过程中快速识别这些仪器？ 不同仪器之间的性能指标有何差异？ 如何正确的设置仪器参数？ ……

学前导语：

本章我们将带领同学们进入以下几个模块的学习：全面了解医用超声诊断类仪器的国内国外发展情况，了解医用超声成像最新技术；通过 B 型超声诊断仪的技术参数和使用参数学习，对比学习彩色超声诊断仪的性能技术指标；通过对常用超声诊断仪器的结构、原理学习，更多地了解不同类型二维超声诊断仪的结构、原理及应用性上的差异。

超声波在生物医学中的应用,主要有超声诊断、超声治疗及生物组织超声特性等研究方向。目前,超声成像设备主要集中在超声诊断方面,故又称为超声诊断仪。医用超声诊断仪器是超声物理学、电子探测技术和生物医学在发展中相互渗透的产物,具有理学、工学、医学相结合的特点,其研究包括基础物理理论、仪器工程开发、图像处理、换能材料研究等相互联系又相互促进的多个方面,其发展速度很快,已有各种各样的超声诊断仪器供临床应用。

第一节　医学超声成像的发展

一、医学超声成像发展简史

1. 国际发展史　早在 18 世纪,意大利传教士兼生物学家扎罗·斯帕拉捷研究蝙蝠在夜间活动时,发现蝙蝠靠一种人类听不到的"尖叫声"(即超声)来确定障碍物。蝙蝠发出超声波后,靠返回的回波来确定物体的距离、大小、形状和运动方式。

1880 年法国物理学家居里兄弟(Pierre ＆Jacques Curie)发现了压电现象(压电效应),它成为超声探头的基础,是超声换能器发射和接收超声波的起点。

19 世纪末至 20 世纪初,正压电效应、逆压电效应相继被发现,由此揭开了超声技术发展的新篇章。

1922 年,德国出现了首例超声波治疗的发明专利;1942 年,Dussik 和 Fircstone 首先把工业超声探伤原理用于医学诊断。用连续超声波诊断颅脑疾病。1946 年 Fircstone 等研究应用反射波方法进行医学超声诊断,提出了 A 型超声诊断技术原理。

1949 年第一次国际超声医学会议的召开促进了医学超声的发展。1958 年,Hertz 等首先用脉冲回声法诊断心脏疾病,开始出现"M 型超声心动图",同时开始了 B 型二维成像原理的探索。1955 年 Jaffe 发现了锆钛酸铅压电材料(piezoelectric ceramic transducer,PZT),这种人造压电材料性能良好,易于制造,极大地促进了工业和医学超声技术的进一步发展。20 世纪 50 年代末期,连续波和脉冲波多普勒(Doppler)技术以及超声显微镜问世。在 20 世纪 50 年代,用脉冲反射法检查疾病获得了很大成功,同时也为多普勒技术及 B 型二维成像奠定了基础。

1967 年,实时 B 型超声成像仪问世,这是 B 型成像技术的重大进步,超声全息、阵列式换能器、电子聚焦等被广泛研究,这一期间,多普勒技术被进一步研究,用频谱分析法研究血流的方式问世。60 年代末,美、日均研制成功压电高分子聚合物 PVF2(聚偏氟乙烯)换能器。70 年代,以 B 超显示为代表的超声诊断技术发展极为迅速,特别是数字扫描变换器与处理器(DSC 与 DSP)的出现,把 B 超显示技术推向了以计算机数字影像处理为主导的功能强、自动化程度高、影像质量好的新水平。

1980 年,美国投入使用的超声成像仪器数量开始超过 X 射线机,结束了 X 射线统治影像诊断的近百年历史,并宣称进入了"超声医学年"。多功能超声诊断仪及彩色血流成像仪相继被推出。

2. 国内发展史　中国的超声医学诊断系统起步于 20 世纪 50 年代末,发展至今已走过了 60 年的发展历程。60 年代初期,我国第一台 A 型超声诊断仪在上海诞生,随后批量生产。同期,在北京开始使用 800kHz 频率的超声治疗机治疗疾病。1961 年上海中山医院应用自制 M 型超声心动仪获得了正常/异常的二尖瓣狭窄图像。1959 到 1961 年期间,简单的超声多普勒仪、超声显像仪和超声心动仪也相继研制成功。70 年代中后期,M 型超声诊断仪、连续波多普勒超声诊断仪相继制成。1983 年,具有自主知识产权的国内第一台 B 型超声诊断系统(CTS-18)研制成功。90 年代,中外合资、外商独资企业在国内大量涌现,产品紧跟世界先进水平。

1982 年"中国超声诊断情报中心"成立；1984 年"中国超声医学研究会"成立；1986 年"中国超声医学工程学会"成立。21 世纪，随着计算机技术、电子技术、图像处理技术、无线网络技术的发展，实时三维(4D)核心技术、弹性成像技术、全球首家彩超图像无线传输等大批具有我国自主知识产权的超声技术和设备相继问世。当前，随着互联网+大数据时代的到来，超声成像正在经历由传统的超声模式向"云超声"时代迈入的阶段。

二、多普勒技术的发展及应用

运用多普勒技术测量血流速度大约已有近 60 年的历史，最早用多普勒技术测量血流的尝试大约和 B 型超声图像和 M 型超声心动图出现的年代差不多，此后经历了三个重要的发展时期。

1956 年 Satomura 首次用多普勒技术测得了心脏瓣膜的运动，随后又在 1959 年测得了周围动脉血管的血流，此时多普勒技术在医学诊断中的应用开始受到大家的重视。有人把它用于血压测量，并且和伺服机构配合记录血压波形。也有人提出用这种方法测量主动脉的血流速度。60 年代应用的是连续波多普勒技术。连续波多普勒技术比较简单，仪器价格便宜，它对被测血流速度范围没有限制。但是这种方法只能给出超声束范围内血流的总贡献，它不能分别测量不同深度的血流速度。

为了克服这个缺陷，60 年代末到 70 年代出现了具有距离选通功能的脉冲多普勒技术，能够测量比较小的取样体积内的血流速度，具有空间分辨能力。这是超声多普勒技术发展的第二时期。

1978 年出现了把脉冲多普勒技术和 B 型及 M 型超声相结合的多功能仪器。利用 B 型超声或 M 型超声定位，可以测量确定位置的血流速度，能给出血液平均速度、最大速度和速度分布等定量结果，特别适合心脏内不同区域的测量，在临床应用中发挥了巨大的作用。连续波多普勒和脉冲波多普勒通常统称为频谱多普勒技术。80 年代出现了彩色血流图(CFM)技术，把体内血流速度的空间分布用彩色编码实时显示在屏幕上，直观地给出血流的位置和速度信息，通常称为彩色多普勒技术。这是超声多普勒技术的第三阶段。

知识链接

多普勒现象的发现及运用

1843 年奥地利科学家多普勒(CJ. Doppler)发现某些星体发射的光波趋红色，他认为这是由于光源和观察者之间的相对运动改变了光波的频率，并用自己的名字为这种现象命名。

首先将多普勒效应原理应用于超声诊断的是日本学者村茂夫等人。多普勒诊断仪常用于检查运动目标，如血流的速度、方向、有无异常，及胎心、胎动等。目前，利用多普勒频移的超声诊断仪器的种类很多，如：胎儿听诊仪、血流检测仪、多普勒诊断系统和彩色血流显像仪等。

目前，以这种多普勒现象为物理基础的超声多普勒技术已经在医学诊断中用于测量人体内血流和心脏等器官的运动速度，为多种疾病，特别是血液循环系统和心脏的疾病诊断提供依据，从而在医学临床诊断中占有越来越重要的地位。

---

90 年代以来频谱多普勒和彩色多普勒技术都有了许多新的发展，分辨率和精确度不断提高，一

些新的处理和显示方法大大改进了多普勒技术的指标,在临床诊断中起着越来越大的作用。超声多普勒技术迅速发展和推广的原因,除了临床应用不断提出更高的要求外,当今科学技术,特别是集成电路和图像信号处理技术的飞速发展起了极其重要的推动作用。

三、医学超声成像设备的发展趋势

目前,医学超声影像设备向两极发展:一方面是价格低廉、便携式超声诊断仪器进入市场,另一方面是向综合化、自动化、定量化和多功能等方向发展,介入超声、全数字化电脑超声成像、三维成像及超声组织定性不断取得进展,使整个超声设备和诊断技术呈现出持续发展的热潮。

在探头方面,新型材料、新式换能器不断推出,如高频探头、腔体探头、高密度探头相继问世,进一步提高了超声诊断设备的档次与水平。

超声三维成像技术是超声诊断技术领域的一项重大突破,它可获得三度空间上的图像信息,从而弥补平面成像技术的不足。

纵观超声诊断技术的发展,经历了一个由"点"(A 型超声)、"线"(M 型超声)、"面"(二维超声)、"体"(三维超声)的发展过程;也是一个由一维到二维,再向三维甚至是四维发展的过程;由静态成像向实时动态成像发展的过程;由单参量诊断向多参量诊断发展的过程;由体外诊断向内窥发展的过程。

四、医学超声与其他成像方式的比较

目前,医学超声成像诊断仪的种类非常繁多,它们的突出特点是:

1. 对人体基本无损伤,这也是与 X 射线诊断最主要的区别,因此特别适合于产科与婴幼儿的检查;

2. 能方便地进行动态连续实时观察,在中档以上的超声诊断仪,多留有影像输出接口,使影像易于采用多种形式(录像、打印、感光成像、计算机存储等)留存、传输与交流;

3. 由于它采用超声脉冲回声方法进行探查,所以特别适用于腹部脏器、心脏、眼科和妇产科的诊断,而对骨骼或含气体的脏器组织如肺部,则不能较好地成像,这与常规 X 射线的诊断特点恰恰可以互相弥补;

4. 从信息量的对比上看,超声诊断仪采用的是计算机数字影像处理,目前较 X 射线胶片记录的影像信息量和清晰度稍低。

点滴积累 ∨ ....

1. 医学超声是一门涵盖多学科的成像技术,经历了 A 型超声、B 型超声、彩色多普勒超声、实时三维超声、弹性成像超声等阶段,现在已经跨越到第六阶段——"云超声"时代。

2. 超声多普勒技术经历了连续多普勒、脉冲多普勒、与 B 超和 M 超的结合及彩色超声多普勒的阶段。

3. 医学超声成像在成像空间(维度)、时间分辨率、参量数目、探头材料等方面都发展迅速。

4. 医学超声成像具有其独特的成像特点和优势。

第二节　医用超声诊断仪器分类

超声诊断利用超声波在人体内不同介质中的传播与反射特性的不同,显示出不同的影像,从而达到诊断的目的。超声诊断仪主要通过发射/接收超声波信号,并把他们按一定的方式显示,来实现对人体软组织的成像,所以按探头、声束扫描方式和采用的信号显示方式的不同,形成多种超声成像种类,超声诊断的显示方式多样,基本可分为两类:脉冲回声式、差频回声式。

一、脉冲回声式

在发射短脉冲信号激励探头产生超声波时,发射脉冲间歇期即为接收反射回波信号时间,这样使用一个探头可完成发射和接收超声的任务。超声诊断仪主要利用脉冲回声式进行工作。根据显示方式分为:

1. A 型诊断仪　A 型是幅度调制型(amplitude),简称为 A 超,是超声技术应用于医学诊断中最早发展的一种成像仪器。

A 超是利用超声波的反射特性来获得人体组织内的有关信息,从而诊断疾病的。当超声波束在人体组织中传播遇到不同声阻抗的两层邻近介质界面时,在该界面上就产生反射回声,每遇到一个界面,产生一个回声,该回声在示波器的屏幕上以波的形式显示,如图 2-1 所示。

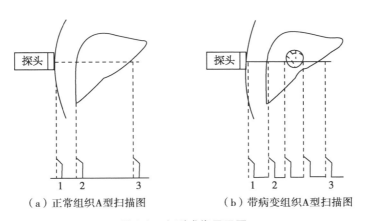

（a）正常组织A型扫描图　　　（b）带病变组织A型扫描图

图 2-1　A 型成像显示图

A 型显示是超声诊断仪最基本的一种显示方式,属一维超声,即在阴极射线管(CRT)荧光屏上,以横坐标代表被探测物体的深度,纵坐标代表回波脉冲的幅度,探头由单晶片构成,故由探头(换能器)定点发射获得回波所在的位置可测得人体脏器的厚度、病灶在人体组织中的深度以及病灶的大小。根据回波的其他一些特征,如波幅和波密度等,还可在一定程度上对病灶进行定性分析。

临床上常用此法测量组织界面的距离、脏器的径线,探测肝、胆、脾、肾、子宫等脏器的大小和病变范围,也用于眼科及颅脑疾病的探查。虽然许多诊断项目已逐渐被 B 型超超声所取代。但在对脑中线的探测、眼轴的测量、浆膜腔积液的诊断、肝脓肿的诊断以及穿刺引流定位等方面,A 超以其简便、易行、价廉等优势有着不可忽视的实用价值。

A 型显示提供的回波信息实际上是一种未经处理的形式,因此将它与断面成像结合起来使用,显得更有价值。对于这一点,在当今注重于 B 超成像的时候,有必要加以强调。A 型显示仪器适宜于:①检查简单的解剖结构、测量线度以及获得回波大小和形状;②作灵敏度调节的监示,以确定回波信号的大小是否适当;③解释 B 式断面像,它比 B 式显示含有更多的回波信息细节,有助于鉴别某一个结构的回波与它的相邻结构回波的大小差别程度;④通过分析回波的幅度分布以获得该组织的特征信息;⑤配合分析 M 式图像,显示出换能器声束所指结构的 A 式回波;⑥信号处理中的调节控制,如回波门控等场合。

因此,尽管 A 超的重要性已不及初始阶段,但当今 B 超在显示断面图像的同时,往往选波束特定指向上的回波幅度在屏面上同时作 A 式显示,以配合 B 式图像的判读。

2. B 型诊断仪 B 型是亮度调制型(brightness),简称为 B 超。其工作原理是借助于换能器或波束的动态扫描,获得多组回波信息,并把回波信息调制成灰阶显示,形成断面图像,因此也称断面显像仪,如图 2-2 所示。

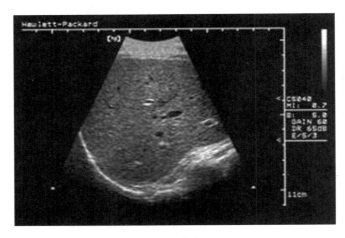

图 2-2　B 型成像显示图

B 型超声诊断仪,以点状回声的亮度强弱显示病变。回声强则亮,回声弱则暗。当探头发出的超声束按次序移动时,波屏上的点状回声与之同步移动。由于扫描形成与超声束方向一致的切面回声图,故属于二维图像。它具有真实性强、直观性好、容易掌握和诊断方便等优点。按成像的速度,可分为慢速成像法和快速成像法。慢速成像只能显示脏器静态解剖图像,图像清晰、逼真,扫描与检查的空间范围较宽;快速成像能显示脏器的活动状态,也为实时显像诊断法,但所显示的面积较小。

它反映的是人体器官某一断面上的信息。X 轴表示超声束对人体扫描的方向;Y 轴表示声波传入人体内的时间或者深度,其亮度由对应空间点上的超声回波幅度调制。回波强,则光点亮;反之,回波弱,则光点暗。从物理上来看,一帧 B 超图像大体上可看成是人体内这个断面上阻抗变化界面的分布。

目前,B 超的应用面很广,它几乎可以对人体所有的脏器进行诊断,如心、肝、胆、胰、肾、眼、乳房和妊娠子宫等。由于 B 超成像可以清晰地显示各脏器及周围器官的各种断面像,图像富于实体感,接近于解剖的真实结构,所以 B 超成像已经成为超声影像诊断中的主要手段。

3. M 型诊断仪　M 型成像是运动型(motion scanning)的简称,在特定情况下也称作时间-运动型(time-motion scanning, T-M)或时间-位置型(time-position scanning, T-P)或心动图仪(ultra-sonic cardio graphy, UCG)。

M 型超声诊断仪是一种单轴测量距离随着时间变化的曲线,用于显示心脏各层的运动回波曲线。图像垂直方向代表人体深度,水平方向代表时间。由于探头位置固定,心脏有规律地收缩和舒张,心脏各层组织和探头之间的距离便发生节律改变。因而,返回的超声信号也同样发生改变。随着水平方向的慢扫描,便把心脏各层组织的回声显示形成运动的曲线,即为 M 型超声心动图。如图 2-3 为 M 型成像显示图。

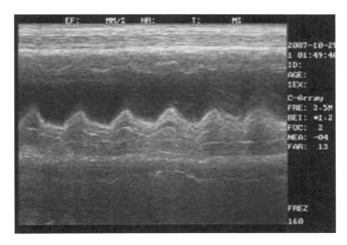

图 2-3　M 型成像显示图

M 型诊断仪用于检查人体中的运动器官具有特色。这类仪器几乎专门用来诊断心脏的各种疾病,如对心血管各部分大小的测量、厚度的测量、瓣膜运动情况的测量等。同时输入其他生理信号,还可以进行比较研究,如研

▶▶ **课堂互动**

指出 M 型超声仪器与 A 超、B 超各有什么相同和不同之处?

究心脏各部分运动和心电图、心音图的关系,研究心脏搏动与脉搏之间的关系等。此外,还可以用以研究人体内其他运动界面的活动情况,如胎心以及一些动脉血管搏动等。因此,M 型超声诊断仪又称为超声心动图仪。目前,B 型显像仪已普遍带有 M 型显像的功能。与 A 型和 B 型相比较,M 型中发射脉冲与检测回波的过程是相同的,只是显示回波信息的方法有所差别。

二、差频回声式

通过发射固定频率的脉冲或连续式超声波,然后接收频率已经发生变化的回声(差频回声)再将此回声频率与发射频率进行对比,取得它们的差别量和正负值并显示在屏幕上。根据显示方式分为:

1. D 型(Doppler mode)　D 型也称差频示波形。依据多普勒效应,在荧光屏上将正负值的频

率差值显示在纵轴上，一般利用多普勒方程换算成血流速度后显示在荧光屏上，而回声的进行时间显示在横轴上，形成多普勒频谱图。

（1）连续波多普勒：一维、频谱显示、探头内有二组晶片一收一发，用于检测高速血流。

（2）脉冲波多普勒：一维、频谱显示，探头由单晶片组成，兼具收、发功能。常与二维超声相结合，用于检测血流速度、方向、性质等。

2. D 型彩色描绘（Doppler color flow mapping,CFM）　D 型彩色描绘又称彩色多普勒血流成像。属于二维、辉度显示、以彩色代表血流方向、性质及速度。多普勒用于检测心腔及血管内血流。彩色多普勒仪器一般都具有 B 型、M 型、连续波、脉冲波多普勒功能，根据需要任意选择使用。其通过自相关技术，将回收到的全部具有频率差的信息，给予彩色编码显示。它是彩色血流图像信息与 B 型超声灰阶图像信息叠加构成的画面。通常用红蓝色谱来代表血流方向，用颜色的亮暗来反映血流速度。彩色多普勒血流显像能直接观察心内及血管内血流速度，血流分布，湍流部位等，大大提高了诊断的速度和效率，成为定性诊断中最可靠的方法。

总之，超声多普勒仪主要用于测量血流速度、确定血流方向和性质（如层流或湍流）等；获得最大速度、平均速度、压差、阻力指数等有关血流动力学的参数。超声多普勒仪种类繁多，根据显示方式的不同，可把它大致分为两类：频谱多普勒仪和超声多普勒显像仪。频谱多普勒仪根据产生信号的方式不同又分为连续性频谱多普勒和脉冲型多普勒。超声多普勒显像仪器包括超声多普勒血管显像仪和彩色多普勒血流显像仪。它在医学临床诊断学中用于心脏、血管、血流和胎儿心率等的诊断。医学超声诊断仪器分类见表2-1。

知识链接

表 2-1　医学超声诊断仪器分类

获取信息方法	显示方法	扫查技术	扫查方式		成像速度
脉冲回波法	A 型		单探头式,双探头式		
	B 型	手动扫描			静态成像
		机械扫描	低速	线扫,弧扫,径向扫,复合扫	
			高速	扇扫,径向扫,线扫	实时成像
		电子扫描	线扫,扇扫		
	M 型				
多普勒法		连续波多普勒仪,脉冲波多普勒仪,彩色多普勒仪			
透射成像法		超声全息,超声显微镜,超声照相机 超声计算机断面成像（UCT）			

三、医学超声成像设备其他分类

医学超声成像设备根据其原理、任务和设备体系等，可以划分为很多类型。

1. **以获取信息的空间分类**

（1）一维信息设备：如 A 型、M 型。

（2）二维信息设备：如 B 型、C 型、F 型、BP 型、彩超等。

（3）三维信息设备：即三维超声诊断仪。

2. **按超声波形分类**

（1）连续波超声设备：如连续波超声多谱勒血流仪。

（2）脉冲波超声设备：如 A 型、M 型、B 型、D 型超声诊断仪。

3. **按物理特性分类**

（1）回波式超声诊断仪：如 A 型、M 型、B 型、D 型等。

（2）透射式超声诊断仪：如超声显微镜及超声全息成像系统。

点滴积累

1. 医用超声诊断仪器的分类标准多样，可以按照获取信息的空间（维数）、扫描方式、超声波形特性、成像速度、显示方式等标准进行分类。
2. 依据脉冲回声法工作的超声设备主要有 A 超、B 超、M 超等。
3. 依据差频回声法工作的超声设备主要有连续波多普勒、脉冲波多普勒、D 型彩色描绘（CFM）、彩色多普勒血流成像仪（CDFI）等。

第三节　医用超声诊断仪器的性能指标

B 型超声诊断仪的性能可以通过技术参数和使用参数两个方面予以表征。

技术参数是设计者、开发者应该了解的一类参数，包含有声系统、图像特性、电气特性三方面。其主要参数包括：超声工作频率、脉冲持续时间、脉冲重复频率、分辨力、探测深度、盲区、灰阶级、聚焦方式、动态范围、图像帧频、时间增益控制等。

使用参数是使用者、选购者应该了解的一类参数，主要包括：扫描方式、探头规格、显示方式与显示范围、电子放大与倍率、注释功能、测量功能等。下面选择部分主要参数进行介绍。

一、技术参数

1. **分辨力**　分辨力指成像系统能分辨空间尺寸的能力，即能把两点区分开来的最短距离。超声显像仪的分辨力是衡量其质量好坏的最重要的指标，分辨力越高，越能显示出脏器的细小结构。

超声成像的分辨力有横向分辨力和纵向分辨力之分。前者是指垂直于超声脉冲束的方向上的分辨力，后者是沿波束轴方向上的分辨力。这两种分辨力的大小差别很大，纵向分辨力总是优于横向分辨力。而且，垂直于波束轴的两个方向上的横向分辨力也往往不同。影响横向分辨力和纵向分辨力的因素各不相同，分别讨论如下。

（1）横向分辨力：横向分辨力又称侧向分辨力，它表示区分垂直于超声波束轴的平面上两个物体的能力。超声波束直径尺寸直接影响横向分辨力,波束直径越细,能分辨的尺度越小,横向分辨力越高。这可由图2-4解释。(1)图表明,波束的直径很细,对两个分开的目标可以容易地区别开来。(2)图中波束直径加大,对相邻的两个目标还刚能区分,此时目标相隔的距离就是系统的分辨力。当波束直径大得无法区分两个目标时,(3)图只能把它们当作一个目标的反射波加以接收,在荧光屏显示为一点。

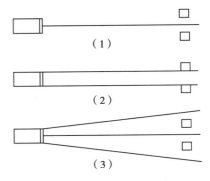

图2-4　波束宽度影响示意图

在近场区,换能器的超声束形状宽度大致等于换能器的直径;远场区波束发散,波束直径随传播距离而增大,横向分辨力也随之下降。为了提高横向分辨力,现多采用聚焦的方法,使波束的有效直径尺寸减小。对于聚焦换能器,若其直径为 D,系统焦距为 F,波长为 λ,则理论上最小可分辨间隔为:

$$\delta = 1.22\lambda\frac{F}{D} \qquad\qquad 式(2\text{-}1)$$

仪器的图像质量主要取决于横向分辨力。横向分辨力好,图像细腻,微小结构就能显示清楚。横向分辨力主要由换能器的尺寸、形状、发射频率、聚焦等因素决定。当显示屏光点尺寸较大时,也会影响横向分辨力。此外,随着深度的增加,脉冲频谱中的各种频率成分的衰减情况也不同,这个因素也潜在地影响着横向分辨力。诸如这些因素,使得横向分辨力问题变得十分复杂。现代化的显像仪横向分辨力可优于2mm。

(2)纵向分辨力:纵向分辨力又称轴向分辨力或距离分辨力,表示在声束轴线方向上对相邻两回声点的分辨力。纵向分辨力与发射超声频率有关,因为声波的纵向分辨力理论极限为声波的半波长。频率越高,波长越短。纵向分辨力与超声脉冲的持续时间有关,脉冲持续时间越短,即脉冲越窄,纵向分辨力越高。超声脉冲持续时间与发射电脉冲宽度及换能器阻尼有关。

在同一脉冲条件下,随着设备的增益不同,脉冲的有效持续时间不同,纵向分辨力也就不同。如图2-5所示,用同一换能器发射和接收同一脉冲波,只是接收时用不同的增益,则显示的波形呈不同的电平。如果设置门槛电位,使图2-5(1)的幅度刚好在显示器上显示不出来,然后改变接收机的增益,得到的脉冲波如图2-5(2)(3)(4),其持续时间分别是1.6微秒,2.7微秒和3.5微秒,它们对应的纵向分辨力分别为1.2mm、2.0mm和2.6mm。因此,纵向分辨力主要取决于超声脉冲的有效持续时间。

增益之所以影响脉冲持续时间,并影响轴向分辨力,根源是由于脉冲的前沿不够陡峭。而接收机频带宽度有限是影响前后沿形状的主要原因。由于窄脉冲所包含的频谱极为丰富,当接收机的频带有限时,

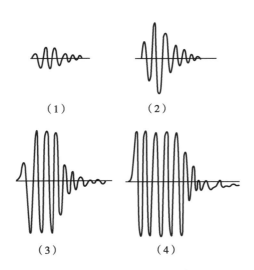

(1)　　　　(2)

(3)　　　　(4)

图2-5　增益影响波形示意图

势必使输出脉冲的前后沿失真,且频带越窄,失真越明显。如果接收机的通带宽度很大,则对脉冲形状的影响就较小。这时,换能器的通带就成为决定频响的主要因素。脉冲波的前沿陡峭,还可以提高仪器对被测目标的定位精度。

脉冲波含有一定宽度的频谱,随着探查深度的增加,其中的高频分量比低频分量衰减更快,使被接收信号的频谱中高频成分削弱。这种生物组织中存在色散吸收,又造成了脉形状与分辨力之间的关系更为复杂,其结果对横向与轴向分辨力都有影响。如果采用较宽的脉冲,频谱就较窄,色散的影响就较小,而分辨力差。用窄脉冲时,情况正好相反。因此,在实际选用时,要全面权衡,折中取值。又由于人体组织的复杂性,超声在人体中传播时,介质中存在着反射、折射、散射等现象,因此声场分布十分复杂。一般说来,声场分布越复杂,其分辨力越差,实际的分辨力要比理想分辨力差得多。

难点释义

在脉冲回波系统中所发射的是脉冲超声波,这样的脉冲群的持续时间很短。根据频谱分析可知,一个脉冲包含有许多谐波,即有一个频带的宽度;这个含有许多谐波的宽带就称为带宽;其最大能量集中在中心频率附近。同时也可推知:当脉冲频率为 1MHz 时,其脉冲群的持续时间只有 1 微秒;而 B 型超声诊断仪的实际脉冲(工作)频率是大于 1MHz 的,则持续时间小于 1 微秒。

---

2. **脉冲持续时间** 指探头受电激励后产生超声振动的长短。它严重影响超声系统的纵向分辨力,因此,希望当施加于探头的电激励脉冲结束后,探头产生超声振动(称为振铃)时间越短越好,最好是当激励脉冲结束的时刻振荡即停止。

当两个界面距离相隔太近时,如果发射脉冲持续时间长,则回波 1 的后沿将与回波 2 的前沿混在一起,以致无法分辨,如图 2-6(a)所示。脉冲持续延长还影响对近距离回波的分辨,这是因为主波的后沿将与回波的前沿混在一起的缘故,如图 2-6(b)所示。图中 ΔD_{min} 称作相邻回波的最小可辨距离,它主要与发射脉冲持续时间及声速有关。持续时间长、声速大,则最小可辨距离大,分辨力就差。而发射脉冲持续时间的长短又受超声工作频率、探头阻尼特性的影响,降低工作频率和加大阻尼都可以使振铃减弱,从而使脉冲持续时间减小。激励脉冲宽度更直接影响发射脉冲持续时间,因此激励脉冲宽度要控制在一个较窄的范围,但激励脉冲宽度的缩小受到探测深度和系统接收通频带的限制。脉冲宽度越窄,则要求系统接收通频带越宽,这给接收系统的制作带来了困难。现代 B 超发射脉冲宽度小于 0.2 微秒。

3. **作用距离(穿透深度)、动态范围、盲区**

(1) 作用距离:指仪器发射的超声波束可以穿透并能显示出回声图像的被测介质深度。超声医学成像系统的作用距离,通常要满足处于相当深度上的各种器官的成像需要,如腹部成像就需要有 20cm 的工作距离,而用于眼球的深度为 10cm。

影响作用距离的主要因素是脉冲信号在传播途中的衰减,这是由于组织的吸收、反射、折射、散射等原因引起的。要提高仪器的探测深度,即扩展作用距离,有三个方面的途径。①降低工作频率。

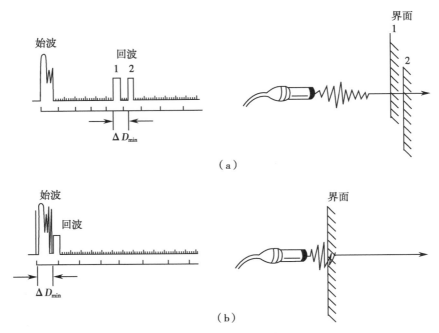

图 2-6　纵向分辨力示意图

但降低工作频率,则分辨力也随之降低,这是一个限制。②提高接收机的灵敏度和扩大动态范围,使其能接收较远距离的微弱的反射信号,但这要受到换能器噪声的限制,信噪比极限对诊断超声的最大穿透深度上的限制为 300 个波长左右。③加大发射功率,使远距离的微小声阻抗差也能产生较强反射,从而使更远距离的病灶也能被探测到,但要考虑安全剂量的限制。因此,为照顾到各方面的指标,应合理选取作用距离。

最大探测距离并不等于仪器的作用距离,作用距离受发射功率、接收机灵敏度等因素的影响,而最大探测距离只是设计中允许设定探测距离的最大值。

(2) 动态范围:保证回声既不被噪声淹没也不饱和的前提下,允许仪器接收回声信号幅度的变化范围。一般仪器在 40～60dB,有些仪器的动态范围可调。动态范围大,所显示图像的层次丰富,图像清晰。但动态范围受显像管特性的限制,通常不可能做得很大。

(3) 盲区:指超声设备可以识别的最近回波目标深度。盲区小则有利于检查出接近体表的病灶,这一性能主要取决于放大器的特性和可变孔径技术的特性。此外减小进入放大器的发射脉冲幅度和调节放大器时间常数,也会影响盲区大小。但是,对加有水囊的换能器测试,其盲区无意义。

4. 工作频率、帧频、脉冲重复频率

(1) 工作频率:指探头与仪器联接后,实际辐射超声波的频率。一般来说,它并不等于探头的标称频率,但由于它们相差并不显著,习惯上都把探头标称频率称作仪器的超声工作频率。

超声诊断仪的工作频率,根据两个方面因素作最佳的选择。

首先,从分辨力的角度说,增高频率,可以改善分辨力。频率越高,波长越短,则波束的指向性越好(近场距离大,而发散角小),横向和纵向分辨力都能提高。

其次,从穿透深度的角度来看,工作频率越高,则衰减成正比地增加,必然使探测深度减小。若要求较大的穿透深度,就得取较低的工作频率。

因此,在设计中不得不在工作深度与频率之间取合理的折中。比如眼科应用中,所要求深度小,可以用高频率以提高分辨力,一般用 10MHz。而要穿透较大深度(如腹腔)时,则只能取较低工作频率。通用 B 型超声诊断仪的工作频率一般在 3.5MHz,有些诊断仪配有多种不同频率的探头以满足不同检查深度的需要。

(2)帧频:指成像系统每秒钟内可成像的帧数,又称为帧率。帧频在 10 帧以下称为静态成像系统,每秒在 10 帧以上,可以观察到脏器运动情况,但小于 24 帧/秒时,图像闪烁,属准实时成像系统。每秒成像在 25 帧以上,能显示脏器的活动,且视力已察觉不出图像的闪动情况,称为实时成像系统。实时成像系统可用于观察动态脏器如心脏与胎儿等的运动情况。

超声在人体组织中传播的速度,平均声速为 $c = 1540$m/s,设要求穿透深度 S_m,则声波到达 S_m 的距离再返回发出点,需要时间为 $2S/c(\mathrm{s})$。再设每幅像需要有 N 条线,则形成一幅图像需 $2NS/c(\mathrm{s})$,故帧频 F 即每幅像所需时间的倒数为:

$$F = \frac{c}{2NS} \tag{式(2-2)}$$

或写成:

$$SNF = c/2 = 7.7 \times 10^2 (\mathrm{m/s}) \tag{式(2-3)}$$

这个关系式说明,帧频、线数和穿透深度三者的乘积是一个常数,一般情况,扫描线数越多,图像连续性越好,更为清晰;帧频数越高,图像越稳定。但受到式(2-3)限制,若要提高其中一个,必须要以减小其他两个为代价。

在超声成像中,线数受到穿透深度与帧频的制约,要求穿透深度为 10cm,帧频为 30 时,线数就不能大于 250 条。如果要求线数为 500 条,穿透深度为 20cm,则帧频不会大于 8 帧,不可能实时成像。换句话说,要提高帧频,达到实时的要求,必须减小线数,这就降低了像质。这时,可以采用一些技术,在显示屏上插入一些扫描线(即插补),以改善眼睛对图像的感觉,但这并没有增加信息。

(3)脉冲重复频率:指脉冲工作方式,超声仪器每秒钟重复发射超声脉冲的次数,即探头激励脉冲的频率。

脉冲重复频率 f_0 决定了仪器的最大探测距离。当脉冲重复频率 f_0 确定后,其脉冲发射周期 $T = 1/f_0$ 也就被确定,即为声波往返可利用的最大时间。考虑到显示器的逆程时间,则最大探测距离为:

$$D_{max} < \frac{1}{2}CT \tag{式(2-4)}$$

例如,1)当取 $f_0 = 2$kHz 时,$T = 500\mu$s,则 $D_{max} < 38.5$cm。

2)当取 $f_0 = 4$kHz 时,$T = 250\mu$s,则 $D_{max} < 19.25$cm。

脉冲重复频率不可取的太高,否则将限制仪器的最大探测距离,但也不可取太低,否则将影响图像的帧频或线密度。因为对于固定焦点的 B 超仪,其显示图形的每一条扫描线对应一次超声的发射,当脉冲重复频率确定为 3kHz 时如果希望图像每帧的线数为 100,则帧频为 30Hz。如果降为 1kHz,而且仍要求每帧线数为 100,则帧频降为 10Hz,这将不能保证实时动态显示。当然,为保证帧频,也可以降低线数,但这将使图像质量变差。因此,脉冲重复频率 f_0 的选择应综合考虑。对于 B 型超声显像仪,f_0 的值通常在 2~4kHz 范围。

5. 灰阶级 灰阶级是表示接收机显示器调节灰度能力的参数,灰阶级有 16、32、64、128、256 及 512 等等级之分,级数越高,显示器的显示能力越强。目前,主流机型的灰阶级别可以达到 512 以上。

仪器的灰阶级高,其显示回声图的层次感强,图像的清晰度就高。这是因为 B 型超声显像仪器都是将回声振幅的高低转变为不同程度的亮度像素进行显示的,回声幅度高的在屏上以白色(或黑色)显示,幅度低的以黑色(或白色)显示,回声幅度在白色和黑色电平之间的,则以不同灰度进行显示。通常将黑色和白色之间的灰度区等分为 16、32 或 64 个灰阶级,并对黑色和白色电平之间的相应电平回声转换成对应的灰度显示。

实际上回声的动态范围与显示器所具有的动态范围是不相同的,回声的动态范围大(约 100dB),显示器的动态范围小(约 20dB),因此,为了防止有用信息的丢失,必须对回声的动态范围进行压缩,并将动态范围内的分贝(dB)数分成等级显示出来,这种处理称作灰阶处理,又称窗口技术。经处理后的信号将压缩那些无用的灰度级信息,而保留并扩展那些具有诊断意义的微小灰度差别,使图像质量得到改善。

6. 聚焦方式 指对探头发射和接收波束采用何种方法聚焦,有声学聚焦,电子聚焦和多点动态聚焦等。声学聚焦是利用声透镜、声反射镜等方法实现对波束的聚焦;电子聚焦是指应用电子相控技术,对多振元探头发射激励脉冲进行相位控制的方法实现对波束的聚焦,一次发射对应有一个焦点。多点动态聚焦也是电子聚焦的一种,与电子聚焦不同之处是,多点动态聚焦的焦点不是固定的,而是通过改变发射激励脉冲的相位延时量,使在波束同一轴线方向上实现多点(2~4 点)聚焦发射,并通过数字扫描变换器对几次不同焦点发射所获得的回波信息分段(几次发射,则分几段,每一段都是对应发射的焦域段)取样,最后将几次取样的信息合成为一行信息,由于合成信息是几次取焦点区域信息的合成。所以,所显示图像的清晰度和分辨力都较单点聚焦所获图像更佳。

对于线阵探头,通常在短轴方向采用声学聚焦,而在长轴方向采用电子聚焦或多点动态电子聚焦。关于多点动态聚焦的原理和设计将在以后的章节中予以讨论。

7. 时间增益控制(TGC) 考虑到超声在人体内传播过程中,由于介质对声波的反射、折射和吸收,超声强度将随探测深度的增加而逐渐减弱,致使处于不同深度的相同密度差界面反射回波强弱不等,从而不能真实反映界面的情况,必须对来自不同深度(不同时间到达)的回声给予不同的增益补偿,即使接收机的近场增益适当小,远场增益适当大,通常称此种控制手段为时间增益控制,其英文缩写为 TGC。也可称之为灵敏度时间控制,其英文缩写为 STC。

一般超声仪器给出的 TGC 参数为:近区增益 -80 ~ -10dB,远区增益 0 ~ 6dB。它所代表的含义为在声场近区,接收机增益可在某设定增益基础上,衰减 80 ~ 10dB;而在远区,接收机增益可以控制增大 6dB。有的仪器的该项参数用"8 段可调"给出,其含义是操作者可以通过仪器面板上的 8 个电位器,对相应的 8 个深度段增益自行进行修正。

上面所讨论的几个参数,对评定一台超声诊断仪的质量优劣是首要的。然而,由于具体使用的场合与要求各不相同。因此,在评定整机质量时还要兼顾其他各种因素,还不能忽视操作人员的主观因素。

技能赛点 ∨

1. 一台超声仪器的技术参数对整机性能如何影响。
2. 如何准确的设定超声诊断仪器的各项使用参数。

二、使用参数

1. **扫描方式**   指仪器所发射的超声波束对被测介质进行探测的方法。分手动扫描、高速机械线性和扇形、高速电子线性和扇形(相控阵)扫描等。扫描方式不同,仪器所配用的探头和电路构成亦不同,仪器的成本和价格也不同。采用何种扫描方式的超声仪器,取决于被检脏器位置的探查需要,可以使用手动的、高速机械或电子线扫描 B 超仪,而对心脏的探查,由于受到声窗的限制,仅适合使用高速机械或电子扇形扫描 B 超仪。

2. **探头规格**   探头规格有标称工作频率、尺寸、形状等参数。还有是否可配合穿刺等特殊要求。探头标称工作频率通常在 15MHz 范围以内,可根据不同需要选定。探头尺寸和形状的选定应根据被探测介质的声窗大小和部位来考虑。现代 B 超仪通常都配有多种频率和形状的探头,以适用于不同探查的需要。

3. **显示方式与显示范围**   超声诊断仪图像显示有 A 型、M 型、B 型等,一台 B 型超声诊断仪可以有其中一种或几种显示功能,比如有 B 单帧(在屏上仅显示一幅 B 型图像)显示,B 双帧(在屏上可同时显示一幅冻结 B 型图像和一幅实时 B 型图像)显示、B/M 显示(在屏上既显示 B 型实时图像,又显示 M 型实时图像)、A/B 显示(在屏的上方显示 B 型实时图像,在下方同时显示选定方向上的 A 型图像)等。显示方式参数还指示仪器是否具有实时显示和冻结功能。

显示范围指的是屏上光栅的最大尺寸,它并不一定等于仪器的探测深度,不过在仪器的设计时,通常使两者基本接近。

4. **电子放大与倍率**   指对图像的扩大功能。有利于对图像局部范围的观察。放大倍率可以有多种,如 0.8 倍、1 倍、1.5 倍和 2 倍等。当选用倍率为×1.5 或×2 时,被放大后的图像在屏上所占的尺寸增大了,但其代表的被测介质的实际范围不变或缩小了。由于波束扫描的间隔不因电子放大而改变(即采样密度不变),被放大后的图像的分辨力并没有获得改善,反而,因为线密度减少使图像变得粗糙,通常需要进行插值处理,即在相邻两条扫描线之间,插入一条或几条扫描线,并按某种规律在相邻像素之间充填一点或几点假像素,以改善放大后的图像质量。冻结状态一般不能进行电子放大。

在电子放大状态,有些仪器的显示范围在探测深度范围内可调,称作深度方向的视野移动。

5. 注释功能　指对 B 超图像进行注释所具有的功能。它可以简化资料收集的过程;提高资料收集的速度及准确性。注释功能的强弱往往标示一部仪器的档次水平。

注释功能有的是由仪器自行控制的,比如有关探头频率的显示、图像处理值(r 校正值等)的自动显示、接收机总增益、近程增益和远程增益值的显示等。当操作者设定采用某种频率的探头或控制接收机增益为某值时,仪器将自行控制在屏上某固定位置显示出当前数值。有的注释功能则需要操作者进行相应操作才能在屏上插入,比如被检者编号(1D),可由操作者由键盘选择 27 个字母输入,检查时间的年、月、日、时、分、秒,被检者的体位标志,病灶注释、探头标志等,都必须由操作者控制插入。

案例分析

某公司全数字彩色超声诊断系统产品性能及主要技术指标如下:分体推车式机型、外型美观、结构紧凑、15 寸医学影像专用 LED 背光型 LCD 显示器、图像清晰柔、标准视频信号输出、国际标准连接件、插接方便。

1. 扫描方式　128 阵元电子线阵扫描;

2. 显示方式　B、2B、4B、B+M、M、Color、Power、PW、Color+PW、Power+PW;

3. 灰阶级　256 级;

4. 探测深度　1.5～31cm,不同探头根据其预期用途具有不同的扫描深度;

5. 分辨率　横向≤2mm,纵向≤1mm;

6. 图像处理　前处理、帧处理、内插、线相关、智能降噪、边缘增强;

7. 聚焦方式　可变孔径、四段电子聚焦及声透镜聚焦;

8. 测量功能　多组距离、周长、面积、心率、斜率及 GS、BPD、HC、AC、FL（GS-妊娠囊,BPD—双顶径,HC—头围,AC—腹围,FL—股骨长度）、胎龄、胎重计算软件包;

9. 倍率提升　×1、×1.2、×1.5、×2.0 及深度提升;

10. 其他功能　左右翻转、极性反转;

11. 体位标记　11 种带探头位置的体位标记;

12. 显示信息　日期、时间、病历号、各种提示信息及全屏幕字符编辑;

13. 辅助工具　穿刺引导线,智能追踪结石软件;

14. 系统预置功能　针对不同的检查脏器,预置最佳化图像的检查条件;

15. 内置工作站　无需计算机工作站即可进行报告的编辑打印等操作;

16. 系统接口　USB 接口、网络接口、视频接口、RS232 串口;

17. 选配功能　DICOM 功能;

18. 支持外设　图文打印机、USB、CDRW、U 盘。

---

6. 测量功能　指仪器对被探查脏器进行定量分析所具有的各种测量功能。有距离测量,脏器或病灶面积、周长的测量,M 方式运动速度和心功能参数的测量,对妊娠周期的测量等。除了距离和

速度的测量之外,其他测量通常必须在图像冻结的状态下进行。

点滴积累 ⋁

1. 超声诊断仪器的性能参数可分为技术参数、使用参数两大类。
2. 技术参数主要包括:超声工作频率、脉冲持续时间、脉冲重复频率、分辨力、探测深度、盲区、灰阶级、聚焦方式、动态范围、帧频、时间增益控制等。
3. 使用参数主要包括:扫描方式、探头规格、显示方式与显示范围、电子放大与倍率、注释功能、测量功能等。

第四节 常用超声诊断仪器的结构、原理及应用

医学超声诊断成像有多种方法,可以是反射成像,也可以是透射成像或散射成像,但目前大多数利用反射法成像,即超声脉冲回波法。

一、脉冲回波法原理

声波在传播途中,遇到两种不均匀介质的界面时,就发生反射与折射现象。人体组织和脏器具有不同的声阻抗,因而界面会发射声波,称为回波。脉冲回波技术,正是利用了人体组织的不均匀性而引起的反射作用,通过检测脏器界面的反射回波,对组织进行定位,并检测组织特性。

二、超声诊断仪器的基本结构

超声诊断仪主要由两大部分组成,即超声换能器及仪器。超声换能器的结构及原理将在第三章的第一节中给予详细介绍。一般仪器的结构根据脉冲回波法原理设计而成的超声诊断仪,基本结构如图 2-7 所示。振荡器,即同步触发信号发生器,产生控制系统工作的同步触发脉冲,它决定了发射脉冲的重复频率。受触发后的发射器产生高压电脉冲以激励超声换能器向探测目标发射超声脉冲,由目标形成的回声脉冲信号经换能器接收后转换成电信号,接着进入回波信息处理系统。该系统由射频信号接收放大器、检波器和视频放大器等组成,最后由显示器进行显示。扫描发生器在振荡器产生同步脉冲控制下,输出扫描信号给显示器,使显示器显示超声回声图像。

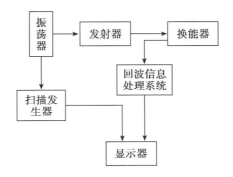

图 2-7 超声诊断仪的基本结构框图

案例分析

以最简单的 A 型超声显示来说明脉冲回波法的基本原理

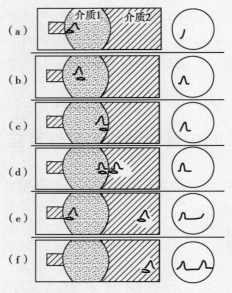

图 2-8 脉冲回波法

如图 2-8 所示,脉冲发射的瞬间,显示器上光点垂直偏移(a),随后超声脉冲以恒速通过介质 1,光点在显示器上形成水平扫描线(b),当超声脉冲传播至介质 1 和介质 2 的分界面(c)时,一部分超声能量经界面反射。 同时,由于人体组织界面两边的声学差异通常不是很大,故大部分能穿过界面继续向前传播(d)。 当反射回声到达探头(c)时。 换能器将回声信号变为电信号,再经过接收放大器放大,成为垂直偏转板的输入信号,产生光点轨迹的垂直偏转,形成界面反射回声脉冲。 显示器上两个脉冲间距离(时间)与介质的厚度成正比,反射脉冲的幅值与界面的声反射特性有关。 如果过程重复的速度足够快(大于 20 帧/s)就可显示出稳定的波形(f)。

三、A 型超声诊断仪

A 型超声诊断仪的方框图如图 2-9(1)所示。它主要由主振器、发射放大器、探头、接收放大器、时间增益补偿(time gain compensation,TGC)、显示器、时基发生器、时标发生器等部分组成。

1. **主振器** 产生同步脉冲,是整机工作的指令信号,控制发射器、时间基线发生器、时间标志发生器、TGC 电路和显示器同步工作,整机协同工作的关系如图 2-9(2)所示。同步脉冲的重复频率在几百赫到几千赫之间,波形的频率稳定性要求并不高,一般采用自激多谐振荡电路产生矩形波,经微分与削波后形成触发脉冲,就可满足要求。

2. **发射器** 产生一个按指数衰减的、峰值几百伏的激励电压,加到换能器上。发射脉冲电压波的大小与持续时间直接关系着诊断仪的灵敏度和分辨力。脉冲越窄,则轴向分辨力越高;脉冲峰值电压越大,则灵敏度越高。

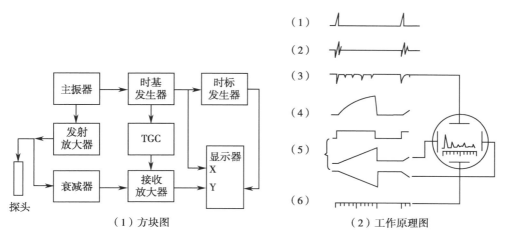

（1）方块图　　　　　　　　　　（2）工作原理图

图 2-9　A 型超声诊断仪的方框图

3. 接收放大器　将人体超声回波转换成的电信号（一般在十几微伏到几百毫伏之间），进行放大及波形处理，然后送到显示器的垂直偏转板。

4. 时基发生器　产生一个随时间而线性变化的电压，加到显示器的水平偏转板产生时间基线（扫描线）。信号加到垂直偏转板上，被时基线所展开，得到 A 式显示。

5. 时标发生器　用于测量时间，由时间标志信号发生器产生一时标电压加到垂直偏转板上，或者进行亮度调制。按照人体中超声传播的速度，将时间刻度换成距离刻度而显示于屏上。通常取声速 1540m/s，传播 1cm（来回程）所需的时间为 13.3 微秒。

6. 时间增益补偿（TGC）　主要补超声在传播过程中的衰减。

7. 衰减器　它设在换能器与接收放大器之间，通过衰减器对两个反射波幅度作比较，如对脏器的进波与出波进行定量比较等。

8. 显示器　A 超显示器多用静电偏转式的示波管，幅度显示的动态范围可在 30dB 以上。有时，需要详细观察人体内某个局部的结构信号，而它的距离又比较远，这时就需要时间延迟，待超声进入这一局部时，屏上的光点才开始扫描，并且加快扫描速度。这样就减小每一单位水平标度所代表的距离，从而使局部组织能更清楚地展示出来。

难点释义

CRT 信号及显示屏各轴的意义见表 2-2 和图 2-10。

表 2-2　CRT 信号及显示屏各轴的意义

A 式显示	水平（X）	垂直（Y）	亮度（Z）
CRT 各控制轴信号	深度扫描信号	回波脉冲信号	正程增辉信号
显示屏各轴意义	探测深度	回波脉冲幅度	无

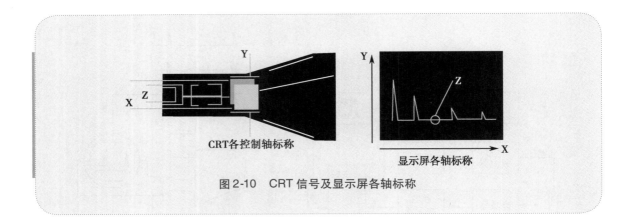

CRT各控制轴标称

显示屏各轴标称

图2-10　CRT信号及显示屏各轴标称

知识链接

A型超声诊断仪探头

一些专用的 A 型超声诊断仪,如用于脑中线的检查,设有电子开关以将双向信号显示在荧光屏上,这种仪器有两个探头、两个发射电路和两路前置接收放大器。

A 型超声探头多采用单块压电晶片,做成圆片形,直径为 20 ~ 30mm,指向性较为尖锐。 有时还在振动片后带有吸收块。 吸收块由吸声材料做成,由于它吸收了一部分声能,因此发射效率较低。 然而吸收块加剧了振荡的阻尼,衰减快,因此脉冲持续期较短,提高了轴向分辨力。 而不带吸收块的则与此相反,有较高的灵敏度,但分辨力低。

四、B型超声诊断仪

B 型超声诊断设备类型较多,但其基本的组成相类似,他们主要由 7 部分组成:控制电路、换能器、发射/接收电路、信号处理电路、图像处理、图像输出(显示、存储、打印、记录及图文传输)和电源,参见图2-11。

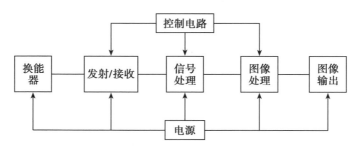

图2-11　超声诊断仪的组成

控制电路部分产生各电路的时序信号,协调各电路有序工作,同时对系统进行监测;换能器也称探头,用来进行电能、机械能之间的转换,当受电脉冲驱动时,产生声波,向诊断部位发射,由人体各器官反射的回波又推动换能器,将声波转换成电信号;发射/接收电路用来控制换能器的工作方式,动态聚集等各种技术的完成都由它来控制;信号处理电路用来完成对发射和接收电信号的处理,产生有序发射信号,对接收信号进行放大、降噪等处理;图像处理部分利用回波数据,根据成像算法构建人体图像;图像输出部分作为最后的输出部件,显示、存储、打印、记录及图文传输诊断图像。电源为整机提供所需的各种电源。

（一）线阵 B 型超声诊断仪

它适用于对腹部、妇产科领域以及乳腺、甲状腺等部位的探查诊断,以电视（TV）显示方式观察脏器或胎儿等的动态断层图像。从电路结构上看,由于有数字扫描变换器（DSC）的完整图像处理系统,其具有较强的数字图像处理功能,如发射多点聚焦、分段可变孔径接收以及回声断层图像的灰阶显示等技术,具有较强的测量（距离、面积、周长、双顶径、顶臀长等）功能,可变化的显示 B 单帧、B双帧、M 单帧、B/M 双帧等功能,多种图像放大（×1、×1.5、×2）倍率可供选择。

1. **系统结构**　它主要由主机、标准电视监视器、手车等三大部分组成。主机是系统的主体,通过其面板上操作开关的控制,由探头发射并接收的超声回波图像在电视监视器上得到显示。该机可供选择配用的探头有两种,一种是 3.5MHz 电子线阵超声探头,另一种是 5MHz 电子线阵超声探头,用户可根据不同的探测深度和部位选用。主机内部几乎安放了系统的全部电路插件和控制开关,控制开关基本集中于主机键盘面板,操作者可以方便地进行操作。标准专用显示器采用 14cm 以上电视监视器,电视监视器安装在主机的上方,它通过视频信号电缆由主机单元的 M-TV 插座引入电视信号,电视监视器所需 220V/50Hz 电源亦由主机引入。手车用于安放主机和电视监视器。其脚轮设有制动装置,因此,整机可以方便地移动和定位,操作使用十分方便。

2. **系统工作原理方框图**　系统主要由发射/接收电路、数字扫描变换器（DSC）电路、CPU 控制电路三部分组成,系统工作原理见方框图 2-12。

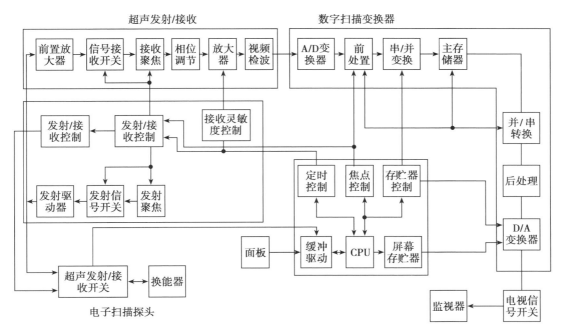

图 2-12　系统工作原理方框图

（1）发射/接收电路部分：

1）发射电路其功能如下：用来产生超声波束，并完成对发射波束的控制（指聚焦的位置控制）。

2）接收电路部分：它对来自探头的超声回波信号进行放大、调相、压缩并检波，最后将此视频信号送至主存储器板。

（2）数字扫描变换器（DSC）电路部分：　在 CPU 板的控制下，它将来自 RV 板的视频模拟信号变换为数字信号，并写入帧存储器。从帧存储器读出的为电视信号，此信号再经数/模转换为模拟信号，最后送至电视监视器。

（3）CPU 控制电路部分：接收来自面板和键盘的信号，它用于对全机进行控制，并完成各种测量。

主机单元电路简要工作过程如下：

上电后系统在初始化程序控制下处于冻结状态，按"FREEZE"按钮（或踩一下脚踏开关）冻结状态即被解除。同时，CPU 控制产生定时脉冲输出，发射/接收控制电路被同步工作，产生高压发射激励脉冲，经超声发射/接收开关加到超声探头中的换能器，换能器被激励产生超声发射。超声波在介质中传播遇到声阻抗不同的界面将产生回声，此回声被探头换能器所接收并转换为电压信号，由于探头采用多振元调相激励和接收，因此，一次获得的信号电压并不是单路，而是根据接收孔径的不同，可以是 8 路、10 路或 12 路，又由于发射电子聚焦的缘故，这些电压信号还存在一定的相位差。因此，在它们各自经前置放大器放大后，由信号接收开关首先将它们进行一次对称合成，使信号数减半，并再经接收聚焦和相位调节电路处理后合成为单路信号。被合成的单路信号往往仍很微弱并具有过大的动态范围，放大器的作用就是为其提供一定的电压放大倍数并给予适当的对数压缩，使信号能适应终端，显示约 20dB 的动态范围。同时，接收灵敏度控制电路再次对回波实施深度增益补偿（TGC），然后该信号被检波成视频输出，送往数字扫描变换器（DSC）。

设置 DSC 的主要目的是改善图像质量。输入的视频回波信号在此首先被 A/D 转换，变为数字信号后送到前处理电路，前处理的内容主要是实施相关处理，以平滑图像噪声。经前处理后的信号在存入主存储器之前还需进行串/并变换，其目的在于适配主存储器写入速度，因此，从主存储器读出的并行数据，还需经并/串变换为显示器所能接受的串行数据。后处理电路用于实施图像的数据插补，以改善图像电子放大后的图质，最后，数字信号被送往 D/A 变换电路，在这里与来自 CPU 板的字符信号、电视同步信号等合成为全电视信号，再经 D/A 转换，还原为视频模拟信号送电视监视器显示。

CPU 电路作为系统的控制中心，用于产生各种定时和控制信号，其接受面板开关的指令，控制收、发和主存储器电路的工作并完成各种计算。

3. 系统功能

（1）采用多点动态聚焦发射：系统可以在全深度探查范围采用多点动态聚焦，如选取四段聚焦，分近（N）、中（M）、远场Ⅰ（F1）和远场Ⅱ（F2），故从身体表面至体内深部，都可获得分辨力高的优质图像。

（2）接收采用可变孔径技术：可采用三段可变孔径接收，使远、中和近场都有较好的横向分辨力，尤其使近场分辨力得到明显提高，即使采用一点聚焦，也可以获得较好的回波图像。

（3）具有图像放大和深度方向连续视野移动功能：具有×1、×1.5 和×2 共三种图像倍率可供选择（但5MHz 探头不能形成 2 倍图像），可以使被放大图像在全探测深度范围作连续视野移动，因此可以实现对任一探测深度段图像区域的放大显示。在实施视野移动时，监视器还将同时显示被显示区域起点的深度值。

（4）具有可变的图像显示方式：利用电视监视器，既可以进行单帧 B 方式图像显示，亦可用双 B 方式图像显示，还可以取 M 方式和实时的 B/M 方式显示。

（5）具有方便的测试功能：通过键盘操作，除可以进行距离的测量之外，还可以进行面积、周长和心率的测量，并可通过测量值自动计算出妊娠周期。

（6）多种体位标志：体位标志用于指示探查时探头的取向，具有 6 种体位标志可供显示，它们分别是右侧位标志、左侧位标志、仰卧位标志、俯卧位标志、女胸位标志和男胸位标志等。

（7）字符显示和注释插入：具有显示 26 个英文字母和 10 个阿拉伯数字的键盘控制显示功能，并且具有病历注释和图形注释（即能在超声波图像内书写进英文字母、记号、数字）的功能。

（二）B 型凸阵探头超声诊断示教仪

仪器采用电子扫描方式，引进多级动态聚焦，可变孔径及数字扫描变换等国际超声成像技术，完全参照医用标准设计，采用国际先进的超大规模集成电路器件，各项性能指标参数均与医用超声相当。

仪器面膜板采用原理图式、模块化布局设计，信号的处理和信号的流向清晰、直观。在面膜板上有固定元器件的插管，插入相应元器件。其优点是：在教学中能够即时更换电参数相近的部件，可在显示器上直接观测到更换部件前后的差异，结合板上面膜对应的图标及相互连接的电路图，方便学习和实验测试。

1. 产品技术指标

（1）扫描方式：电子扫描。

（2）探头：3.5MHz（80 阵元）电子凸阵探头。

（3）显示方式：B、B/B、B/M、M。

（4）显示器：21cm 液晶彩色显示器。

（5）聚焦方式：全自动接收十七段动态聚焦和声透镜。

（6）动态可变孔径。

（7）图像处理：8 种帧相关处理；8 种伽玛矫正处理；前处理、内插处理。

（8）图像倍率：×1.0,×1.2,×1.5,×2.0。

（9）图像显示：左右、上下图像翻转、伪彩色编码。

（10）体位标记：16 种图标（成人 10 种,胎儿 6 种）。

2. CX-1000 示教仪的原理框图

（1）模拟部分原理框图（如图 2-13 所示）

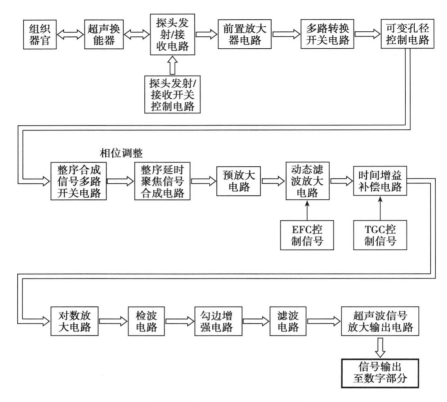

图 2-13　模拟部分原理框图

（2）数字控制部分原理框图（DSC 数字图像处理和 CPU 控制部分，如图 2-14 所示）

本系统共分四大模块：

①超声的发射、接收和预处理模块；②回波信号的聚焦、检波、放大模块；③信号的 DSC 数字图像处理模块；④CPU 控制模块。

每个模块下又分好多小的功能模块，并配有详细的中文标识。每个模块都有典型的测试点，典型的故障电路。针对故障电路可以设计相关的实验。故障电路都是可插拔的元器件，易于设置。

难点释义

CRT 信号及显示屏各轴的意义见表 2-3。

表 2-3　CRT 信号及显示屏各轴的意义

B 式显示	水平（X）	垂直（Y）	亮度（Z）
CRT 各控制轴信号	横向位置信号	纵向位置信号	回波脉冲信号
显示屏各轴意义	横向位置	纵向位置	回波脉冲幅度

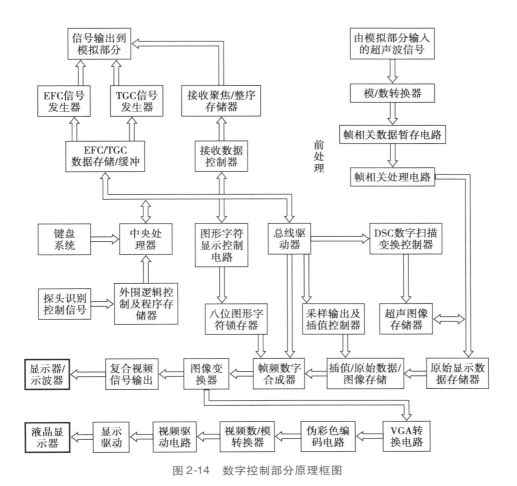

图 2-14 数字控制部分原理框图

知识链接

C 型、F 型和 P 型超声

B 超图像显示的就是声束扫描的人体断面。 如果显示的图像是与超声束相垂直的某一等深断面，则称为 C 型（constant deep mode）超声（见图 2-15）；如果显示的断面虽与声束垂直但不是等深，而是**自由选择的曲面**，则称为 F 型（free section mode）超声（见图 2-16）。 C 型与 F 型超声显像仪已开始用于乳房病变诊断。

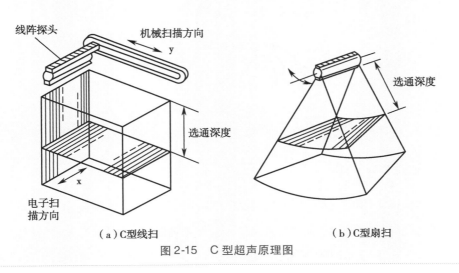

（a）C型线扫 （b）C型扇扫

图 2-15 C 型超声原理图

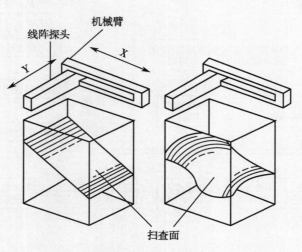

图 2-16 F 型超声原理图

在 B 超仪器广泛地应用于医疗诊断后,人们希望获得与 X 透视相似的图像,这就是 C 型超声诊断的图像。 但 C 型的成像画面是与超声束垂直的,它与 B 型扫描平面相差 90°。 C 型超声检查肿瘤组织,能显示出肿瘤组织的扩大范围,这在临床诊断中极为重要。 F 型与 C 型的原理基本相同,只不过 C 型超声仪的延迟电路控制的距离选通门的开启时刻是个**可调常数**,而 F 型的距离选通的时间是随着位置而变化的函数。

P 型显示(见图 2-17)可视为一种特殊的 B 型显示,超声换能器置于圆周的中心,径向旋转扫查线与显示器上的径向扫描线作同步的旋转。 主要适用于对肛门、直肠内肿瘤、食道癌及子宫颈癌的检查,亦可用于对尿道、膀胱的检查。 P 型超声诊断仪所使用的探头称为**径向扫描**探头,如尿道探头,直肠探头都属于径向扫描探头。 扫描时探头置于体腔内,如食道、胃或直肠等。

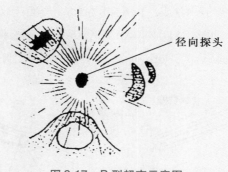

图 2-17 P 型超声示意图

五、M 型超声诊断仪

M 型超声诊断仪发射和接收工作原理参见图 2-18(a),与 A 型较为相似,不同的是其显示方式。对于运动脏器,由于各界面反射回波的位置及信号大小是随时间而变化的,如果仍用幅度调制的 A 型显示方式进行显示,所显示波形会随时间而改变,得不到稳定的波形图。因此,M 型超声诊断仪采用辉度调制的方法,使深度方向所有界面反射回波用亮点形式在显示器垂直扫描线上显示出来,随着脏器的运动,垂直扫描线上的各点将发生位置上的变动,定时地采样这些回波并使之按时间先后逐行在屏上显示出来。图 2-18(b)为一幅心脏博动时测定、所获得心脏内各反射界面的活动曲线图。可以看出,由于脏器的运动变化,活动曲线的间隔亦随之发生变化,如果脏器中某一界面是静止的,活动曲线将变为水平直线。

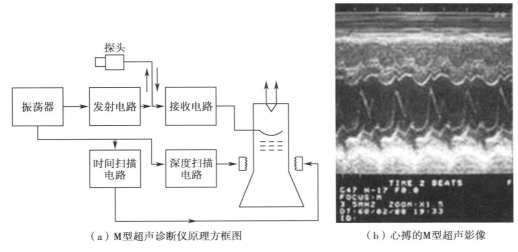

（a）M型超声诊断仪原理方框图　　　　　　　（b）心搏的M型超声影像

图 2-18　M 型超声诊断仪原理与成像

M 型超声诊断仪对人体中的运动脏器,如心脏、胎儿胎心、动脉血管等功能的检查具有优势,并可进行多种心功能参数的测量,如心脏瓣膜的运动速度、加速度等。但 M 型显示仪器仍不能获得解剖图像,它不适用于对静态脏器的诊查。

难点释义

CRT 信号及显示屏各轴的意义见表 2-4。

表 2-4　CRT 信号及显示屏各轴的意义

M 式显示	水平（X）	垂直（Y）	亮度（Z）
CRT 各控制轴信号	时间扫描信号	深度扫描信号	回波脉冲信号
显示屏各轴意义	探测时间	探测深度	回波脉冲幅度

M 型仪器是将回波信号加到示波管的 Z 轴,进行亮度调制。同时将代表探查深度的时间扫描电压,也就是时基线,加到示波器的垂直偏转板上,所以 Y 轴就表示了脏器的深度。而水平偏转板加上慢扫的时间电压。这样,在双重时间扫描的作用下,每一条 B 式扫描回波显示线（垂直方向的时基线）在水平方向上被分离开来。当重复频率足够高时,每一个固定反射界面的回波就显示成一条水平光迹,而每一个运动界面的回波就显示成一条连续的曲线光迹。在探查深度所及的范围内,各

种反射界面均有自己对应的回波光迹。曲线起伏的幅度反映出反射界面运动中所通过的距离大小，而曲线的斜率大小则反映出反射界面运动速度的大小。

六、超声膀胱扫描仪

超声膀胱扫描仪即膀胱容量测定仪，我国 2016 年才制定 YY/T 1476-2016 超声膀胱扫描仪通用技术标准，它适用于医学临床非侵入性测量患者膀胱的尿容量，是目前国内最新应用于临床测量膀胱内尿容量的超声诊断仪器，在这里以 HD5 便携式膀胱容量测定仪为例进行介绍，该仪器利用超声成像原理与技术，采用 3D 机械扇扫超声探头对膀胱进行超声扫描，将扫描到的膀胱信息成像为 12 幅二维膀胱 B 超图像，经过图像处理后获得 12 幅膀胱的截面并将其投影为 3D 影像，再根据复杂的算法计算出膀胱的容积。该仪器采用双电机三维探头，在扫描过程中扇面沿轴向逐次转动角度，以获取膀胱的 12 个不同截面的超声信息，然后采用拟球法来计算膀胱的容积，能够准确地测量膀胱的容积。该仪器能够在显示屏上显示实时的膀胱超声图像、容积测量结果、患者信息、时间和日期及电量标识等信息，同时还能实现患者信息输入、患者信息管理、参数设置、打印当前信息、存储当前信息等功能。

1. 系统结构 它主要由主机、3D 探头、锂电池及适配器组成，采用电源和电池两种供电方式，可帮助医护人员对患者膀胱状态进行监测和诊断，特别是对术后膀胱功能进行评估。在系统的控制和计算中，采用大规模可编程逻辑器件 FPGA 的内核取代传统的微处理器作为系统的控制器与计算器，提高了整机的控制能力、计算速度及运行的可靠性，实现了对膀胱尿容量的准确测量。仪器有两种操作模式：专家模式和简易模式。在专家模式下，仪器能够显示实时的二维 B 超图像，医生可根据显示的膀胱截面图像，判断测量的位置及结果是否正确。简易模式下，仪器不显示实时的二维 B 超图像，由仪器引导操作者移动探头准确找到测量位置。本仪器操作方式简单、测量结果快速准确，能够在操作者松开扫描键 5 秒钟之内计算并显示出测量结果。仪器采用注塑外壳一体化结构、7 英寸液晶显示屏（800×480 像素）。

2. 系统工作原理方框 系统主要由探头、显示屏、主板电路、打印机接口电路、触摸屏接口电路、锂电池、综合连接电路等部分组成，系统工作原理见方框图（图 2-19）。

主机由锂电池供电，主板上有控制处理器 FPGA、探头接口、显示接口，触摸屏接口、探头驱动电路、探头发射电路、接收放大电路、A/D 转换电路、SDRAM 存储器（图表及容积计算程序存储器）、SRAM 存储器（超声成像程序存储器）、图像处理电路等。显示屏、电源开关、USB2.0 接口、DC 直流电源、探头通过接口和主板连接，下面就其各部件的功能做一说明。

（1）控制处理器：根据触摸屏在屏幕不同位置点击的请求功能，控制处理器发出不同的指令控制不同的部件工作；产生相应的控制信号控制整机协调有序的工作；产生探头的驱动信号使探头进行扫描；指示图像处理器接收超声数字信号并进行数字扫描变换，图像信号处理，图像存储，并将数字图像送 TFT 显示屏显示；发射超声信号和接收超声信号并将其放大后进行 A/D 转换，变换成数字信号送图像处理器；对膀胱进行探测扫描，计算并显示膀胱的容积测量结果，并通过 USB 将信息存储至 U 盘或上位机中；进行时间/日期、模式选择、校准、语言选择、固化升级、电源管理、打印系统信

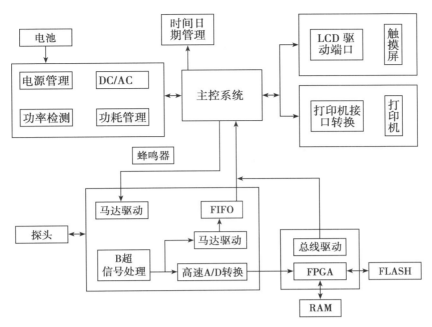

图 2-19　HD5 便携式膀胱容量测定仪结构示意图

息等功能的设置。

（2）图像处理器：根据控制处理器的指令，接收超声数字信号并进行数字扫描变换，图像信号处理，图像存储，并将数字图像送 TFT 显示屏显示。

（3）显示屏：根据控制处理器指令，显示屏显示下列信息中的某些信息画面：超声扫描图像及文档信息，选择菜单信息。

（4）触摸屏：接受操作者的点击请求，并把请求信息发送给控制处理器，由控制处理器根据请求发出指令。

（5）探头驱动：根据控制处理器指令，产生 3D 探头的驱动信号使探头进行扫描和旋转。

（6）发射电路：根据控制处理器指令，产生与探头固有频率相应的发射脉冲到探头晶片。

（7）接受前置放大：根据控制处理器指令，接收探头的超声信号，并对所接受的信号进行放大。

（8）A/D 转换：根据控制处理器指令，将放大的模拟超声信号转换成数字信号送图像处理器。

（9）探头接口：是探头连接主机的端口，探头的发射/接收信号以及探头扫描的驱动信号都是通过该接口传送的。

（10）探头：是能量转换装置及扫描形成装置。将电能转换成机械能，机械能转换成超声能。

（11）USB2.0 接口：是主机连接 U 盘及上位机端口。

仪器的工作过程如下：

首先由仪器发射脉冲信号给 3D 探头，通过探头中的换能器向人体内部发射超声波。此超声波在人体内通过组织界面时产生反射和散射波，根据其返回的时间可以对此组织器官进行定位，根据其强度可以检测组织的特性，发射这样一组脉冲只能获取组织的某一平面上的一条线上的信息，通常一幅二维的断面组织图像最少需发射 96 或 128 次（对于 B 超诊断仪）才能形成一个切面，然后将这个依次发射并接收到的图像在显示屏上显示。显示的图像是将接收来的声束信号强度作灰度调制后得到的一幅与实际切面相同的平面图像。换能器将接收到的反射回来的超声波转换成电能,这种电信号经放大后送数字扫描变换器(DSC)中进行滤波、检波、压缩。由于发射扫描成像方式和成像显示方式不一致,且成像速度也不一样,为了实现二维切面的实时成像,仪器中的数字扫描变换器(DSC)将发射扫描制式变换为成像扫描制式,并在数字扫描变换器(DSC)中进行一系列的图像数字处理,最后通过显示屏显示一幅高清晰的截面图像。其次,3D探头由两个电机组带动其顶部的晶振做旋转和摆动运动,其中下置步进电机带动晶振做180度旋转,上置步进电机带动晶振做120度来回摆动。下置步进电机到达边沿位置时固定,上置步进电机做120度来回摆动,就得到第一幅超声图像;下置步进电机转动15度后固定,上置步进电机接着摆动120度,就取得第二幅图像;下置步进电机继续转动15度,上置步进电机再摆动120度,如此往复,直到下置步进电机转动165度后停止,就会得到12幅图像,对其进行处理与运算,计算出膀胱的容积。(注释我们探头在0°开始取第一幅图,到165°共取12幅图,180°的图和0°是重复的,所以我们取到165°,探头恢复到0°)

3. 系统功能

(1) 膀胱扫描功能:对膀胱进行三维的扫描,扫描完成后相应的膀胱容积测量计算结果也将完成。

(2) 操作模式选择功能:操作模式有专家模式和简易模式(如图2-20所示)。专家模式下,显示带有绿色线条勾边的膀胱二维超声图像。简易模式下,则只显示绿色填充膀胱二维示意图像。

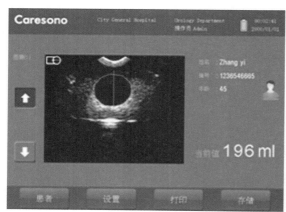 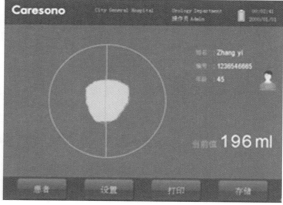

(1) 专家模式　　　　　　　　　　　(2) 简易模式

图2-20　HD5膀胱容量测定仪两种操作模式图像显示图

(3) 患者信息输入功能:可以设置患者姓名、编号、年龄。

(4) 打印患者信息功能:完成扫描,可以打印患者信息,包括患者姓名、编号、年龄、性别、时间、膀胱容积值、膀胱正交超声图像两幅。

(5) 存储患者信息功能:完成扫描,点击主界面"存储"键,可存储当前患者信息(包括患者姓名、编号、年龄、性别、容积值)和12幅膀胱超声二维图像。

(6) 查看患者信息功能:点击主界面"患者",在点"查看"键,进入患者信息界面,可以查看患者管理列表,含所有患者检测记录。

（7）系统设置功能：点击主界面"设置"键，进入参数设置界面（如下图2-21）。参数设置界面共有6个菜单。通用、服务、操作员、打印、电源和显示。

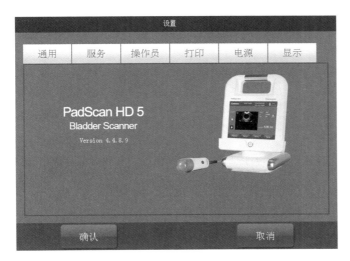

图2-21　HD5膀胱容量测定仪参数设置界面

（8）自动屏保和自动关键时间功能：点击屏幕上电源按键，可设置自动屏保时间和自动关机时间。

（9）多模式导出患者记录功能：患者记录可直接导出至膀胱仪器中，或直接导出患者记录至U盘中。

（10）本机具有自动校准及同一患者当前膀胱尿容积最大值显示、膀胱投影、膀胱中心线指示等功能。

点滴积累

1. 脉冲回波法是临床中应用最广的超声成像方法。
2. 超声诊断仪器的基本结构主要包括振荡器、发射器、扫描发生器、换能器、回波信息处理系统、显示器等部分。
3. A超、B超、M超均依据脉冲回波法进行扫描，三类仪器在基本结构类似的基础上，都具有各自独特的结构以及成像显示特点。
4. C型超声、F型超声、P型超声作为几种特殊的二维扫查成像方式与常规B超成像形成互补，均有各自的适用范围。
5. 膀胱容量测定仪适用于医学临床非侵入性测量患者膀胱的尿容量测量。

第五节　超声成像技术及测量方法

随着临床医学的发展和科学技术的进步，超声影像技术在成像方法、探头、信号检测与处理方法及临床应用软件等方面都取得了长足的进步，使图像质量和分辨率越来越高。在技术实现的手段上，数字扫描变换器（DSC）和数字波束形成技术的应用，标志着超声诊断设备进入了全数字时代。

计算机硬件和软件技术的进步使超声诊断范围和信息量不断扩充,当前超声诊断已从单一器官扩大到全身,从静态到动态,从定性到定量,从一维到四维。

从工程技术角度看,医学超声成像在换能器技术、计算机平台、全数字超声波、三维成像、彩色血流成像等方面的发展特别引人注目。

一、换能器技术

超声探头是改进超声系统性能中最为关键的工作,开发高密度、高频率,宽频带探头是研究的热点。

高频超声成像技术的应用将大大提高图像的分辨力。常规 B 型超声成像技术其超声工作频率在 2~10MHz,目前研究并开始临床应用的血管内超声成像技术,其工作频率高达 20~40MHz,而 40~100MHz 的超声成像才被称为高频超声或超声后散射显微镜(UBM),可以用于皮肤的成像,以及眼部、软骨、管状动脉内的成像等。人体内脏器官的症状往往在浅表皮层的地方没有表现,这就加大了超声皮肤成像的应用价值。

高频超声波可以分辨更细微的病灶,提高图像的轴向分辨力。高档换能器是保证超声诊断图像分辨率和高清晰度的关键技术。制作振子的压电材料有单晶、多晶、压电聚合物复合压电材料、压电高分子材料(聚乙烯共聚物)等。20 世纪 90 年代日本用聚乙烯共聚物制作的线阵超声换能器性能良好,90 年代后,国外几个主要公司都研制出高水平的各种换能器,512 阵元和 1024 阵元甚至更高阵元数量的超高密度探头可使相对带宽超过 80%。阵面超高密度阵元探头使二维聚焦成为可能,同时能改善侧向、横向分辨力。宽频探头结合数字声束的形成和射频数字化能实现宽频技术,从而可避免使用模拟式仪器损失 50% 以上频带信息的弊端。该项技术不仅能解决分辨力和穿透力的矛盾,而且信息丰富能获取完整的组织结构反射的宽频信号。微电子工艺使换能器的振子(阵元)高度密集,声束扫描线密度高,使图像更加细腻。探头制造技术的提高,使我们能够得到更小的阵元尺寸、更宽工作频率的换能器,适应的工作频率从 2MHz 到 60MHz 甚至上百兆,适用于皮肤、冠状动脉内成像。各种腔内探头(直肠、膀胱、阴道、食道、管腔内、血管内及内镜探头)的制造成功为开展介入超声提供了条件。

超声探头向着高密集、小曲率、高频率和两维等方面发展,微电子的工艺是其中的关键。高密集的探头阵元数达几千个。高频率的探头包括:50MHz 的多普勒探头、45MHz 的血管内成像探头和 100~200MHz 的皮肤成像探头等。两维的探头,其目前的阵元数为 128×8。

二、计算机平台技术

基于标准 PC(personal computer)平台的超声诊断系统,俗称电脑化超声诊断仪。传统的超声诊断仪采用简单的微处理器作为中央控制中心。而现今先进的超声诊断系统是使用 PC 作为中央控制系统,计算机的软硬件环境好,具有大容量信息内存及许多标准接口,具有电影回放、图像处理、档案管理、屏幕注释及远程传输等功能。

三、全数字化超声波诊断技术

该技术的核心器件是"数字波束形成器",能产生数字声束。从电子技术的角度看,波束形成器可以分为"模拟式"和"数字式"两种。模拟式采用模拟延迟线实现信号延迟,在波束合成后再转变成数字量由计算机做进一步的处理;数字式则在接收的前段就将回波信号转变成数字量,用数字电路来实现信号的延迟与叠加。

超声图像的关键指标是分辨率,全数字化技术保证了超声诊断设备图像更清晰更准确,分辨率更高,大大提高了超声诊断的正确率,直接提高了超声诊断设备的整体质量。全数字化超声诊断仪还可以进行数字图像管理和传送,无失真的图像存储和调用,具有运算快、容量大和无失真等优点。

四、三维超声成像技术

超声成像方法以使用方便、无创伤、无痛苦、无电离辐射及低成本等优点,在临床中得到广泛应用。常规超声成像的扫描方式,可以从不同角度取得体内结构的各种切面,尽管二维平面信息在临床上解决了不少问题,但是医生更需要从立体(三维)的影像上来观察体内组织的结构和病变情况,希望三维成像提供直观的立体信息。三维超声比二维超声提供更充分的空间信息,在心肌损伤的定位、胸腹部肿瘤的检测、怀孕期的评估(特别是早期怀孕畸形的检测如图 2-22 所示)等方面有重大的价值,为此,人们试图通过各种不同方法来实现三维影像的重建。

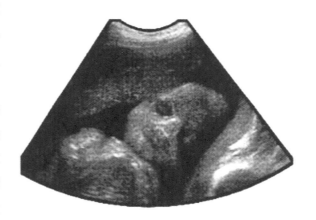

图 2-22　三维灰阶成像显示的胎儿面部

因为三维超声技术仍然存在着不足,美国医学超声学会(AIUM)指出二维声像图是目前超声检查的主要应用方法,三维声像技术作为一项发展中的技术,可以为二维超声方法提供有益补充,尚未能替代二维超声技术成为临床常规检查方法。

五、宽频带成像技术

一定频宽的脉冲经声场介质作用后,将产生具有多重频率的回波信号,传统的超声仪只接收基波信息成像,而从成像的观点来说,回波信号中频率成分利用得越充分,图像质量就越好。

宽频带成像技术可以全面采集到超声回波中隐含的丰富信息。该技术一方面要求探头具有宽带特性,还要求整个系统的接受通道具有同样的宽频带特性。传统的超声探头是基于压电晶体制作而成的,可以实现电信号和超声波脉冲的转换。超声设备制造商不断完善对这些晶体的设计和制造,研制出种类繁多的凸阵、线阵、环阵形相控阵探头。新型的探头有以显微硒鼓为基础做成的电容性微制造超声探头,利用了微机电系统技术,具有宽频响应特性,能增强造影,可替代个体化压电晶体组件,为研发新的扫描方式打下基础。

　　长期以来,超声医学成像系统都沿用了线性声学规律,即认为人体组织是一种线性的传声介质,也即发射频率为 f_0 的声波时,从人体内部脏器反射或散射并被探头接收的回声信号也是 f_0 附近的一个窄带信号。实际上医学超声存在着非线性现象,谐波成像便是非线性声学在超声诊断方面的应用。

　　由于声波在人体组织内传播过程产生的非线性以及组织界面入射/反射关系的非线性,使得当发射的声波频率为 f_0 时,回波(由于反射或散射)频率中除有 f_0(亦称基波)外,还有 $2f_0$,$3f_0$······等(称为谐波),其中以二次谐波($2f_0$)的能量最大。二次谐波的强弱和传播距离与入射波能量大小有关。二次谐波成像(second harmonic imaging,SHI)技术是宽频带成像技术的一个应用,用于心外脏器和组织的检查。

　　二次谐波成像时,仪器通过带通滤波,只提取二次谐波信号进行成像。无造影剂时,二次谐波信号来自组织,称自然组织谐波成像。有造影剂时,二次谐波信号主要来自造微泡,称造影剂谐波成像。其他方面还包括能量造影谐波成像(power contrast agent harmonic imaging,PCAHI)和 ATL 公司提出的脉冲反向谐波成像(pulse inversion harmonic imaging,PIHI)等。目前大多数中高档超声诊断仪均具谐波成像功能。

　　组织谐波成像(tissue harmonic imaging,THI)又称频谱合成成像或频率转换技术(FCT)。人体组织对声波的反射具有一定的非线形高频率谐波能量,但相对较弱,普通超声成像是利用线形能量成像而将非线形成分滤掉。非线形信号的频率即谐波频率为超声发射频率的 2、4、8······倍,且随着频率的升高其能量逐渐减低。组织谐波成像是利用超宽频探头接受这些非线性的高频谐波信号,将多频率信号放大、平均处理后再实时成像,由于接受频率的提高,对较深组织的分辨力也有了较大的提高,明显增强了对细微病变的显现力。

　　造影谐波成像(contrast harmonic imaging,CHI)是利用造影剂(微泡直径 $1 \sim 10\mu m$)产生的较强的二次谐波信号进行成像,故又称为二次谐波成像(second harmonic imaging,SHI)。由于组织产生的二次谐波信号十分微弱,使用一种称为超声造影剂(ultrasound contrast agent,UCA)的物质可以人为地扩大非线性现象,将 UCA 注入人体待查部位,会产生大量的微气泡,这些微气泡的直径为数微米,其大小与血液中的红细胞相近,由于入射/散射之间强度关系的非线性参数约比人体组织大 $10 \sim 20$ 倍,这意味着 UCA 所产生的谐波比周围组织大几十倍至一百倍,所以明显提高了信噪比,可有效地观察心内膜、外周小血管心脏组织的被灌注情况。

　　利用回声(发射或散射)中的二次谐波所携带的人体信息形成的声像图称为超声谐波成像。不使用 UCA 的谐波成像称为自然谐波成像(native harmonic imaging)或组织谐波成像(tissue harmonic imaging)。使用 UCA 的谐波成像称为造影谐波成像。临床应用表明,组织谐波成像,特别适用于显像困难的患者,那些由于肥胖、肺气过多、肋间间隙狭窄、腹壁较厚的患者,在超声诊断中常被称为显像困难患者,对这部分患者采用谐波成像,均可显示图像,因而改善了诊断能力。造影谐波成像(contrast harmonic imaging)能敏感地显示各脏器内的细微血管,有利于鉴别肿瘤血管。谐波 Doppler技术可检测低速血流。

近来还发展了另外一些新技术,以增强对比显示,这基于以下两个原理。一种技术称为超谐波技术(agilent),它运用射频滤波器,滤除组织谐波信号。射频滤波器的用处是在二次谐波和三次谐波中减少不需要的组织信号。这意味着要应用超宽频换能器以应答较二次谐波频率更高的信号。其目的是减少运动干扰,同时提高了侧向和轴向分辨率。另一技术为分频谐波技术,它是利用造影剂微泡产生较多的次级谐波来进行成像。

六、超声弹性成像

超声弹性成像(亦称实时应变成像)比较加压(用超声探头紧压病变)前后乳腺病变弹性信息的超声图像。施加一个外力后,比较柔软的正常组织变形超过坚硬的肿瘤组织。加压前后病变有无改变说明病变的僵硬度,后者是鉴别病变性质的重要参数。超声弹性成像利用肿瘤或其他病变区域与周围正常组织弹性系数的不同,产生应变大小的不同,以彩色编码显示,来判别病变组织的弹性大小,从而推断某些病变的可能性。

超声振动声成像(vibro acoustography)是一种新的弹性成像技术,利用两个频率差很小的共聚焦超声波使组织振动,产生动态辐射力,水听器检测组织振动产生的声场分布,得到跟组织的剪切模量高度相关的组织的弹性分布。

超声弹性成像是一种新型超声诊断技术。形成背景为:①触诊是临床诊断常用手段,乳房检查、肝、前列腺、大动脉等;②当软组织发生病变时,组织的弹性特征会随之改变;③组织的力学特性改变意味着组织的状态变化,如肌肉的松弛和紧张状态;④弹性和黏性是生物组织定征的重要参数。

七、声学密度测定

声学密度测定(acoustic densitometry,AD)是以背向散射积分(integrated backscatter,IBS)为基础的定量分析方法,主要用于对心肌、肾皮质、肝实质等组织的声反向特性的研究。声学密度测定是对小于超声波长的界面如细胞、微细血管、胶原纤维等产生的背向散射信号进行提取,计算出取样散射区域的功率谱(即回声信号强度的平方)的积分。取样时在二维图像上选择一个取样区,计算机自动将取样区内组织的声学密度参数(AD值)计算出来,动态边界采集则可获得一组数据并绘制成曲线图。

目前声学密度测定应用于心肌病变的报道较多,由于正常的密度随心动周期变化,其AD值也呈周期性变化,而疾病状态下心肌AD值发生相应变化,例如急性心肌梗死的局部AD值明显升高、慢性心肌梗死区AD值也升高,梗死区的曲率变化减小;肥厚性心肌病的AD值广泛降低,扩张型心肌病则AD值升高。声学密度测定对于一些超声回声信号接近、临床症状相似的疾病方面有一定的帮助。

八、全景超声成像

全景超声成像(panoramic ultrasound imaging,PUI)是通过缓慢移动探头沿图像一侧方向移动并进行连续扫查,由计算机将移动过程中的图像相关比较分析并自动拼接为一幅超宽视野的完整图像,图像冻结后可回放观察。全景超声成像图像的视野宽广,对较小的体表均可良好成像,可对体积较大的器官或肿瘤等进行全面观察并测量,对腹部与浅表器官疾病的诊断有较大的帮助。影响图像质量的因素主要为组织器官的运动及较大的曲度等。

九、复合成像,均衡成像,扩展视野采集

1. 复合成像　复合成像的原理是把通过不同空间方向所获得的图像进行匹配合并而重建出更清晰的图像,如[SonoCT(ATL-Philips),Scieclar(Siemens),Sonoview compounding(Toshiba)]都是利用此种技术。数字化声波束形成器可以控制探头换能器阵列同时从五到九个转向角分别各自实时直接进行采集。复合成像技术可以降低图像上的斑点、杂乱信号等影响图像清晰的噪声,提高了正常软组织及损伤组织的对比分辨率,而不影响空间分辨率等其他的成像性能。复合成像还可减少在强反射分界面的阴影成分,如器官边缘、血管壁、肌腱和韧带,因为它们在掠射角的反射很微弱。

同时发射两个不同频率的脉冲技术(复合频率脉冲发射技术,Acuson-Siemens)除了可以减小噪声、光斑干扰外,还可以得到更好的对比分辨率。

2. 均衡成像　图像的后处理方法有多种,评价图像后处理的好坏主要看在不同方向的图像是否均匀。通常用两种方法来解决这个问题。一种手段以数字图像优化技术(Toshiba)和自动组织优化技术(GE)为代表,对图像中感兴趣的区域进行直方图灰阶分析,计算出灰阶转换函数,调节每个像素的对比度、亮度和增益,以建立最优化的视觉图像。另一种手段为组织均值化技术(Acuson-Siemens),它对局部的图像进行自适应分析,统计杂散斑点并区分热噪声,逐区域的进行侧向增益、深度增益及总增益的调整。当应用高频传输发射成像的时候,以降低信号失真并保持最佳动态范围为原则调节不同深度的增益,这是数字自适应增益调控技术(Esaote),同样可以提高图像的均匀性。

3. 扩展视野影像采集　扩展视野的采集处理包括 Sciescape 技术(Siemens),以及最近出现的自由采集技术(Acuson)、全景采集技术(ATL-Philips)、LOGIQview 技术(GE)、全景观察技术(Toshiba)等。这些技术都是通过影像自身数据获取探头的相对位置信息,通过手持探头渐进移动扫描获得全程数据,重建出宽幅图像。这种宽视野模式在灰阶成像和能量图成像时都可以应用。

十、超声 CT

超声探头发出超声波后,超声波在人体内传播时,人体组织产生的背向信号在到达探头之前会出现非均匀性衰减、声束的强度与宽度的变化、组织界面的镜面反向等,这些传播效应在 B 型超声上并未得到有效纠正。由于这些传播效应理论上是可测的,设法获得这些声速的变化或者声衰减的数据并以此为参量,用计算机再建出超声透射影像,这种成像技术即为超声计算机断层成像(US-CT)。B 型超声断层成像反映的是组织性质和状态信息,例如可对组织散射系数进行测定。有研究结果显示,对活体正常肝脏、肝硬化、肝脏转移性腺癌的背向散射系数检测值与实际值较为接近。

计算机断层成像理论和技术是建立在射线在被扫描物体中沿原来的射线方向传输的前提上,对 X 射线或 γ 射线是没有问题的,然而当超声穿出组织时引起的折射和衍射会使超声波束偏离原来的指向,因此得到的衰减剖面影像可能不是沿着原来声速方向上的组织成分的真实数据显示,从而造成一定程度上的误差。这些方面的改善还有待于今后对非几何光学的影像重建理论研究,以及更好

工作参量的选取等方面的不断探索。这正是 US-CT 早在 1974 年问世并用于临床诊断但迄今未能广泛普及的主要原因。

十一、激光超声检测技术

激光可以实现非接触式的高灵敏度测量,但不能通过非透明材料的内部,而超声波的检测方法可以实现内部质量的检测。用激光激发超声波使之通过被检测试件的内部,再用激光技术来接收这种超声波的信号,把两者结合起来,发展出的新的检测方法称为激光超声检测方法,可以解决常规超声检测难以解决的问题。

与常规超声检测方法比较,激光超声技术具有下列优点:

1. 激光超声不需要耦合剂,避免了耦合剂对测量范围和精度的影响。

2. 激光超声可实现远距离操作,可用于高温环境及腐蚀性强、有放射性等恶劣条件,并可以实现快速扫描,对生产现场快速运动的工件的在线检测。

3. 激光超声的盲区小 $100\mu m$,可用于测量薄工件。激光超声的频率带宽较常规的换能器宽,具有测量微小缺陷裂纹的能力。

4. 激光超声可用于表面几何形状复杂及受限制的空间,如焊缝根部小直径管道等,空间分辨率高,有利于缺陷的精确定位及尺寸量度,并可作为声源应用于理论研究。

早期受到激光器件与相关学科发展的影响,激光超声自 20 世纪 70 年代提出到 80 年代中期成为热点之后,尚未达到人们预想的应用效果。20 世纪末 21 世纪初,随着激光、电子、计算机和相关学科的发展,经过近 10 来年的技术积累,激光超声已经从方法探索步入技术研究与开发应用阶段,特别是国外一些新型的航空装备上已经开始采用这一检测新技术。我国则错过了这一个关键时期的技术积累。

激光超声是利用高能量的激光脉冲与物质表面的瞬时热作用,在固体表面产生热特性区,然后利用这种小热层在材料内部向四周热膨胀扩散产生热应力,从而通过这种热应力产生超声波。

知识链接

其他超声技术的运用

1. 超声治癌　超声波治疗肿瘤的临床与动物实验研究结果证明,超声波可增强 X 射线和化学药物对肿瘤细胞的杀伤力,高强度超声波可以直接杀死癌细胞。超声治癌机制是由于高热、空化及声流的效应所致,因此其治癌作用与其强度和试验温度有关。

2. 超声美容　超声波有频率高,方向性好,穿透力强和张力大等特点。超声波作用于人体皮肤引起细胞振动,增强细胞膜的新陈代谢和通透性,改善血液与淋巴循环,提高组织再生能力,使结缔组织变软,同时达到深层清洁的作用。

十二、超声显微镜

20 世纪 50 年代,超声显微镜(ultrasonic microscope)的名称和原理就被提出,至 20 世纪 70 年代中期已有两种形式的超声显微镜被研制出来,一种为机械扫描式超声显微镜(scanning acoustic microscope,SAM),一种为激光扫描式超声显微镜(scanning laser acoustic microscope,SLAM)。这是继光学显微镜(LM)和电子显微镜(EM)之后的又一类生物医学细微结构分析研究的有力工具。

由于波的衍射作用,显微镜的分辨力大小主要决定于探测波的波长,波长越短,分辨力越高。当声波的频率相当高时,声波波长可以小到与光波波长相比拟,甚至可以比可见光的波长短得多。超声显微镜是以水作为显微镜的声耦合介质的,当声波的频率被提高 3×10^9 Hz 时,由于水中的声速不变,仍为 1500m/s,此刻对应的声波波长 $\lambda = c/f = 0.5 \mu m$。这比绿光的可见光波长 0.55μm 还要短一些。按照分辨率 $d \approx 1/2\lambda = 0.25 \mu m$,则超声显微镜在 $f = 3GHz(3 \times 10^9 Hz)$ 时,它的分辨力已能和光镜相匹敌。实际上在通过采取提高声波频率、降低工作温度及增大声波功率等措施的基础上,还可以进一步地提高超声显微镜的分辨本领。

在用超声显微镜观察样品时,可以显示物体弹性性质的局部改变,一些影响传播的物理性质,如压缩系数、密度、黏性和弹性等改变均可反映到声像图中。另外,它不用染色就能把生物材料的精细结构加以鉴别。还由于样品是处于水中进行声耦合的,而且这种低功率的声波对生命物质的活性没有什么影响,所以对于细胞等生命物质的活动及性质的研究特别有利。

十三、四维成像

实时四维成像(Kretz-Medison),通过快速刷新连续的三维图像获得,是最近发展的新技术。根据所使用的探头和扫描视野的大小,其最快采集帧频可以达到每秒钟 4 到 16 帧体积数据。这项技术既可用于灰阶成像,又可用于能量多普勒彩色成像。使用该技术可以清楚地呈现胎动,观察血管内血流动力学的情况,清楚地透视颈动脉及颈动脉杈,以及更好地引导活检针向标靶的穿刺。

十四、超声测量方法

超声图像将数字信号进行编码在监视器上进行显示,为人眼所识别,而在临床诊断过程中,对各个不同部位不同疾病的诊断,有着严格的标准,这就需要通过不同模式下的测量公式具体化、数字化。由定性到定量,是超声医学的巨大进步,同时也为超声医学在临床诊断治疗过程中提供了重要的依据,促进了诊断医学的发展。

超声常用的测量方法按照测量内容来划分,由以下几种方法构成:

1. 第一种为距离测量 测量方法分为 B 模式法和 M 模式法。

(1)B 模式法:在 B 模式图像上,测量两点间的距离(D),如图 2-23 所示:

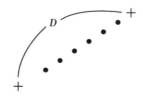

图 2-23 B 模式测量距离

（2）M 模式法:在 M 模式图像上,以上所述的 B 模式法也可用于测量两个光标之间的深度差（D）,时间差（T）和速度（S）,如图 2-24 所示。

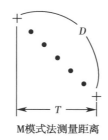

M模式法测量距离

图 2-24　M 模式测量距离

2. 第二种为面积测量　测量方法分为距离法、描迹法、椭圆法和矩形法。

（1）距离法:通过测量近似于圆形区域的直径（距离）,从而计算出该区域的面积（A）和周长（C）。如图 2-25 所示。

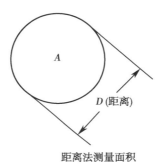

距离法测量面积

图 2-25　距离法测量面积

$$A = \pi \times \left(\frac{D}{2} \right)^2 \qquad\qquad 式（2-5）$$

$$C = \pi D \qquad\qquad 式（2-6）$$

（2）描迹法:按照图 2-26 的方式计算出测量区域的面积（A）和周长（C）。

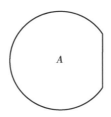

描记法测量面积

图 2-26　描记法测量面积

（3）椭圆法:根据所测量的区域近似于椭圆的方式来测量其面积（A）和周长（C）。

$$A = \left(\frac{\pi}{4} \right)^2 \times DL \times DS \qquad\qquad 式（2-7）$$

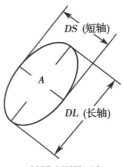

椭圆法测量面积

图 2-27　椭圆法测量面积

$$C = \pi \sqrt{\frac{DL^2 + DS^2}{2}} \qquad\qquad 式（2-8）$$

（4）矩形法:通过将所要测量的区域按近似于矩形的方法来求出该区域的面积(A)和周长(C)的方法,$A = d_1 \times d_2$,$C = 2 \times (d_1 + d_2)$。如图 2-28 所示。

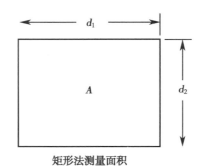

矩形法测量面积

图 2-28　矩形法测量面积

3. 第三种为体积测量　测量方法分为面积-长度法、椭圆近似法和双平面法。

（1）面积-长度法:通过测量目标区域的面积(A)和长轴长度(L),再根据下列公式计算出该区域的近似体积(V)值,如图 2-29 及公式 2-9。

$$V = \frac{8A^2}{3\pi L} \qquad\qquad 式（2-9）$$

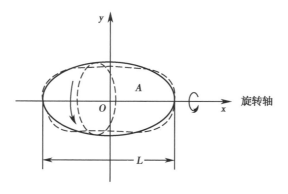

图 2-29　面积-长度法测量体积

（2）椭圆法:椭圆法也是根据上面描述的"面积-长度法"公式来求出所要测量区域的近似体积,但其中的面积一项是通过椭圆法测量的。具体测量方法请参阅前面所述的"椭圆法测量面积"

（3）双平面法:通过测量目标区域的长轴长度和短轴长度来计算该区域的体积近似值(图 2-30 中, D_1 , D_2 和 D_3 相交直角)。该方法比前面所介绍的面积-长度法及椭圆法具有更高的准确性。

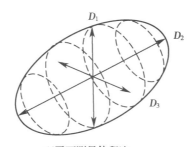

双平面测量体积法

图 2-30 双平面法测量体积

$$V = \frac{\pi}{6} \times D_1 \times D_2 \times D_3 \qquad 式（2-10）$$

4. 第四种为 SVolume 测量 测量方法为体积累计求和法。

体积累计求和法是通过将目标区域均匀分割成微小断面,然后计算出各小部分的体积并求和,从而计算出该区域的体积近似值(V)。被分割成的微小断层面的体积是根据该部分的面积和断层面宽度来计算的。该部分的面积测量方法与此前描述的描迹法相同。

5. 第五种为瞬时流速测量 测量方法包括 Caliper 点测速法和 Bar 取样容积测速法。

通常以米/秒(m/s)或厘米/秒(cm/s)来作为流速(包括瞬时流速)的单位。在以上的测量种类中,流速单位可以用千赫兹(kHz)来表示,同时也可以用 m/s 或 cm/s 来表示。

6. 第六种为描迹测量 测量方法为手动描迹法、自动描迹法和分段描迹法。

（1）手动描迹法是利用手动轨迹球来描迹一个多普勒波形,来进行平均流速(Vm)及其他项目的测量。

（2）自动描迹法是指在用户指定的两点间自动描迹多普勒频谱波形。本方法可以迅速测量平均流速、压力差以及加速时间等。

（3）分段描迹法是使用轨迹球和 ENTER 键,将多普勒波形视为线性近似值的方法,测量平均流速(Vm)及其他测量值。

点滴积累 ∨ ┈┈┈┈┈┈┈┈┈┈┈┈┈┈┈┈┈┈┈┈┈┈┈┈┈┈┈┈┈┈┈┈┈┈┈┈

1. 超声探头作为超声仪器最为核心的部件之一,向着高密度、高频率、宽频带等方向发展。

2. 谐波成像作为一种正在兴起的超声成像方式,包括组织谐波成像、造影谐波成像两种。

3. PC 技术以及数字波束合成等技术的发展使得医学超声成像的图像质量、图像传输与存储等工作更加高效、便捷。

4. 三维成像、四维成像、全景成像、激光超声检测等新技术和检测手段使得超声成像的方式更为广泛。

5. 超声成像除了在诊断技术方面飞速发展，超声治癌症、超声美容等手段技术也逐渐应用到临床。

6. 超声常用的测量包括距离测量、面积测量、体积测量、Volume 测量、瞬时流速测量、描迹测量等

第六节　超声临床检查技术

超声检查技术作为临床检查常用的手段之一，在医学检查中发挥着巨大的作用。本节将简要介绍超声临床检查的基本程序和操作方法。

一、检查前的准备

（一）受检者的准备

受检者因检查的部位以及目的和方法的不同，其准备也不同。

1. 上腹部检查　检查肝、胆系、胰腺、胃等需空腹 8 小时以上，通常在上午空腹时检查，检查前一天应少食产气多的糖类、淀粉类食物。以减少胃肠道内容物和气体干扰。同时使胆囊充盈胆汁，便于观察胆系病变。

2. 盆腔检查　经腹壁超声检查妇科、早孕、膀胱、前列腺等盆腔脏器需膀胱适量充盈（憋尿）。

3. 特殊检查　腔内超声、介入性超声、术中超声等检查需做好相应的各种准备。如介入性超声检查需做凝血及心、肝、肾功能测定等。

（二）检查者的准备

1. 准备检查的环境与设备　检查者在检查前需准备好所需超声诊断仪器，选择合适的探头及频率。开机前必须校对电源电压以及检查接地装置是否正常，待仪表正常后方可开机，正确调节各个按钮至设定的最佳工作状态。另外，检查前还应调节室内的温度和光线，是患者处于较为安静的环境之下。

▶▶ **课堂互动**

1. 受检者的体型是否会对超声检查结果有影响？

2. 超声检查有哪些禁忌证？

2. 初步了解患者的病变情况　检查前可对受检者进行简短的询问，了解受检者病史，明确检查目的和要求；某些检查需给予必要的解释，以取得患者配合，达到最佳的检查效果。

3. 做好消毒隔离、无菌操作　对有传染病患者进行检查时，应按消毒隔离程序处理，所有器械应严格消毒，防止交叉感染。腔内超声、介入性超声、术中超声等需做好消毒、无菌操作等准备工作。

二、受检者体位

1. 仰卧位　最常用。检查胸、腹、盆部及四肢浅表部位，如心脏、肝、胆、胰、膀胱、子宫及附件、前列腺等脏器通常用此体位。

2. 侧卧位　左侧卧位常用于检查肝右叶、胆囊、右肾及右肾上腺、心脏等器官；右侧卧位常用于

检查脾、左肾及左肾上腺等器官。

3. **俯卧位**　常用于双肾等器官检查。

4. **坐位**　常用于胸腔积液测定、心功能不良或其他原因而不能平卧的患者、饮水后胰腺的检查。

5. **立位**　常用于游走肾或肾下垂者测定肾下极位置、腹股沟斜疝或股疝、隐睾等检查。

三、超声检查探测方式

（一）经体表超声检查

1. 为了获得理想的图像，在检查过程中应注意一些操作方法。

（1）探测时要清除或避免气体干扰。如探测胰腺，必要时饮水使胃充盈以清除胃内气体，并以此为"透声窗"观察胰腺及腹膜后脏器。

（2）超声对含液性脏器和血管的显示有特别之处，可利用其优势进行病变的定位诊断。

（3）按顺序用超声优势采用不同切面和体位，识别被检脏器的正常声像与异常声像。

2. 在对各脏器或病灶切面进行扫查时，探头移动的手法主要有以下几种：

（1）顺序连续平行探测法：将探头做缓慢、匀速、不间断滑行扫查，探头整体作纵、横、斜向或任意方向的连续平移扫查。

（2）立体扇形探测法（定点摆动探测法）：在固定的检查部位，按一定角度上下或左右连续侧动探头，构成立体扇面图像。此法常用于扫查部位受限的检测，如骨、气体等干扰。

（3）十字交叉探测法：是指探头在纵、横两个相互垂直的平面相交的扫查方法，常用于鉴别圆球形或是管状结构以及定位穿刺等。

（4）对比加压探测法：扫查人体的对称性器官时，需双侧对比称为对比探测法。将探头施加适当压力扫查，称为加压探测法。对比加压法多用于腹部，即用探头加压腹部，并对两侧对称部位进行比较观察的探测方法。

3. 超声显像时按探头与体表接触的方式不同可分为两种探测法。

（1）直接探测法：探头与受检者的体表直接接触探测，是最常用的探测方式。

（2）间接探测法：探头与受检部位之间放置水囊间接接触探测，主要用于浅表器官或组织检查。目前由于高频探头的应用此法已很少使用。

（二）腔内超声检查

1. **经食管超声检查**　可用于诊断心脏疾病、食管疾病、确定纵隔肿瘤、估计周围组织受累情况等。

2. **经直肠超声检查**　诊断直肠肿瘤及浸润程度；诊断前列腺、精囊腺病变及部分膀胱疾病。

3. **经阴道超声检查**　观察卵泡发育、诊断早孕及胚胎发育情况，诊断子宫及附件疾病等。

4. **经其他腔内检查**　如超声尿道镜、超声膀胱镜、超声腹腔镜和经血管腔内超声检查等。

（三）术中超声检查

术中超声检查是指在超声显像基础上为了进一步满足临床外科诊断和治疗的需要而发展起来

的一门新技术。目前,在神经外科,术中超声可对颅内肿瘤及边界进行准确的定位和判定,实时监测对肿瘤的切除情况,指导医生快速准确地切除病变,同时减少脑损伤。在普通外科可显示器官内微小结构,对病灶进行确切定位,有助于评价手术切除难度及确定手术切口入路。在心血管外科,术中超声对瓣膜成形术、置换术及心功能评价有着不可替代的优势。

(四)介入超声检查

介入超声检查的主要特点是在实时超声监视引导下,完成各种穿刺活检、X射线造影以及抽吸、插管、注药治疗等操作,可以避免某些外科手术,而达到诊断和治疗效果。广泛应用于临床的主要有超声引导细针穿刺细胞学检查和超声引导粗针穿刺组织学活检。

技能赛点

1. 掌握常见的超声探头移动手法。
2. 熟悉超声临床检查的基本流程。

四、超声探测切面和图像方位

(一)超声探测常用切面

1. 矢状面探测(纵切面)　指探测面由前向后并与人体的长轴平行。

2. 横向探测(横切面、水平切面)　指探测面与人体的长轴垂直。

3. 斜向探测(斜切面)　指探测面与人体的长轴成一定角度。

4. 冠状面探测(冠状切面、额状切面)　指探测面与人体额状面平行或与腹部或背部平行。

(二)超声图像方位

超声图像代表人体某一部位的断面结构,准确辨别其空间位置是认识声像图的基础。以下仅以仰卧位探测为例,说明不同切面的声像图

1. 矢状切面　声像图左侧代表受检者的头侧结构,声像图右侧代表受检者的足侧结构;浅部或前方(距探头近端)代表受检者的腹侧结构,深部或后方(距探头远端)代表受检者的背侧结构(图2-31)。

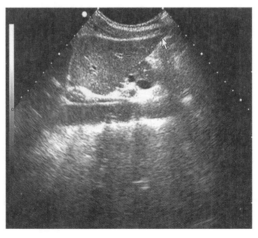

图2-31　上腹部矢状切面声像图

2. **横切面**　声像图左侧代表受检者的右侧结构,声像图右侧代表受检者的左侧结构;图像浅部或前方代表受检者的腹侧结构,深部或后方代表受检者的背侧结构(图2-32)。

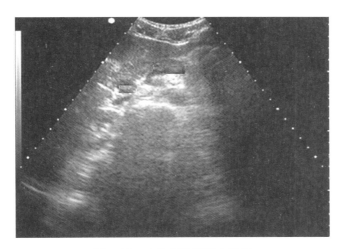

图2-32　上腹部横切面声像图

3. **斜切面**　当探头倾斜角度不大,斜切面近乎于横切面时,则以上述横切面为标准;当探头倾斜角度过大,斜切面近乎纵切面时,则以纵切面所示为标准(图2-33)

4. **冠状切面**　图像左侧代表受检者的头侧结构,图像右侧代表受检者的足侧结构(图2-34)。

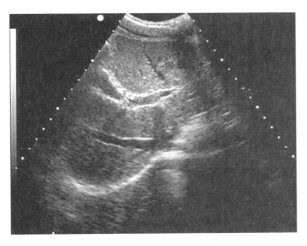
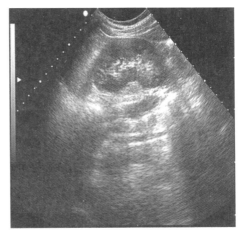

图2-33　右上腹肋缘下斜切面声像图　　　　图2-34　右肾冠状切面声像图

点滴积累 ∨

1. 超声临床检查应从受检者、检查者、检查环境等多方面进行准备工作。

2. 受检者的体位主要包括仰卧位、俯卧位、侧卧位、立位、坐位等。

3. 超声检查的探测方式有经体表检查、腔内检查、介入检查、术中检查等。

4. 超声探测常用的切面包括:矢状切面探测、横切面探测、斜切面探测、冠状切面探测。

5. 腔内超声检查主要有:经食管、经直肠、经阴道及经其他腔内方式。

第七节　超声影像管理

超声影像资料作为临床检查科室最重要的图像信息之一,其管理显得极其重要。B 超仪器作为临床上最常用的影像诊断设备之一,每天有大量的患者在医院接受检查,这些病案的存储、管理与检索的问题已经得到医疗机构的重视。此外,远程会诊、影像学教学还要求超声仪器具备较完善的通讯功能。考虑到这些应用方面的需求,近年来各公司开发的产品都注意了设备的连通性。除了提供大容量的磁盘、光盘等存储形式外,不少设备还提供了网络、电话线、甚至通讯卫星的方式。还有一些公司提供了原始数据的输出接口,以满足一些科研的需求。

一、DICOM3.0 标准的应用

早些时候的 B 超产品由于没有统一的数据格式与通讯协议,使得相互之间的传输与对外通讯十分困难。近几年来,DICOM3.0 标准在医学影像设备中的广泛实施及医院信息系统的飞速发展促使 B 超生产厂家也迅速在自己的产品中添加了符合 DICOM3.0 标准的网络通讯接口。甚至在一些便携式的小型 B 超也有此项功能。目前,DICOM3.0 标准中不仅涵盖了与医学影像直接相关的数据字典、信息交互、网络通讯、点对点通讯、介质存储和文件格式,以及显示、打印管理等方方面面的问题,而且还有逐步覆盖整个医疗环境中大容量数据信息交换的趋势。也就是说,DICOM3.0 标准接口不仅方便了超声诊断仪之间的联网,而且可以将超声诊断设备融入医院的图像存储与通讯系统(PACS),乃至整个医院信息系统(HIS)。

二、超声影像工作站

由于计算机软硬件技术的飞速发展,它的应用已经渗透到医学超声领域的方方面面。其中,超声图像工作站的广泛应用就是一个典型的例子。基于计算机技术的超声图像工作站可以完成图像的后处理、存储、归档、调用与检索、远程传输等,还可以提供临床所需的各类诊断软件。这些丰富的信息资源,也为临床医学的教学工作提供了便利。目前,国内外供应商所提供的超声图像工作站一般具备以下功能:

1. 影像获取

(1) 大格式视频图像和超声设备同步显示。

(2) 视频图像冻结、解冻不会对超声设备的影像产生影响。

(3) 视频采集的图像具有实时采集、裁剪功能,方便去除图像中不需要的部分。

(4) 已采集的图像具有动态图像放大功能(当鼠标移动到图像上时),方便医生迅速查看已采集下来的图像。

(5) 对已采集的图像具有删除后恢复功能,防止误删除后无法恢复。

(6) 具备视频录像回放功能。

(7) 录像回放时可从录像中采集图片。

（8）采集图像的方式包括脚踏开关、手拍按钮、功能键采集及鼠标采集等。

（9）影像采集可以分前后台，可以将图像任意采集到前台或后台。

2. 图像处理

（1）实用的图像后测量，包括距离、角度、周长及面积等。

（2）图像处理包括放大、缩小、旋转、灰度图像、裁剪、伽玛矫正、亮度、对比度、HSV、HSL、RGB、均衡化、碰撞效果、锐化等效果。

（3）具有图像任意加标注，测量，定标等功能。

（4）处理后的图片可方便地插入幻灯片和报告中诊断编辑。

（5）开放式专家知识库，方便医生编辑维护。

（6）丰富规范的典型病历，快捷生成诊断报告。

（7）具备专业术语模板，自动调出正常模板生成报告。

（8）具备智能词库功能，并提供可选择的词条，最大限度地减少词条的录入量。

（9）具有表格录入功能，方便医师录入常用的表格数据。

（10）具有特殊符号录入功能，方便医师最快速的找到符号位置，节省医师时间。

3. 报告打印

（1）专业规范的报告格式，使医师更专注于诊断。

（2）打印报告自动分页，报告图像可任意调节。

（3）报告格式灵活多变，用户可自定义最适合的报告格式。

4. 数据备份

（1）备份恢复与离线浏览，具备光盘刻录和生成光盘镜像功能。

（2）用于患者检查数据的备份及恢复，支持多种方式存储备份数据。

（3）支持备份数据离线浏览。

5. 科室管理

（1）可自动生成多种统计报表和图表，如：工作量、申请单、检查收费等。

（2）支持多种预设条件的检索，可对诊断关键字进行查询。

（3）集中的权限控制，根据实际情况授予用户不同的权限。

6. 病历管理

（1）诊断报告、图像资源可共享浏览、交流，病历所有者可对报告进行修改。

（2）可设定病历的锁定时间，以保证原始病历数据的客观性。

点滴积累 ╲

1. 超声影像资料作为医疗结构重要的信息资源，应与 PACS、HIS 等医院重要的网络系统实现连接，以便更好的对超声影像进行管理。

2. 超声工作站成为超声影像管理的手段，具有影像获取、图像处理、报告打印、数据备份、科室管理、病历管理、网络传输等功能。

学习小结

一、学习内容

医用超声诊断仪器概论
- 医用超声诊断仪器发展简史
- 医用超声诊断仪器分类
  - 脉冲回声式
  - 差频回声式
- 医用超声诊断仪器的性能指标
  - 技术参数
  - 使用参数
- 常用超声诊断仪器的结构、原理及应用
  - 脉冲回波法
  - 超声诊断仪器基本结构
  - 常用超声诊断仪器工作原理与应用
- 超声成像技术及测量方法
- 超声临床检查技术
  - 检查前的准备
  - 受检者的体位
  - 超声检查探测方式
  - 超声检查切面和图像方位
- 超声影像管理
  - PACS系统和 DICOM3.0
  - 超声影像工作站

二、学习方法体会

1. 超声仪器作为医院使用最广的仪器之一,我们要结合课本,利用更多的现代科技手段以及工具进行查阅,全面地了解医用超声诊断类、治疗类仪器的国内国外发展情况。

2. 由于医用超声诊断仪器形式多样,型号复杂,使其存在多种分类方法。希望在课后自己通过查资料进行更深入的归纳总结。

3. 通过 B 型超声诊断仪的技术参数和使用参数学习,利用课后时间对比学习彩色超声诊断仪的性能技术指标。

4. 通过对常用超声诊断仪器的结构、原理学习,更多地了解不同类型二维超声诊断仪的结构、原理及应用性上的差异。

5. 了解当今超声领域最新的成像技术并和常用技术进行对比,发现各自不同。体会超声测量的不同项目以及各自的方法。

6. 通过操作超声仪器,懂得超声临床检查的技术手段和方法以及操作的基本要领,区分超声检查的优势和劣势,为以后工作奠定基础。

7. 超声影像的管理作为医院大数据的内容之一,也需要我们掌握其常用的管理平台和基本功能。

目标检测

一、单项选择题

1. 脉冲持续时间的长短影响(　　)分辨率

    A. 横向   B. 纵向   C. 侧向   D. 时间

2. 仪器的灰阶级(　　),其显示回声图的层次感强,图像的清晰度就高

    A. 高   B. 适中   C. 低   D. 均可

3. A 型超声诊断仪,X 轴代表深度信号,Y 轴代表(　　)

    A. 时间   B. 回波信号

    C. 声束扫描方向   D. 运动速度

4. B 型超声诊断仪,X 轴代表声束对人体扫描的方向,Y 轴代表声波传入人体内的(　　),Z 轴代表超声回波幅度

    A. 方向   B. 深度   C. 时间轴   D. 时间

5. 帧频指成像系统(　　)钟内可成像的帧数

    A. 每秒   B. 每分   C. 10 秒   D. 10 分

6. 以下哪种检测不能在图像的冻结状态下进行(　　)

    A. 胎儿头围   B. 肝脏大小   C. 血流速度   D. 腹围

7. 在检测不规则物体以及肿瘤标记物方面更加有效的成像是(　　)

    A. A 超   B. B 超   C. C 超   D. F 超

8. 不属于腔内探头的是 (　　)

    A. 阴道探头   B. 直肠探头   C. 食管探头   D. 经胸探头

9. 在超声诊断中,为了减小声束宽度,通常采用的方法是(　　)

    A. 采用普通探头   B. 采用多线元探头扫描

    C. 采用旋转探头   D. 采用声聚焦探头

10. 改善轴向分辨力可通过(　　)

    A. 减小空间脉冲长度   B. 增大空间脉冲长度

    C. 降低探头频率   D. 提高探头频率

11. 超声探头的发展趋势不包括(　　)

    A. 高密度   B. 高频率   C. 新材料   D. 低频率

12. 探测平面由前向后并与人体的长轴平行的是哪一种探测切面(　　)

    A. 纵切面   B. 横切面   C. 斜切面   D. 冠状切面

二、多项选择题

1. 超声诊断仪主要用于运动器官方面检查的是(　　)

    A. A 型   B. B 型   C. D 型   D. M 型

2. M 型超声诊断仪, X 轴代表(　　), Y 轴代表(　　), Z 轴代表(　　)

  A. 回波幅度   B. 深度   C. 时间   D. 水平方向

3. 采用辉度调制的超声诊断仪有(　　)

  A. A 型   B. B 型   C. C 型   D. M 型

4. 属于一维显示类型的超声诊断仪是(　　)

  A. A 型   B. B 型   C. C 型   D. M 型

5. 属于二维显示类型的超声诊断仪是(　　)

  A. F 型   B. B 型   C. C 型   D. M 型

6. 常用的超声移动的手法包括(　　)

  A. 顺序连续平行探测法   B. 立体扇形探测法

  C. 十字交叉探测法   D. 对比加压探测法

7. 超声工作站的功能包括(　　)

  A. 影像获取   B. 病案管理

  C. 报告打印   D. 图像处理

8. 腔内超声检查包括(　　)

  A. 经食管检查   B. 经阴道检查

  C. 经头皮检查   D. 经直肠检查

9. 数字扫描变化器(DSC)的作用不包括(　　)

  A. 串/并转换   B. A/D 转换

  C. 相位调整   D. 前置放大器

10. 以下哪些成像方式属于 B 超的特殊显示(　　)

  A. F 型   B. P 型   C. C 型   D. M 型

11. 以下哪些不属于超声仪器的使用参数(　　)

  A. 放大倍率   B. 帧频   C. 注释功能   D. 动态范围

12. 以下关于超声仪器的技术参数描述正确的是(　　)

  A. 在实际探测中探头的频率选择的越高越好

  B. 频率越高, 波长越短, 则波束的指向性越好

  C. 在设计中应该在工作深度和频率之间取合理的折中

  D. 脉冲重复频率不可取的太高, 否则将限制仪器的最大探测距离

三、简答题

1. 试绘出超声诊断仪的基本结构框图, 简述其各部分的作用。

2. 简述 A 型超声工作原理。

3. 超声诊断仪的工作频率与哪些因素有关, 如何影响?

4. 医学超声成像与其他成像方式比较有什么特点?

5. 医学超声设备按照获取信息的空间如何分类？

6. 超声检查前的准备工作有哪些？

（王锐　李伟　张智强）

第三章

B 超基本结构分析

学习目标

知识目标

1. 掌握超声换能器的结构和主要特性。

2. 熟悉 B 超发射与接收电路的基本结构与工作原理,熟悉超声探头的分类和扫描方式。

3. 了解数字扫描变换器的工作原理,超声图像的数字化及系统控制方法。

技能目标

熟练掌握 B 型超声诊断仪的基本结构,能够描述常见 B 型超声诊断仪的组成和类型;理解和掌握 B 型超声诊断仪的工作原理,具备分析常见 B 型超声诊断仪整机原理的能力;深刻理解 B 型超声诊断仪整机系统,为后续章节学习检测与维修 B 型超声诊断仪的方法奠定基础。

导学情景

情景描述:

2015 年 9 月,某公司派超声维修人员去某医院维修超声设备,故障现象为:开机一段时间后不显示图像,出现错误报告,关机后一段时间再开机可以正常运行;有时可开机,有时一开机就出现错误报告。经查发现是电池漏液导致 CPU 板上有个角落部分被腐蚀,导致存储芯片坏掉。医院购买了相同型号芯片,请维修人员将坏芯片的程序读出来再写入新的芯片换到 CPU 板上,故障消失。

学前导语:

医用超声诊断仪器作为四大医学影像设备之一,在医学诊断过程中发挥着重要的作用,超声设备工作原理是超声设备的维修与维护必不可少的基础知识。本章我们将带领同学们学习超声诊断仪的基本知识和工作原理,了解仪器的基本结构、故障现象及解决的方法和措施。

第一节　超声成像的换能器技术

一、压电效应

某些电介质在沿一定方向上受到外力的作用而变形时,其内部会产生极化现象,同时在它的两个相对表面上出现正负相反的电荷。当外力去掉后,它又会恢复到不带电的状态,这种现象称为正压电效应。当作用力的方向改变时,电荷的极性也随之改变。相反,当在电介质的极化方向上施加电场,这些电介质也会发生变形,电场去掉后,电介质的变形随之消失,这种现象称为逆压电效应,或称为电致伸缩现象。能够产生压电效应的电介质我们称为压电换能器。

　　在医学应用中,超声波的发射是利用换能器的逆压电效应,即用电信号激励换能器使其产生机械振动,振动在弹性介质中的传播形成超声波。而超声波的接收是利用了正压电效应的原理,即把超声波对换能器表面的压力转换为电信号。因此压电效应是换能器工作的基础。

　　压电效应的物理本质是,换能器内部离子受外力作用,离子间产生不对称的相对位移,结果形成新的电偶极矩,从而引起换能器表面电荷积累。而逆压电效应使换能器中的离子产生相对位移,这种位移使电介质内部产生应力,从而产生宏观的形变。图 3-1 中,以石英晶体为例说明了压电效应的原理。换能器的压电效应通常有两种形式,形变方向与电场方向一致称为纵向压电效应;形变方向与电场方向相垂直称为横向压电效应。在医学应用上,主要使用具有纵向压电效应的材料,本书所讨论的问题均指该种情况。

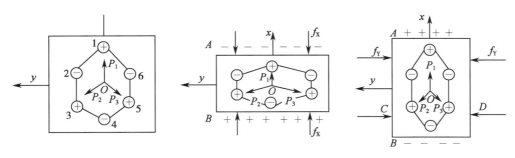

图 3-1　压电效应示意图

目前用于医用超声换能器的压电材料,按物理结构可分为压电单晶体、压电多晶体(压电陶瓷)和压电高分子聚合物(复合压电材料)等。

1. 压电单晶体 单晶体是原子排列规律相同,晶格位相一致的晶体。石英单晶(水晶)为典型的压电单晶体,只要按一定的方向切割,就具有显著的压电效应。天然石英单晶由于昂贵,加工不便,在超声诊断中用得很少。只有在频率较高时,才以它的优良的机械性能和较低的电容性而显示出优点。

另外一些人工培养的晶体也具有压电性,如磷酸二氢氨、硫酸锂及铌酸铅等。这种单晶材料的制作过程非常复杂,它需要在极严格的高温控制情况下,让晶体生长,每小时才能拉出1mm的晶体。这样很长时间才能生成一段芯棒,再进行切片,制成探头的晶片。现代一些三维超声成像设备配有单晶体矩阵探头。

单晶体材料是超声换能器的首选。单晶体技术应用于探头具有以下优点:①更大的带宽,更高的效率;②提高多普勒性能;③更高的谐波成像灵敏度;④可使用低压发射;⑤更高的压电转换效率。

2. 压电多晶体 多晶体是指很多具有相同排列方式但晶格位相不一致的很多小晶粒组成的晶体。压电多晶体中,以压电陶瓷为主。首先研制出来的是钛酸钡。1995年发展了锆钛酸铅(PZT),从而取代了钛酸钡。

多晶体压电陶瓷材料需要极化,才具有压电效应。所有压电材料温度升高到一定值后,它的压电效应就会消失,这一温度称为居里点。所谓极化,就是将材料加热到居里点以上,然后在强电场中慢慢冷却,使电畴沿着极化场的方向排列。用它作为换能器发射声波时,电场加在两个电极上,电极表面垂直于极化轴,产生纵向压电效应。

目前,医用超声换能器几乎都是采用PZT材料,其理由有:①电-声转换效率高,易于电路匹配;②材料性能稳定,价廉,易于加工;③可压制成任意形状、尺寸;④通过掺杂、取代、改变材料配方等办法,可使压电陶瓷的性能参数作大范围调节,并可取任意极化方向;⑤具有非水溶性、耐湿防潮、机械强度较大等优点。

PZT也有不足之处:①压电陶瓷是多晶体,使用频率受到一定限制;②由于陶瓷的抗拉强度低,导致材料本身具有脆性;③陶瓷的物理性能受温度影响大,一旦温度高于居里点,其压电性能立即消失。同时,具有一定时间的老化性。

3. 压电高分子聚合物 高分子压电聚合材料是一种半结晶聚合物。其中性能较好的材料为聚偏二氟乙烯(PVDF),这是一种较新的压电聚合薄膜,它具有柔软的塑料薄膜的特性。这种材料接收灵敏度高,同时容易达到极高的厚度谐振基频,因而在兆赫级段可获得较平坦的灵敏度响应。特别是PVDF的特性阻抗约为水的三倍,有可能和人体达到良好的匹配,再加上它的机械品质因数低,因此由该材料做成的换能器在窄脉冲情况下工作效率较高。

二、压电振子的等效电路

(一) 人工极化后的压电体

自然界中具有压电效应的压电晶体很多,但不呈现压电性能,因为陶瓷是一种多晶体,各小晶粒的紊乱取向,各晶粒间压电效应互相抵消,宏观不呈现压电效应。铁电陶瓷中虽存在自发极化,但各晶粒间自发极化方向杂乱,因此宏观无极性。

将铁电陶瓷预先经强直流电场作用,使各晶粒的自发极化方向都择优取向成为有规则排列的人工极化,当直流电场去除后,陶瓷内仍能保留相当的剩余极化强度,则陶瓷材料宏观具有极性,也就具有了压电性能。因此,铁电陶瓷只有经过"极化"处理,才具有压电性,才能成为压电陶瓷体。

压电体是发射和接收超声波的理想材料。当交变电信号作用于压电体,因逆压电效应而发生形变,在适当频率下机电耦合谐振而发射超声波,从而构成发射探头,而当超声波作用于压电体时,由于波动机械力作用,会因正压电效应而在压电体相应表面产生电信号输出,构成接收探头,其原理来自于晶体的正压电效应。

压电振子指被覆有激励电极的压电体,它是构成各种超声探头换能器的基本单元。一个换能器中可以有一个压电振子,也可以有多个,每一个压电振子都是一个可逆的机电换能系统。

晶体和陶瓷片因切割方位和几何尺寸的不同,产生机械振动的固有频率也不同,当外加的交变电压的频率与固有频率一致时,产生的机械振动最强;当外加机械力的频率与固有频率一致时,所产生的电荷也最多。在超声波诊断仪中激励脉冲的频率必须与探头的固有频率相同。

（二）压电振子的等效电路

1. 压电体参数

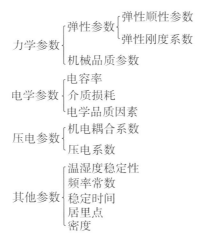

2. 压电振子等效电路　被覆激励电极的压电体称作压电振子,是可逆的机电换能系统,具有正压效应和逆压效应。一个压电振子是电路和机械两个系统组成的机电耦合系统。

分析压电振子的特性时,一般将压电振子力电网络的力学端参数反映到电学端变成等效的电学量,压电振子的等效电路使分析处理力、声、电综合系统得到简化,所以压电振子的等效电路是设计制造超声换能器的主要方法。

等效电路的等效参数与压电振子的材料、尺寸、几何形状、振动模式、边界条件均有关。当压电陶瓷振子以单一的模式作自由振动,且其振幅接近于零,在谐振频率附近时,等效参数视为常数与频率无关,振子可被看作线性器件。其电学等效电路如图 3-2 所示。

从等效电路看出,由动态支路 L_1、C_1、R_1 组成串联振荡电路,由静态支路 C_0、R_0 与动态支路 L_1、

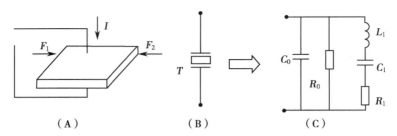

（A）　　　　　　　（B）　　　　　　（C）

图3-2　谐振频率附近机械损耗不为零时的等效电路
（A）压电振子示意图,（B）压电振子电路符号,（C）压电振子等效电路
F_1、F_2:两个力学端的作用力;I:电学端作用的电流;C_0:振子两级间的
静电容;R_0:介质损耗电阻;R_1:动态寄生电阻;C_1:动态寄生电容;
L_1:动态寄生电感

C_1、R_1 组成并联振荡电路。

压电振子是一个弹性体,有其固有谐振频率,当外作用力频率等于压电振子固有频率时,产生机械谐振,因正压电效应而产生最大电信号(若施加作用力为超声波振动频率,即获得了超声波电信号)。

压电振子又是一个压电体,当所施加电场的频率与压电振子固有频率相等时,由于逆压电效应则应发生机械谐振,谐振时振幅最大,弹性能量也最大,压电振子产生最大形变振动(若施加的电场频率达 20kHz 以上时,即获得了超声波振动输出)。

3. 压电振子的谐振阻抗与频率关系

机械振动有共振现象,交流电路中有类似的共振现象常称为谐振。根据谐振电路理论可

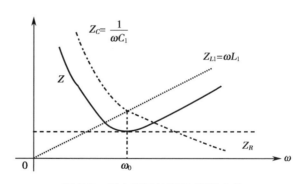

图3-3　压电振子的阻抗-频率曲线

知,压电振子在谐振时(施加频率 ω=固有频率 ω_0)阻抗最小,且等于纯电阻 Z_R,此时电流最大,在谐振频率附近阻抗变化较小,偏离谐振频率越远,阻抗值越大,如图3-3 所示。

谐振时最小阻抗(理想材料 $R=0$)$\overline{Z}$:

$$\overline{Z} = \left(\omega L_1 - \frac{1}{\omega C_1} \right) = 0 \qquad \text{式(3-1)}$$

谐振时最小阻抗(理想材料 $R=0$)的频率 f_0:

$$f_0 = \frac{1}{2\pi \sqrt{L_1 C_1}} \qquad \text{式(3-2)}$$

如果对压电振子施加一定值的电压,改变所加电压的频率,回路电流或阻抗将随着变化,如图3-4 所示。

改变施加电压的频率,回路电流将随之变化,测量中信号发生器频率为某一频率 f_m 时,电流出现最大值,当频率为 f_n 时,电流出现最小值。压电晶体的电流随频率变化如图3-4 中曲线所示。增加输入频率,出现有规律电流的波动,且波动的最大值对应于 f_{m1}、f_{m2}…,振幅值依次减小;而波动的最小值对应于 f_{n1}、f_{n2}…,振幅值依次增大。f_m 称为压电振子最大传输频率,f_n 称为压电振子最小传输

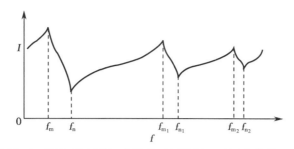

图3-4　压电振子频率-电流关系测量原理以及变化关系图

频率。当信号发生器输出频率等于压电振子固有频率时,电路谐振阻抗最小。

三、超声诊断换能器结构与主要特性

医用超声诊断换能器中最重要的器件是压电振子,它是利用具有压电效应的压电材料制造的。由于压电陶瓷具有电/声转换效率高、易于电路匹配、材料性能稳定、耐潮防湿的非水溶性、产品易加工制作等优点,在一般的医用超声诊断换能器中被采用。但它属于多晶体,使用频率受限制,抗拉强度低,受温度影响较大,时间老化性不足。

压电单晶体具有谐振阻抗高、频率单纯、一致性好等优点,被用于高档的超声诊断换能器中。

(一) 医用超声诊断换能器的基本结构

换能器按基本结构一般分为单元压电换能器、多元超声诊断换能器、聚焦超声诊断换能器三类。

1. 单元压电换能器　按临床需要,换能器有许多结构形式。一个单元压电换能器(见图3-5)主要由主体和外壳两部分组成。主体部分为功能部分,用于发射超声波作用于人体和接收人体的超声回波。外壳就是换能器与超声仪器主机的连接部分,壳内常安装有阻抗变换器、前置放大器、阻尼电阻、调节电感等。因医用 B 型超声诊断仪

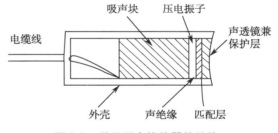

图3-5　单元压电换能器的结构

的换能器为收发合一,发射超声能量在 $20\mathrm{mw/cm^2}$ 以下,但接收时应具有高灵敏度和高分辨率。

振子的几何形状、尺寸、厚度、辐射能量是根据临床诊断要求确定的,工作频率由压电材料和振子厚度决定,振子面积小,近场特性好,指向性差。

2. 多元超声诊断换能器　图3-6 为多元超声诊断换能器的一种基本结构,它由 n 个小振子(以下称阵元)排列成一种阵列,按照设计的程序,分别使小振子在不同空间方位上被激励,完成超声波束延时聚焦发射和接收扫描。根据阵列空间排列及声束产生方式,多元超声诊断换能器可分为线列阵、相控阵、方阵等探头。

多元超声换能器与单元超声换能器相比,其特点有:①每个阵元面小,产生声束能量很小;②阵元之间距离很窄,易相互干扰;③加工制作工艺要求很高,以保证阵元特性一致;④对电路设计要求高。

3. 聚焦超声诊断换能器　因声束随距离而扩散,大尺寸的振子使图像精度降低,不利于超声检

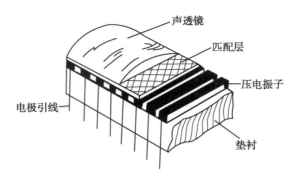

图 3-6　多元超声诊断换能器的结构

测。聚焦超声换能器可在一定深度范围内使超声束会聚收敛而聚焦,使其超声能量集中,穿透力和回波强度增强,探测灵敏度和分辨力提高。聚焦分声学聚焦和电子聚焦两种,应用中既可采用其中一种,也可两种同时采用。

（1）声学聚焦

1）凹面振子:压电振子制成均匀的凹面形状如图 3-7 所示。凹面振子工艺要求高,难制作。

图 3-7　凹面示意图

2）声透镜:利用超声波折射原理而使声束聚焦(图 3-8 为声透镜示意图)。设计时使透镜介质声速 C_1 和被测介质声速 C_2 之比(折射率)大于 1$\left(即\dfrac{C_1}{C_2}>1\right)$,以达到满足折射的条件,从而实现声学聚焦。焦距 F 的长短与透镜凹面曲率半径 R 成正比,与折射率的值成反比。因此,通过对透镜几何尺寸和材料特性的选择,可改变聚焦特性。

声学透镜与光学透镜的主要区别在于声透镜多为单界面,而光透镜通常在空气中,折射率大于1,有两个界面。

当 $\dfrac{C_1}{C_2}<1$(折射条件)时,也可以做成平凸形声透镜,平凸形声透镜的超声换能器与人体之间的接触更好(见图 3-9)。

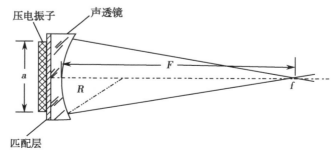

图 3-8　折射声透镜聚焦换能器

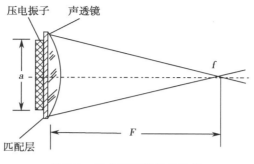

图 3-9 平凸形声聚焦示意图

（2）电子聚焦：电子聚焦超声换能器对线阵、相控阵、凸阵等探头中各振元提供按二次曲线规律延时的激励，使声场区合成波阵面呈二次曲线凹面，从而实现波束聚焦，如图3-10所示。

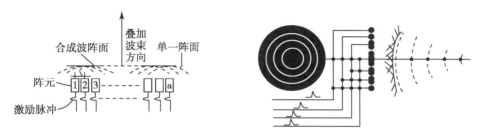

图 3-10 环形电子聚焦超声换能器原理图

医用超声换能器是超声波诊断仪器的重要器件。对换能器而言，要求波束窄、声脉冲持续时间短、灵敏度高。在应用上要针对被测目标的声特性、探测深度、声波传播速度、分辨率要求、应用环境以及使用范围等进行全面考虑，有些特性参数存在相互矛盾，所以不仅设计、制造要重视，在使用和维护中也不可忽视。

知识拓展

换能器（transducer）是将一种物理能量转变为另一种物理能量的器件。 在回声测深仪、多普勒计程仪和声相关计程仪中，将电能转换成声能的称为发射换能器，将声能转换成电能的称为接收换能器。在生物医学上，换能器（又称传感器）能将人体及动物机体各系统、器官、组织直至细胞水平及分子水平的生理功能或病理变化所产生的如体温、血压、血流量、呼吸流量、脉搏、生物电、渗透压、血气含量等非电量转换为电量，然后送至电子测量仪器进行测量、显示和记录。

（二）医用超声换能器的主要特性

医用超声换能器的特性分为使用特性和声学特性两类。使用特性主要包括工作频率、标称频率、回波频率、灵敏度、分辨力等。声学特性主要包括阻抗特性、频率特性、换能特性、暂态特性、辐射特性和吸收特性等。超声换能器特性的好坏是决定医用超声诊断仪性能的重要因素之一。

1. 声学特性的阻抗特性及频率特性

（1）换能器处于工作负载时的阻抗特性：图3-11为超声换能器处于工作负载时的阻抗分布，压

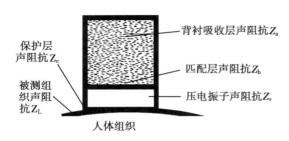

保护层
声阻抗 Z_c

被测组
织声阻
抗 Z_L

背衬吸收层声阻抗 Z_a

匹配层声阻抗 Z_b

压电振子声阻抗 Z_v

人体组织

图 3-11　超声换能器处于工作负载时的阻抗分布图

电振子工作时,下面一个端面与被测人体组织介质接触,产生测试阻抗,上面一个端面与被测吸收介质层形成过渡阻抗。

保护层的阻抗匹配增加超声波的透射能量作用:B 型超声诊断换能器是收发共用,发射超声波是从介质声阻抗 Z_c 进入被测介质负载声阻抗 Z_L 的,且 $Z_c > Z_L$,界面呈现低阻抗面,超声波很难射入到人体组织中。在接收时,超声回波是从被测人体组织界面反射到换能器端面,因 $Z_L < Z_c$,这时界面形成高阻抗面,超声回波也很难从人体组织进入换能器端面,超声回波不能通过压电振子转换为电信号,然而采用在振子声阻抗和人体负载阻抗间加入保护层实现阻抗匹配,提高超声反射能量,构成了换能器的重要组成部分。

背衬吸收层和匹配层的阻抗匹配具有减少波形失真及脉冲干扰的功能:从图 3-11 看出,根据阻抗匹配原理可知,压电振子声阻抗面 Z_v 与背衬吸收层声阻抗面 Z_a 只要两个声阻抗不相等,超声波穿过界面处一定有反射存在,这种反射对于脉冲工作换能器将引起严重波形失真及形成干扰,降低分辨率,从而设计背衬吸收层和匹配层完成阻抗匹配,提高了医用超声诊断仪器的性能。

(2)换能器的频率特性:换能器的频率特性是指辐射频率特性和阻抗频率特性。它与换能器的许多参数相关。在讨论压电振子等效电路时,施加不同频率的电压,回路电流将随着频率的变化而变化,表明压电振子阻抗发生变化,这意味着阻抗是频率的函数,而且对于频率来说是非线性的。

辐射频率特性指换能器辐射状态的频率特性。在电脉冲激励下换能器的工作频率受信号源内阻的影响,为了稳定换能器的辐射频率,可以加匹配电感,使其与静态电容在换能器的辐射频率处发生谐振。

2. 换能器的使用特性

(1)探头的工作频率:工作频率是指探头中的换能器与仪器连接后,实际辐射超声波的频率。对于收发兼用的医用超声换能器来说,工作频率通常并不等于换能器的 f_s(恒压源工作频率)或 f_p(恒流源频率),而与换能器的 f_s 和 f_p 有关,同时还受信号源内阻的影响。因而,工作频率是介于 f_s 和 f_p 之间的频率。但是在实际应用中,探头的标称频率,通常是指换能器的机械谐振频率 f_p。

(2)灵敏度:指探头与超声诊断仪配合使用时,在最大探测深度上,可发现最小病灶的能力。它主要与探头中换能器的换能特性、辐射效率等声学特性有关。换能特性好、辐射效率高的换能器,探测灵敏度较高。这主要取决于压电材料的压电性能、压电振子的辐射面积(面积越大,灵敏度越高)和压电材料的机械品质等因素。

(3)探测分辨力:仪器分辨力的高低主要受换能器的特性影响,辐射特性好、指向性好、声束能量集中、旁瓣小、近场区干扰小、换能器面积大、扩散角小、频率响应好、机械品质因素低、层间匹配佳的换能器分辨力高。

四、超声探头的分类与扫描方式

(一) 超声探头的分类

探头是超声成像设备最关键的部件,发展的不同时期出现了不同的探头,根据探测部位、应用方式、波束控制及几何形状的不同,分为很多种探头。

按探测部位分类:眼科探头、心脏探头、腹部探头、颅脑探头、腔内探头等;按应用方式分类:体外探头、体内探头、穿刺活检探头等;按探头所用振元数目分类:单元探头和多元探头;按波束控制方式分类:线扫探头、相控阵探头、机械扇扫探头和矩阵探头等;按探头的几何形状分类(这是一种惯用的分类方法):矩形探头、柱形探头、弧形(又称凸形)探头、圆形探头等;按工作原理分类:脉冲回波探头和多普勒式探头。如图 3-12 所示。

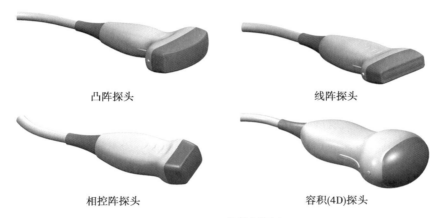

凸阵探头   线阵探头

相控阵探头   容积(4D)探头

图 3-12   几种常用探头

1. 柱形单振元探头   柱形单振元探头主要用于 A 超和 M 超。是各型超声波诊断仪用探头的结构基础。

(1) 结构:柱形单振元探头的基本结构如图 3-13 所示,它主要由五部分组成。

1) 压电振子:用于接受电脉冲产生的机械超声振动,其几何形状和尺寸是根据诊断要求确定的,上、下电极分别焊有一根引线,用来收、发电信号。

2) 垫衬吸声材料:用于衰减并吸收压电振子背向辐射的超声能量,使之不在探头中来回反射而使振子的振铃时间加长,因此要求垫衬具有大的衰减能力,并具有与压电材料接近的声阻抗,从而使来自压电振子背向辐射的声波全部进入垫衬中并不再反射回到振子中去,吸声材料一般为环氧加钨粉,或铁氧体粉加橡胶粉配合而成。

3) 声学绝缘层:防止超声能量传至探头外壳引起反射,造成对信号的干扰。

4) 外壳:作为探头内部材料的支撑体,并固定电缆引线,壳体上通常标明该探头的型号、标称频率。

5) 保护面板:用以保护振子不被磨损。保护层应该选择衰减系数低、耐磨的材料,保护层与振子和人体组织同时接触。其声阻抗应接近人体组织的声阻,并将保护层兼作为层间插入的声阻抗渐

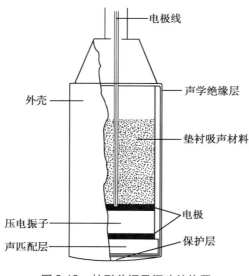

电极线

声学绝缘层

外壳

垫衬吸声材料

电极

压电振子

保护层

声匹配层

图 3-13　柱形单振元探头结构图

变层,其厚度应为 $\lambda/4$ 的奇数倍。

（2）特性:超声探头作为一种传感器,其最重要的性能有:特征频率、受电激励后振动时间的长短及其体积的大小。

探头的特征频率取决定压电晶体的厚度。给压电振子施加电激励后,其前面和后面都会发出声能,只要周围介质的声阻抗与压电振子不一样,部分声能就会在前后界面处反射回振子,并在振子内以同一速度传播。声波传至对面所需要的时间与振子的厚度成正比,当振子厚度恰为波长的一半时,反射应力和发射应力在每一面相互加强,压电振子产生共振,呈现最大的位移幅度。相当于半波长厚度的频率称为压电振子的基础共振频率。当振子厚度与波长相等时,每一面的应力正好相反,位移幅度最小。由于任何频率下的半波长振子的厚度决定声波在该振子材料中的传播速度,因此,对每一种压电材料都必须计算出它的半波长厚度。也就是说,不同的压电材料的半波长厚度并不相同。由于波长与频率成反比,所以压电元件的厚度与产生的频率成反比。

压电振子受电激励后振动时间的长短影响超声系统的纵向分辨力。为了追求好的纵向分辨力,通常使激励电脉冲宽度尽量窄,然而由于超声探头的压电材料对电激励常呈较长时间的反应,此种振铃反应会产生长超声脉冲,如不予以阻尼,就会导致分辨力减弱,为此必须在压电晶体后面放置特别的垫衬材料,利用其吸音特性产生阻尼,使振铃反应减弱,从而缩短脉冲总长度。同时,此阻尼材料还可以吸收压电振子后面发出的声能,否则这种能量就会在振子中产生反射,干扰来自被检介质中的回声。阻尼强的垫衬使换能器的声脉冲时间缩短,但也使灵敏度降低;阻尼弱则有损于分辨力,却使换能器有较佳的灵敏度。垫衬不同程度的阻尼对声脉冲形状的影响如图 3-14 所示。

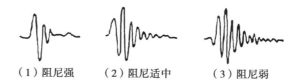

（1）阻尼强　　（2）阻尼适中　　（3）阻尼弱

图 3-14　垫衬不同程度的阻尼对声脉冲形状的影响

对于柱形单振元探头,振元直径的大小主要影响超声场的形状。一般来说,振元直径越大,声束的指向性越好,并易于聚焦。通常振元直径在 5~30mm 范围内选定。

2. 机械扇扫超声探头　机械扇扫超声探头配用于扇扫式 B 型超声诊断仪,它是依靠机械传动方式带动传感器实现扇形扫描的。

利用机械扇扫实现超声图像的实时动态显示,是 20 世纪 70 年代后期才趋于成熟的一项技术。开始时扫描线数较少,扫描角度也不大,扫描线间隔角度的均匀性亦差,而且探头的体积和重量都较大,操作使用十分不便。到 20 世纪 80 年代中期,机械扇扫超声换能器的产品性能日趋改善,重量可以做到0.2kg以下,扫描帧频约30帧/秒,扫描角度达80°,而且扫描线的均匀性也大大改善。这不仅给操作使用带来了方便,而且使机械扇扫超声图像的质量获得了明显的提高。

(1)基本要求:对机械扇形扫描超声探头有一些基本的要求是必须满足的。首先是关于机械扫描的速度问题。有两个原因要求扫描必须是高速的:一是实时动态成像的需要;二是满足人眼视觉效果的需要。过低的帧频将使人眼感觉到图像的闪烁。

扫描速度的提高受到一定因素的限制,因为:

$$f_V = \frac{c}{2dL} \qquad\qquad 式(3-3)$$

式中:f_V是帧频;c是声速;d是探测深度;L是每帧线数。

超声波在人体中的传播速度是一定的,探测深度也因临床的需要而固定。因此,提高频率只能通过减少每帧图像的扫描线数或扫描角度来实现。然而,减小扫描角度将使超声探查的视野减小,得到的被探测脏器的图像不完整,而减小扫描线密度将导致深部图像横向不连续。因此在设计时,帧频的取值应兼顾以上各个方面。

另外,为了得到均匀的图像,光栅应均匀分布,即各相邻扫描线之间的夹角应相等,因而要求压电振子的摆动也应该是匀速运动,且摆动的机械位置重复性要好。

综上所述,机械扇扫探头除满足单振元换能器声学特性的基本要求之外,还应满足以下要求:①保证探头中的压电振子作每秒24次以上的高速摆动,摆动幅度应足够大;②摆动速度应均匀稳定;③整体体积小、重量轻,便于手持操作;④外形应适合探查的需要,并能灵活改变扫查方向;⑤机械振动及噪音应小到不致引起患者紧张和烦躁;⑥对旋转式而言,除要求转速均匀平稳外,还要求传感器所用的几个压电振元特性一致性要好。

(2)结构:机械扇扫技术发展的过程中,出现了不同结构特征的探头。图3-15所示是一种较成熟的摆动式机械扇扫探头的结构示意图,它由压电振子、直流马达、旋转变压器以及曲柄连杆机构组成。该探头仍采用圆形压电振子,并将其置于一个盛满水的小盒中,前端由一橡皮膜密封,此范围又称为透声窗。旋转变压器用于产生形成扇形光栅所必须的正、余弦电压,它是关于角度的敏感元件,当直流马达转动时,通过曲柄连杆机构带动旋转变压器在一定角度范围内转动,旋转变压器的两个次级绕组(转子绕组)给出正、余弦电压。直流马达通过曲柄连杆机构带动压电振子作80°角摆动,从而使声束在80°角范围内实现扇形扫描。

根据需要,人们还发明了步进电动机直接驱动的摆动式机械扇扫和反射式机械扇扫等超声探头。

(3)特性:此种探头一般采用圆形单振子,具有较好的柱状声束,有利于提高系统的灵敏度,且体积小,重量轻,使用操作比较轻巧方便。其次是光栅的线密度可以做得较高,从而获得更令人满意的图像质量。当然,其缺点也是明显的,即扫描重复性较高、稳定性较差、噪声大、寿命短。所

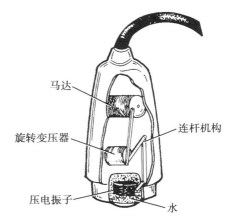

图3-15 摆动式机械扇扫探头

以渐渐地被线阵探头、凸阵探头、相控阵探头等取代。

3. 电子线阵探头　电子线阵探头以其较高的分辨力和灵敏度、波束容易控制、可实现动态聚焦等特点被广泛采用。电子线阵探头的换能器采用了多个相互独立的压电振子排列成一线,主要由多元换能器、声透镜、匹配层、阻尼垫衬、二极管开关控制器和外壳组成,如图 3-16(1)所示。

(1) 多元换能器:其结构如图 3-16(2)所示。换能器的振元通常是采用切割法制造工艺,即对一个宽约 10mm、具有一定厚度的矩形压电晶体,通过计算机程控顺序开槽。开槽宽度应小于 0.1mm,开槽深度则不能一概而论,这是因为所用晶片的厚度取决于探头的工作频率,相当于半波长厚度的频率叫做压电振子的基础共振频率。

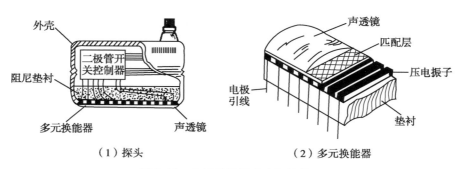

图 3-16　电子线阵探头内部结构图

换能器的工作频率确定后,根据所用晶片材料的半波长厚度,即可确定所用晶片的厚度。显然,探头的工作频率越高,所用晶片的厚度则越薄。开槽的深度主要影响振元间互耦的大小,振元间互耦大则相互干扰大,使收发分辨力降低。一般来说,开槽深则互耦小。

至于每个振元的宽度,一是考虑辐射强度,宽度窄则振元的有效面积小,辐射强度小,影响探测灵敏度;二是波束的扩散角,宽度窄则近场区域以外扩散角大,声束主瓣宽,副瓣大,横向分辨力下降,要使副瓣小,则应满足振元中心间距小于半波长。考虑到切割难度,通常取单个振元宽度与厚度之比小于 0.6。因此,工作频率越高,换能器的制作困难越大。

更新的设计是采用组合振元方式,即每一组激励振元由几个晶片组成(这样的一个组合称作一群),则可以较好地解决互耦与工艺的矛盾。比如将 100mm×10mm×0.8mm 的压电晶体均匀刻画成 64 个窄条,刻缝宽为 0.05mm,每一个窄条作为一个振元,远不能满足中心间距小于半波长的条件。而如果将此压电晶体刻画成 256 个窄条,每 4 个窄条作为一个振元(发射时给予同相激励),探头总共仍为 64 个振元(或称作 64 群),但尺寸结构可以满足以上条件。所以采用新设计的优点是显而易见的,它既保证了探头的辐射功率,又使副瓣得到压缩。

(2) 声透镜:其作用与光学透镜相似,对换能器发出的超声束起汇聚的作用,可改善探测灵敏度,提高横向分辨力。声透镜一般做成平凸形,利用折射原理聚焦声束,所以要求声透镜的材料应有较大的折射率,其声阻抗应接近振子和耦合介质的声阻抗,且对工作频率内的超声能量有最小的衰减。其材料通常采用环氧树脂、丙烯树脂与其他成分复合配制而成。

(3) 匹配层:换能器中的压电振子发出的超声波通过声透镜传播到人体时,由于两者的声特性阻抗差别比较大(压电振子的阻抗 $Z_f \approx 20 kg/m^2 \cdot s \sim 35 \times 10^6 kg/m^2 \cdot s$,人体组织的阻抗 $Z_e \approx 1.58 kg/m^2 \cdot s \sim$

$1.7\times10^6\mathrm{kg/m^2\cdot s}$),难于使声透镜的特性阻抗同时与两者匹配。如果不能很好地匹配,将产生反射,增加能量损耗并影响分辨力,因此,可在压电振子和声透镜之间加入声特性阻抗适当的薄层来实现匹配,而在声透镜和人体之间使用耦合剂进行匹配。

根据声学传输和多层介质透射理论,当两介质声阻抗特性不同时,为了防止反射,只要在两介质界面之间加入一厚度为 $\lambda/4$ 奇数倍的阻抗匹配层,并使其声阻抗 Z_c 满足如下条件: $Z_c=\sqrt{Z_f Z_e}$,则透射系数为1,可保证超声波在不同介质内无反射地传播。在工艺上应保证其同时与振子和声透镜接触良好。匹配层材料通常采用环氧加钨粉配制。

（4）阻尼垫衬:其作用与柱形单振元探头中的垫衬作用相同,用于产生阻尼,抑制振铃并消除反射干扰。对阻尼垫衬材料的要求亦和柱形单振元探头的要求相似。

（5）二极管开关控制器:用于控制探头中各振元按一定的组合方式工作,若采用直接激励,则每一个振元需要一条信号线连接到主机,若换能器为80个振元则一共需要80条信号线。而目前换能器振元数已普遍增加到数百个,则与主机的连线需要数百根,这不仅使工艺复杂,而且大大增加了探头电缆的重量。采用二极管开关控制器就可以使探头与主机的连线数大大减少,其电路结构和工作原理我们将在以后的内容中予以详述。

（6）外壳:起保护作用,一般采用重量轻、硬度强的聚丙烯材料。

4. 凸形探头　凸形探头的结构与线阵探头相同,只是振元排列成凸形。但相同振元结构凸形探头的视野要比线阵探头大。由于其探查视场为扇形,故对某些声窗较小的脏器的探查相比线阵探头更为优越。但凸形探头波束扫描会远程扩散,必须给予线插补,否则因线密度过低,影响图像的清晰度。

5. 相控阵探头　相控阵探头是把若干个独立的压电晶片单元按照一定的组合方式排成一个阵列,通过控制压电振子的激励顺序和信号延时,达到对声束方向、焦点位置与大小等声场特性控制的目的。相控阵探头可以实现波束电子相控扇形扫描,因此又可以称为电子扇扫探头。它配用于相控阵扫描超声诊断仪。

相控阵超声探头的结构与线阵探头的结构相似:一是所用换能器都是多元换能器;二是探头的结构、材料和工艺相近。它主要由换能器、阻尼垫衬、声透镜以及匹配层几部分组成,如图 3-17 所示。

相控阵探头与线阵探头的不同之处也主要有两点:一是在探头中没有开关控制器,这是因为相控阵探头中各振元不像线阵探头各振元那样是分组、分时工作的,而是同时被激励的,因此,不需要用控制器来选择参与工作的振元;二是相控阵探头的体积和声窗面积都较小,这是因为相控阵探头是通过控制超声波束的方向以扇形扫描方式工作的,其近场波束尺寸小,也正因为此,它具有机械扇形扫描探头的优点,可以通过一个小的"窗口",对一个较大的扇形视野进行探查。

相控阵探头换能器的结构与线阵换能

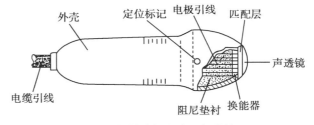

图 3-17　相控阵探头外观与结构图

器的结构基本相同,但由于相控阵探头声窗面积小,其换能器的尺寸也小。一般相控阵探头的换能器由 32 个(多的也有 48 个、64 个)振元组成。它是在一块 16mm×10mm 的压电晶体上整体刻画而成,材料的厚度取决于探头工作频率下所用材料的半波长厚度。32 个振元通过 33 根(负极引线公用)引线引出,通过电缆与主机相连。

相控阵探头对阵元间互耦的影响等参数上要求比线阵探头更高。当窗口面积一定时,从结构上要满足相关参数要求,使得相控阵探头的加工难度较线阵探头大了很多。

6. 矩阵探头 矩形探头是近几年出现的多平面超声探头,主要应用于实时三维超声成像,其换能器是由一块矩形压电晶体,用激光切割成数千个小的振元排列而成,如图 3-18 所示。

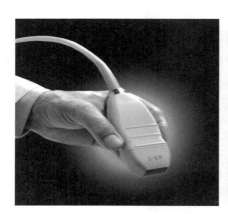

振元与头发丝比较

图 3-18 矩形探头外观与结构图

矩形探头发出的扫描线呈矩阵排列,振元同时发射同时接受声束。可以在三维立体空间的层面,反映靶目标任意细微结构的真实三维状况。这样一次采集就可以得到容积体的成像,主机接受的回波信号可以遍及在三维的任意立体空间之内,也就是说在所覆盖的范围之内没有盲区。实时更新所覆盖范围内形态的变化,即实时三维成像技术。

为实现实时三维成像,探头还匹配了先进的微电子处理技术,相当于 150 块计算机芯片的处理能力,可同时处理几千个晶片接收的声束信息,形成三维实时影像,可以观察到心脏的三维动态解剖结构,更好地评估瓣膜、室壁和血管之间的复杂关系。

7. 穿刺探头 穿刺探头是介入性超声学的重要工具,其主要作用是在实时超声图像的监视引导下,完成各种活检、抽液、穿刺、造影、置管引流、注药输血等操作,可取代某些外科手术,并能达到与外科手术相同的效果。常用的有专用线阵扫描穿刺探头和附加导向器的穿刺探头两种。

8. 经腔内探头 它通过相应的腔体,避开肺气、胃肠气和骨组织,以接近被检的深部组织,提高可检查性和分辨力。目前已经有经直肠探头、经尿道探头、经阴道探头、经食管探头、胃镜探头和腹腔镜探头。这些探头有机械式、线阵式、凸阵式;有不同的扇形角;有单平面式和多平面式。其频率都比较高,一般在 6MHz 左右。近年来还发展了口径小于 2mm,频率在 30MHz 以上的经血管探头。

9. 术中探头 术中探头是在手术过程中用来显示体内结构及手术器械位置的探头,属于高频探头,频率在7MHz左右,具有体积小、分辨率高的特点,包括机械扫描式、凸阵式和线阵式三种。

10. 多普勒式探头(Doppler ultrasonic probe) 多普勒式探头主要利用多普勒效应测量血流参数,以进行血管疾病的诊断,亦可用于胎儿监护。根据用途多普勒式探头分为以下两种形式。

（1）常见形式:又分为连续波(concatenation wave,CW)和脉冲波(pulse wave,PW)多普勒探头,CW多普勒探头大多数发射晶片与接收晶片是分隔式的。为使CW多普勒探头具有高的灵敏度,一般都不加吸收块。根据用途不同,CW多普勒探头发射晶片与接收晶片分开的方式也不同,PW多普勒探头的结构一般与脉冲回波式探头相同,采用单压电晶片,具有拼配层和吸收块。

（2）梅花形探头:其结构为中心有一个发射晶片,周围有六个接收晶片,排列成梅花状,用于检查胎儿,获取胎儿心率。

（二）超声波束扫描方式

超声波束扫描方式主要有高速机械圆形、扇形波束扫描成像制式和高速电子相控阵、线阵扫描成像制式。这里仅对相控阵及线阵的波束扫描方式原理作介绍。

1. 超声相控阵扇形扫查 超声相控阵扇扫换能器属于小尺寸多阵元组成的超声换能器,阵元数为32~256或更多,两相邻阵元中心距离一般为0.1~0.6mm。若是对各阵元同时进行电脉冲激励,产生超声波发射,其合成声波束垂直于探头表面,多阵元组成的超声换能器与单个振子换能器发射声波束一样,如图3-19所示。

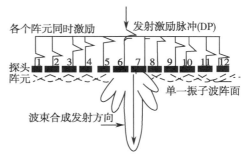

图3-19 *n*阵元同时电激励合成波束形成示意图

若发射激励脉冲(DP)在到达阵元之前,依次按设定的很短延迟间隔时间*T*实施激励,每个阵元形成的声波脉冲也对应延迟。这时,换能器发射的超声波叠加波束方向与法线间产生了一个相位差*θ*,如图3-20所示。通过改变发射延迟时间,相位差*θ*随之改变。若将首和尾两端的发射激励脉冲互易,则叠加声束的方向也移到法线另一侧。利用控制各阵元不同的延迟时间的激励,形成超声波束方向改变的扫描方式,称作"相控阵扫描。"

激励脉冲的延迟时间*T*由式3-4计算:

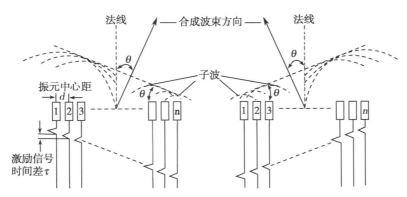

图3-20 延迟时间后形成的声束方向图

$$T=\frac{d}{C}\sin\theta \qquad\qquad 式(3-4)$$

式中：

T—激励脉冲延迟时间；

θ—波束偏离法线方向的角度；

d—两相邻阵元的中心距离（如$d=0.5$mm）；

C—超声波在人体软组织中传播的平均速度为1540m/s。

由相控阵构成的医用超声波诊断仪，利用改变发射激励脉冲延迟时间，以实现发射的超声束在一定角度范围内进行扇形扫描。

2. 超声束线阵式扫描 为了提高超声成像诊断质量，使用时一般根据诊断部位，选择不同的声束扫描方式。如阵列长度在2cm左右的相控阵扇形扫描用于心脏部位成像诊断，而阵列长度为10cm的线性扫描常用于腹部成像诊断。目前线阵换能器的阵元数一般为64～128或192～256。超声扫描线的扫描方式有间隔扫描、收发交叉扫描、飞越扫描、收发间隔交叉扫描、微角扫描等方式。下面只对顺序扫描、间隔扫描、飞越扫描作介绍。

（1）顺序扫描：超声换能器（如64阵元）每一次在接收或发射声波时，不是所有（64个）阵元同时工作，而是只有相邻的一部分阵元同时参与发射或接收声波，如图3-21为64阵元线阵探头按顺序扫描方式的工作示意图。图中是每一次有8个阵元参与，以1～8组合为一组的聚焦声场在4和5之间，2～9组合为一组的聚焦声场在5与6之间，3～10组合为一组……，按顺序轮流扫描下去，直至57个扫描完成了发射及接收后，构成了一个超声扫描周期。探头形成的声场扫描方向称作超声扫描线，每一条超声扫描线与探头平面的平行线垂直，并存在相应的几何位置，相邻两条超声扫描线的距离等于相邻两个阵元的中心距离d。

显示器屏光栅的几何尺寸比例与超声扫描的几何尺寸比例相同，对于64阵元的（换能器）探头，若按上述的顺序聚焦扫描，对于一个超声扫描周期仅57条超声扫描线，图像线条十分稀疏，扫出的几何面积的声像是一个失真的图像。

（2）间隔扫描：间隔扫描方式如图3-22所示。其超声发收顺序是1～7组合成第1组发射/接收超声扫描线，位于4阵元的中心；1～8组合成第2组发射/接收超声扫描线，位于4和5阵元的中心；2～8组合成第3组发射/接收超声扫描线，位于5阵元的中心；2～9组合成第4组发射/接收……直至57～64组合成第114组发射/接收超声扫描线。间隔扫描中扫描线间距等于$d/2$。同样

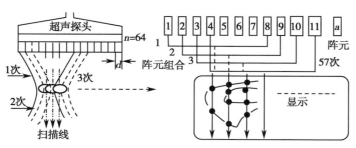

图3-21 线阵阵元组合顺序扫描方式示意图

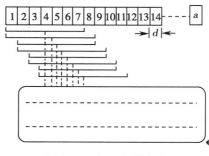

图3-22 间隔扫描方式

64 阵元换能器探头能获得 114 条超声扫描线,比顺序扫描方式提高了一倍。

（3）飞越扫描:为了减少超声波束相互干扰和提高成像速度,利用对多阵元组合收发间隔形成飞越扫描方式,其原理如图 3-23 所示。

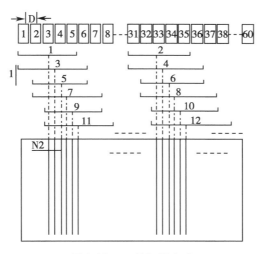

图 3-23　飞越扫描方式

现将 60 个阵元的换能器分为左右两边,初始左半边 1~5 阵元组成第一组发射和接收声波（产生第一条超声扫描线）,第二组由右半边的 31~35 阵元组成发射和接收声波（产生第二条超声扫描线）,下面又由左半边 1~6 阵元组成第三组发射和接收声波（产生第三条超声扫描线）,第四组再由右半边的 31~36 阵元组成发射和接收声波（产生第四条超声扫描线）,这样,按此"飞越扫描"作循环,增加了超声扫描线密度,成像质量获得了提高。

此外,凸阵扇形扫描、环形阵扫描、C 型扫描、F 型扫描、PPI 型扫描等扫描方式,均在相应章节介绍。

五、超声诊断换能器的维护

（一）超声诊断换能器电气安全

换能器主要由聚焦件、匹配层、压电振子、背衬吸收层组成。匹配层可进行阻抗转换、提高透声系数和增宽频带。振子起着电能与机械能之间能量转换的作用。背衬吸收层有吸收阻尼及增加带宽的作用。

换能器是一种精密贵重器件,应用中要注意保养维护和检查临床上有无电气安全隐患。换能器只有与超声仪器连接并接通电源后才带电,超声探头与人体接触部分具有良好的介电绝缘性能,一般是安全的。

▶ 课堂互动

1. 换能器的型号有哪些?

2. 不同厂家生产的超声仪器,换能器是否可以互换使用?

但是当声透镜出现磨损、剥离脱落和外壳裂纹、破碎以及电缆断线、护套破损裸露等现象,应停止使用,维修后方可应用。

声透镜裸露在外的四个拐角处很易磨损,易造成耦合剂渗入探头内部,导致振子损坏并产生严重漏电。应用中使用了有机耦合剂,或发现拉力集中、碰撞造成外壳损坏等现象,要及时修理。

探头的介电绝缘性可用测试耐电压和绝缘电阻的方法进行检查。图 3-24 为探头介电绝缘测试原理图。

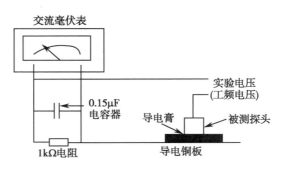

图 3-24　探头介电绝缘测试原理图

探头介电绝缘测试需要物品:3% 的氯化钠溶液、导电膏、大于探头面积的导电铜板、交流毫伏电压表、工频可调压装置(如可调变压器)、0.15μF 的电容器、1kΩ 的固定电阻。并将其连接组成图 3-24 测试电路。

将被测探头与人体表面接触的声透面(不含电缆及插件)放入 3% 的氯化钠溶液(先配制好)中浸泡 30 分钟后取出,使探头声透面经导电膏与导电铜板良好接触。在探头绝缘外壳和导电板间加实验电压,且逐渐增加测试电压(测试电压最大幅值为激励脉冲的 3 倍)。低压 10 秒后再增加到额定值 1 分钟,读毫伏表数据。一般电阻电流 50μA,毫伏表小于 50mV。绝缘电阻测试方法见图 3-25。

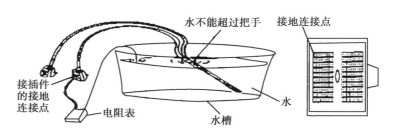

图 3-25　超声换能器绝缘电阻测试示意图

将测试探头放进装有适量水的水槽中,然后用电阻表测试探头的地线与水间的电阻值,该电阻值应大于 100MΩ。

超声仪器使用时测试漏电流极为重要,特别是腔内和手术中的探头尤其要重视,漏电流应小于 30μA。

▶▶ **课堂活动**

问题:超声换能器的测试内容是什么?

解析:①测试耐电压,测试方法如图 3-25 所示。 ②测试绝缘电阻,测试方法是将测试探头放进装有适量水的水槽中,然后用电阻表测试探头的地线与水间的电阻值,该电阻值应大于 100MΩ。 上述测试的目的是检验超声探头的介电绝缘性能,确保人身安全。

（二）超声换能器消毒灭菌

超声换能器消毒灭菌是根据不同用途采用不同的方法，对于普通用的探头只要用纱布擦净，若对肝炎患者作了检查后，应专门消毒灭菌，防止感染。对穿刺探头、手术探头必须严格管理消毒，常用液体浸泡法和气体熏蒸消毒法。

点滴积累 ∨

1. 换能器按基本结构一般分为单元换能器、多元换能器。
2. 超声聚焦的主要方法有声透镜聚焦、凹面振子、电子聚焦。
3. B超扫描方式有机械扫描、电子直线扫描、电子扇形扫描。

第二节　B超成像工作原理与整机结构分析

一、超声成像显示的基本条件

1. 以超声波作为被探测信息载体或能量源　利用超声波在人体组织中传播的吸收衰减、反射和散射等特性，通过接收回波而检测提取人体组织的结构信息。

2. 超声波的传播介质　超声能量只有通过在介质中传播才能携带信息。根据超声在人体软组织中传播的频率 f、波长 λ、传播速度 C 的关系：

$$\lambda = C/f \qquad\qquad 式（3-5）$$

平均声速为 1540m/s，频率 MHz 级波段，即声波长只在 0.15～1.5mm 内，表明声束能有较强的指向性，因此，对病灶定位诊断和高横向分辨率（极限值为 $\lambda/2$）成像显示具备了基本条件。至于超声波在人体组织的衰减系数 α 存在随频率 f 增高产生线性增长［1dB/（cm·MHz）］的不足，可用补偿法获得优化图像。

人体组织对超声的吸收衰减与传播距离成正比，利用半价层（传播到其强度减弱一半的距离叫半价层）表明组织对超声吸收的大小，人体不同组织的不同介质密度和性质呈现出不同的衰减系数，即血液吸收最小，肌肉组织吸收稍强，纤维组织及软骨吸收较大，骨骼吸收最大。根据探查部位的组织和深度不同，将成像显示出不同解剖结构。

3. 产生反射和散射的安全超声波能量　超声波能量作用于介质，会引起质点高频振动，产生速度、加速度、声压和声强等力学量的改变，引起某些生物效应。比如，热效应、空化效应产生破坏性形变，所以，诊断超声剂量并不是越大越好，一般接受的安全剂量为 20mW/cm³。当然声能也不可很小，否则就无声反射和散射信息了。

4. 医用超声诊断换能器　压电振子构成的声-电可逆转换器件，是一个被覆有激励电极的压电体，将高频电能转换为超声机械能向外辐射，并接收超声回波将声能转换为电能。一个换能器中可以有一个压电振子，也可以有多个（线阵换能器和相控阵换能器），每一个压电振子都是一个可逆的机电换能系统。超声诊断换能器在超声诊断设备中占有重要的位置，其性能的优劣直接影响成像的质量。

换能器特性对仪器分辨力有更明显的影响,换能器声束截面尺寸小、扩散角小、指向性好、辐射特性好、声束能量集中、旁瓣小、近场区干扰小,横向分辨力高;换能器的辐射面积越大,声束的扩散角越小,横向分辨力也将提高。

5. 发射波束形成和接收回波图像形成的系统 超声诊断换能器是将高频电能转换为超声机械能向外辐射,并接收超声回波将声能转换为电能的声-电可逆转换器件。但是换能器如何产生和产生什么样的超声波,必须由超声发射电路按照成像要求,产生电激励脉冲激励换能器,将高频电能转换为超声机械能的声束向外辐射于人体内传播。当超声波在人体内传播被不同界面反射和散射回波,经换能器将携带有超声信息的声能信号转换为电能信号,这一电能信号必须由超声接收电路按照显示器的显示要求,进行图像信号提取、处理、控制等实现超声诊断图像显示,如图 3-26 所示。

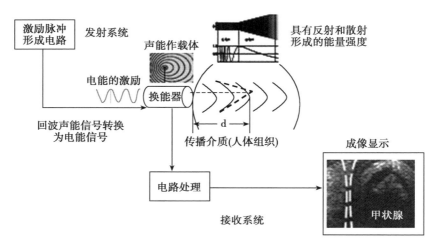

图 3-26 超声波发射传播与接收成像条件示意图

二、B 超成像的三大步骤

B 超是利用超声波在人体不同组织产生反射和散射的回波中所携带的人体内解剖形态信息,经过处理形成辉度显示图像来诊断疾病的仪器。

超声成像的三步骤:①超声波发送部分,向超声波探头发射所需要的高压电脉冲;②超声换能器,将电信号变换成超声波振动,传送到人体体内;③人体体内反射回来的超声波信号,于探头上变换成电信号,经电路处理将超声波图像显示在显示器上,如图 3-27 所示。

三、B 超主机电路基本构成和工作原理简述

图 3-28 是线阵超声显像诊断仪的电路基本结构框图。电路主要分为超声信号发射/接收电路板(US)和数字扫描变换器电路板(DSC),还必须配置电子扫描探头、监视器、控制板等重要部件。

1. 超声波发射及接收工作原理 主机上电后系统在初始化程序控制下处于冻结状态,CPU 控制定时脉冲输出、发射、接收电路同步工作,产生高压发射激励脉冲,经超声发射/接收开关加往探头中的换能器,换能器被激励产生超声波发射。超声波在不同声阻抗界面产生回声,此回声被换能器

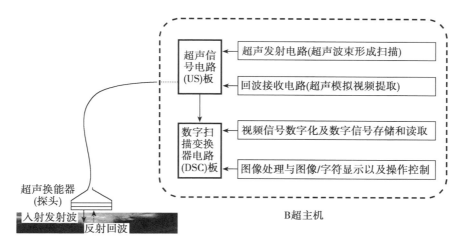

图 3-27 B 超的主要组成

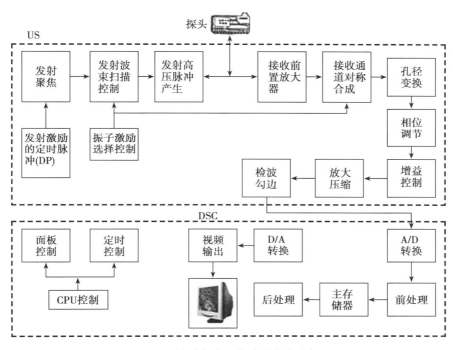

图 3-28 线阵超声显像诊断仪电路框图

所接收并转化为电压信号,由于是采用多阵元调相激励和接收,因此一次获得的电压信号并不是单路的,而是根据接收孔径的不同而作动态调整,又由于发射电子聚焦的缘故,这些电压信号存在一定的相位差。因此,它们各自经前置放大器放大后,由信号接收开关首先进行一次对称合成,使信号数量减半,再经接收聚焦和相位调节处理后成为单路信号。被合成的单路信号很弱且具有较大的动态范围,放大器的作用就是为其提供一定的放大倍数和给予适当的对数压缩,使信号能适应终端显示的动态范围。同时,接收灵敏度控制电压在此对回波实施深度增益补偿(TGC),然后该信号被检波成视频输出,送往数字扫描变换器(DSC)。

2. 数字扫描变换器工作原理 输入的视频回波信号在此首先被 A/D 变换,变为数字信号后送到前处理电路实施行相关和帧相关处理以平滑噪声。经过前处理的信号数据存入主存储器后,根据不同显示方式(如不同的显示模式和显示倍率),读写地址发生器的控制可以采用多种读出方式,改变选定的读出数据范围,可以使显示区域在探测深度范围内作视野移动。如果停止存储器的写入,并对已存储的一帧图像重复不断地读出,则在荧光屏上得到一幅静止的回波图像,这种显示方式就是所谓的冻结方式。后处理电路的主要内容有:插行处理以及正负翻转等。经过上述处理后的信号和电视同步信号以及字符显示信号合成后,经D/A转换为全电视复合信号输出,所有工作都是由微处理器(CPU)协调控制完成的。

点滴积累 ∨ ....

1. 超声在人体软组织中传播的频率 f、波长 λ、传播速度 C 的三者关系: $\lambda = C/f$
2. 超声电路主要分为超声信号发射/接收电路板(US)和数字扫描变换器电路板(DSC)

第三节　B超发射声束的形成与扫描电路

一、B超诊断成像的发射声束特点

1. 多振子组合成一个阵元的发射　通过简述线阵B超发射声束的特点,为深入理解声束形成电路打基础。线阵探头的单个振子尺寸都很小(如 10mm×0.3mm×0.5mm),辐射面积约是A超探头的1/26,当矩形振子的边长越小,波束的扩散角越大,波能发散越严重,指向性越差,而导致发射能量减弱,灵敏度降低,横向分辨力较差。采用若干个矩形振子组合成一个阵元,每次发射时对阵元内各个振子同时激励的多振子组合发射,使等效于单个振子的宽度加大(见图3-29),改善分辨力和灵敏度。

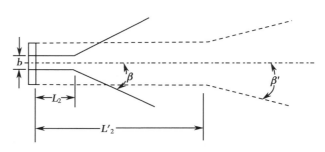

图 3-29　组合振元发射增大有效辐射宽度示意图

2. 对探测的全深度实施波束多点动态电子聚焦发射　为了控制声束主瓣的宽度,压缩副瓣,对于线阵探头的短轴方向采用了几何曲线面聚焦,如图3-30所示。

在长轴方向一般采用多点动态电子聚焦(见图3-31),从而进一步改善整个探测深度范围内的分辨率和图像清晰度。

动态电子聚焦技术分等声速全深度区动态电子聚焦和全深度区分段(三段或者四段)动态电子聚焦。

等声速全深度区动态电子聚焦:超声波在人体中传播的平均速度为 1540m/s,在 200mm 探测深度,往返程时间约为 260 微秒。每次发射,发射焦点是一定的,随着接收深度的增加,可以改变接收

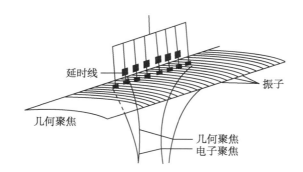

图 3-30　几何曲线面使阵元形成凹面状的声束聚焦图

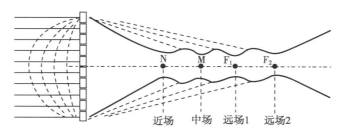

图 3-31　长轴方向采用多点动态电子聚焦图

焦点,也就是一次接收可以有多个接收焦点,使探测深度中所有位置都保持良好的横向分辨力。

全深度区分段动态电子聚焦:在探测深度内划分为 n(n 取 2~4)段,每次按近、中、远场的顺序固定一个焦点发射,根据近、中、远场的深度设定参与振子数由少到多组成阵元作 n 次发射,产生 n 个焦点,如图 3-29 所示。每次接收的回声经 A/D 变换后以数据的形式根据每次发射的焦点取各次相应段回声数据写入存储器,经 n 次写入,获得一行在不同探测深度都有较高分辨力的合成信息,以亮度调制显示在一条扫描线上。

3. 对振子按不同顺序分组激励,形成不同波束扫描方式　由多个压电振子组成线阵或凸阵换能器,发射超声波在发射激励脉冲信号控制作用下,各振子按一定的方式被分组组合激励,产生合成波束发射。根据振元不同顺序分组激励,将构成不同的发射波束扫描方式。

4. 多路发射　目前使用的换能器振子数均在 80 个之上,为了减少主机与换能器的连线,在探头(换能器)的每一个振子接入一个二极管开关,如图 3-32 所示,振子激励脉冲受二极管开关控制。

选择探头的振子分为若干组,例如对 80 振子探头,分为 24 组(路),只用 24 条激励信号线(如 EL0~EL23)和 20 条控制线(如 CT0~CT19)与主机连接。当 20 路控制线中某一路或几路是高电

图 3-32　探头中二极管开关

平时,探头二极管开关导通(即被选通),此时开关二极管负极端将激励脉冲接入,则接入该二极管开关的振子受到电激励而产生振动发射超声波。

每次选择多少振子组合成发射阵元,只需对 20 路控制线上的高电平和 24 路激励信号线上的激励脉冲进行选择控制即可。图 3-33 为 80 个振子组成的超声探头,它用 24 条激励信号线 EL0~EL23 和 20 条控制线 CT0~CT19 对 80 个振子可任意选择控制,完成动态电子聚焦,连接方式如表 3-1、表

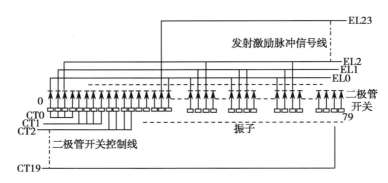

图 3-33 一个 80 振子探头激励线和控制线的组合连接图

3-2 所示。

表 3-1 激励脉冲信号线与振子连接线

激励脉冲信号线	连接振子的序列号			
EL0	0	24	48	72
EL1	1	25	49	73
EL2	2	26	50	74
EL3	3	27	51	75
EL4	4	28	52	76
EL5	5	29	53	77
EL6	6	30	54	78
EL7	7	31	55	79
EL8	8	32	56	
EL9	9	33	57	
EL10	10	34	58	
EL11	11	35	59	
EL12	12	36	60	
EL13	13	37	61	
EL14	14	38	62	
EL15	15	39	63	
EL16	16	40	64	
EL17	17	41	65	
EL18	18	42	66	
EL19	19	43	67	
EL20	20	44	68	
EL21	21	45	69	
EL22	22	46	70	
EL23	23	47	71	

表 3-2 控制信号线与振子连线

控制信号线	控制振子的序列号			
CT0	0	1	2	3
CT1	4	5	6	7
CT2	8	9	10	11
CT3	12	13	14	15
CT4	16	17	18	19
CT5	20	21	22	23
CT6	24	25	26	27
CT7	28	29	30	31
CT8	32	33	34	35
CT9	36	37	38	39
CT10	40	41	42	43
CT11	44	45	46	47
CT12	48	49	50	51
CT13	52	53	54	55
CT14	56	57	58	59
CT15	60	61	62	63
CT16	64	65	66	67
CT17	68	69	70	71
CT18	72	73	74	75
CT19	76	77	78	79

将图 3-33 的连接用表 3-1 和表 3-2 排序分析,很容易对任意一个振子进行选择控制激励,发射超声波。例如:对 1～8 振子进行 3、4 与 5、6,2、3、4 与 5、6、7,1、2、3、4 与 5、6、7、8 的三段(N、M、F)聚焦控制的连线选择,如图 3-34 所示。

N 点的振子激励控制:根据图 3-34,N 点由 3、4、5、6 号振子受电激励而发射,现查表 3-1,激励脉冲信号线选择是 EL3、EL4、EL5、EL6 线,控制线选择 CT0 和 CT1,应为高电平即可。

同理,对 M 点只需增加 EL2 及 EL7 激励脉冲信号线,F 点是在 M 点基础上增加 EL1、EL8 和 CT2。这样阵元三次不同组合扫描,形成了一条不同深度的动态电子聚焦,如图 3-35 所示。

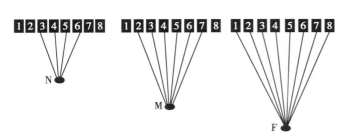

图 3-34　N、M、F 聚焦示意图

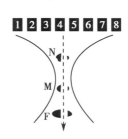

图 3-35　扫描线动态聚焦示意图

二、发射波束形成的典型电路结构与原理

(一) 发射波束形成的典型电路结构

波束扫描是 B 超实现信息采集和图像显示的基础。波束形成与扫描控制电路就是按成像要求产生超声波束发射的,所以称为超声波发射电路。超声诊断仪成像技术的发展已经从二维、三维、四维、频谱合成成像到二次谐波成像、能量造影谐波成像、脉冲反向谐波成像、超声背向散射积分成像等成像模式,在同一成像模式下,发射波束的形成与控制电路种类繁多,但是,就电路设计思路而言存在一些相近之处。

图 3-36 是一种较为典型的 B 超发射波束形成系统结构图。它由 FPGA 延时时序产生电路、发射驱动、高压激励脉冲产生器、超声线和阵元工作顺序控制电路、电平转换器等电路组成。它是用来产生超声波束扫描,实现 B 超二维信息采集和图像显示的基础。

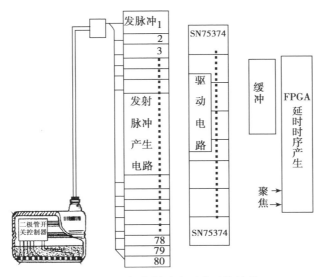

图 3-36　B 超发射波束形成系统结构

（二）发射波束形成与扫描的主要工作原理

1. 图 3-37 为 80 振元线阵探头示意图,探头中接有 80 个开关二极管控制器,从而使主机与探头连接仅用 24 条脉冲激励信号线（EL0 ~ EL23）和 20 条开关二极管控制线（CT0 ~ CT19）,即可实现 80 阵元的组合激励,完成波束形成与扫描。

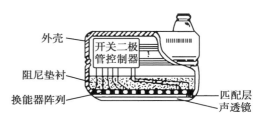

图 3-37　80 振元线阵探头示意图

2. 探头阵元的 24 路高压激励脉冲产生器用于产生对阵元的脉冲激励,探头每次发射一条超声线是由哪几路高压脉冲产生器工作和给出几次激励脉冲输出,必须通过 FPGA 产生发射延时脉冲通过缓冲器后,由发射驱动电路输出给高压激励脉冲产生器。FPGA 产生的 24 路延时脉冲,按 CPU 指令将各个延时聚焦触发脉冲信号,有序地传输给当前被选择而需要激励的高压脉冲产生器,产生发射高压激励脉冲送到探头中相应开关二极管以激励阵元发射超声波。

3. 发射聚焦电路按工作的探头频率、聚焦焦点由 FPGA 产生一系列各阵元所需的延迟时间,触发发射高压脉冲产生器对探头形成激励,完成聚焦发射波束。

图 3-38 中,发射波束形成与扫描电路主要由 FPGA 延时脉冲发生器、24 路发射驱动、高压激励脉冲产生器、超声线/阵元工作顺序控制电路、电平转换器等电路组成。它是用来产生超声波束扫描,实现 B 超二维信息采集和图像显示的基础,下面将详细分析各个组成部分的原理。

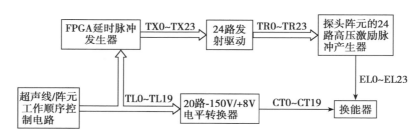

图 3-38　发射波束形成与扫描主要电路框图

三、B 超发射波束形成与扫描典型电路分析

（一）发射聚焦电路

线阵扫描式 B 超通常在探头长轴方向采用电子聚焦。发射聚焦电路必须满足以下两个条件:

1. 提供多路触发脉冲输出。对于间隔扫描方式的 B 超,提供触发脉冲个数为一次发射被激励阵元（或群）数的一半,如果一次发射被激励的为 24 个阵元（或群）数,电路应提供 12 个触发脉冲个数。

2. 每次的各触发脉冲必须符合发射聚焦的要求,具有高精度延时时间,且延迟时间量能快速跟随探头工作频率和多点动态聚焦的变换而相应转换,一次发射只能有一个发射焦点。

为了产生高精度延时时间,传统的方法是采用延迟线,这是一种将电信号延迟一段时间的元件。延迟线应在通带内有平坦的幅频特性和一定的相移特性（或延时频率特性）,衰减要小。延迟线按工作原理主要分电磁延迟线和超声延迟线两大类。电磁延迟线的延时由几毫微秒到几十微秒。超声延迟线的延时由几微秒到几千微秒。电磁延迟线发展较为成熟,工艺简便,价格较低,使用普遍。超声延迟线,特别是表面声波延迟线,正在不断发展之中,能满足多种用途。在特性与使用方面,两类延迟线各有所长,互为补充。

随着集成电路的高速发展,现场可编程门阵列(field-programmable gate array,FPGA)是在 PAL、GAL、CPLD 等可编程器件的基础上进一步发展的产物。它是作为专用集成电路(ASIC)领域中的一种半定制电路而出现的,既解决了定制电路的不足,又克服了原有可编程器件门电路数有限的缺点。采用 FPGA 既能产生高精度的延时时间,也大大节省了电路空间。本文所描述的仪器均采用 FPGA 来产生延时聚焦脉冲。

B 超聚焦近场(N)、中场(M)、远场 1(F_1)、远场 2(F_2)四段聚焦,每段参与阵元分别为 10、18、20、24 个,如图 3-39 的(1)、(2)、(3)、(4)所示。第一次近场(N)焦点发射时,它由 10 个阵元组合聚焦。CPU 发送聚焦码和控制信号给 FPGA 芯片,FPGA 根据设计好的程序在 I/O 端口产生 24 个精确的延时时间(TX0 ~ TX23)发送给驱动芯片产生激励发射脉冲和控制信号。

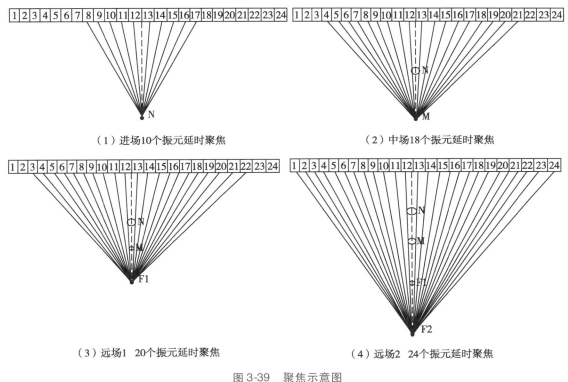

（1）进场10个振元延时聚焦　　　　　　　（2）中场18个振元延时聚焦

（3）远场1　20个振元延时聚焦　　　　　　（4）远场2　24个振元延时聚焦

图 3-39　聚焦示意图

知识拓展

超声聚焦刀

超声聚焦刀就是利用超声波作为能源,从体外分散发射到体内,在发射透射过程中发生聚焦,很多超声波聚焦在一个点上,这一个点上通过声波和热能转化,在 0.5 ~1 秒内形成一个 70 ~100℃的高温治疗点,这个高温点好比是一个手术刀在切割肿瘤,焦点区的肿瘤无一幸免。超声聚焦刀使肿瘤组织产生凝固性坏死,失去增殖、浸润和转移能力。超声聚焦刀的原理类似于太阳灶聚阳光于焦点处产生巨大能量。所以有人将超声聚焦比作一把体外操作、体内切割的"刀"。

（二）超声发射电路

超声发射电路就是发射脉冲产生电路,它提供探头振子的激励脉冲,该电路与超声发射的功率、接收灵敏度、探测深度和分辨率性能参数直接有关,其电路优劣影响到超声仪器性能的好坏,因此设计、制造、维修工程技术人员需要十分认真对待超声发射电路。

现代超声诊断仪器常通过对振子施加单个极性脉冲,使振元产生持续时间极短的机械振荡的所谓"冲击激励"方法产生超声波发射。

1. 发射脉冲产生电路的基本结构　超声脉冲波发射和超声回波接收是通过压电换能器实现的,换能器的能量由高压脉冲发生器形成的高压脉冲而提供,如图 3-40 所示。

图中,R_1 为限流电阻,C_1 是隔直流电容器,L_0、C_0 组成匹配网路,T 为压电换能器,K 是高速电子开关,R_2 是开关导通时的内阻,R_0 为阻尼电阻。

电路中 $R_1 \times C_1$ 的乘积形成对 $V = 125\text{V}$ 的充电时间常数,对于 B 超诊断仪是由系统的最大脉冲重复频率所决定的。开关导通电阻 R_2 值应小于 5Ω。L_0/C_0 网路是为了获得最佳的脉冲宽度和最高的接收灵敏度,满足图像分辨率的要求。L 的最佳数值由公式 3-6 确定。

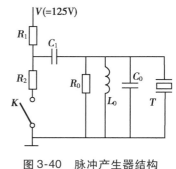

图 3-40　脉冲产生器结构

$$LC_0 = \frac{1}{\omega^2} \qquad\qquad 式(3\text{-}6)$$

式中:

ω—换能器 T 的工作频率;

C_0—换能器的静态电容。

由于换能器的机械振动系统是等效为一个低品质因素的 LC 回路,换能器在被发射激励脉冲激励后,因内阻的存在,产生一衰减震荡的电压波形。通常在 B 超仪器中用一个阻尼电阻 R_0 并在回路两端,增加阻尼,降低 Q 值,改善图像分辨率。

该电路工作原理:当高速电子开关 K 断开时,$\text{V}(125\text{V})$ 电压通过 R_1 限流电阻对 C_1 隔直流电容充电到 V_{c1}(约 125V)。当高速电子开关 K 接通时,形成隔直流电容 C_1 的电压 V_{c1}(约 125V)向换能器 T 放电,此时 T 被激励发送振动超声波。

从电路原理可知超声发射电路(发射脉冲产生电路)实质只是一个定时接通或断开探头振子、激励高压的高速电子开关,用来定时控制探头各个振子产生超声振动波发射。

2. 典型发射脉冲产生电路分析　图 3-41 为发射脉冲产生典型电路,它由开关管 M_1、隔直流电容 C_1、隔离二极管 D_{21} 组成,探头中的振元 T 是负载。

电路工作过程同样是电子开关管的截止和导通,形成隔直流电容器的充电和放电,使探头振子产生非激励震荡或震荡,发射超声波脉冲。

该电路的电子开关 M_1 采用了能耐受高电压且导通时阻抗很小,而断开(截止)时呈现高阻抗的

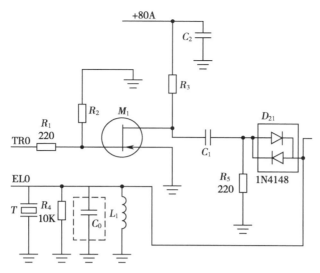

图 3-41 发射脉冲产生的原理电路

场效应管,其导通或截止的触发信号是由 FPGA 经缓冲器输出的延时脉冲,当输出的延时触发脉冲来到之前,场效应管处于截止状态呈现高阻抗,80A 高压电流(标号是 80A,但实际上是 80V,并不是 80A 电流)经 R_3 对 C_1 充电到 125V(V_{c1})。当电路输出的延时触发脉冲输入时,场效应管处于导通状态呈现很低的阻抗,C_1 充电到 125V 迅速放电给超声换能器 T,压电换能器因受高电压(能量)的激励而震动发射超声波。

在超声发射电路中电子开关的截止和导通状态是探头振子激励脉冲电压是否加载的一个过程,它直接影响超声波发射的性能,图 3-42(A)、(B)是理想的电子门开关,对于高性能电子开关其导通时间可以参考式(3-7)。

$$\tau = \frac{1}{2f_0}$$ 式(3-7)

式中:

τ —电子门开关导通时间;

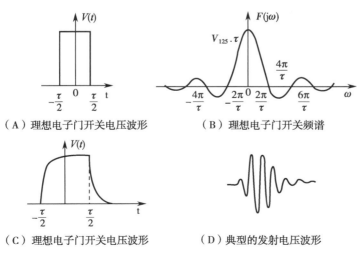

图 3-42 开关的理想波形图

f_0—换能器工作频带的中心频率。

对于图 3-41，在理想情况下，当触发脉冲后沿到达时，场效应管 M_1 立即截止，振元 T 所获激励脉冲应为一规整的负方波。但由于分布电容 C_0 的存在，C_1 放电期间，C_0 也被充电，当 M_1 截止时，C_0 充得的电荷不会立即消失，而是经 T 缓慢放电，因此使振元所获激励脉冲的后沿拖长。如图 3-43（a）所示，这将导致激励时间增长，使仪器的距离分辨力变差。为了改善激励脉冲的后沿，通常在振元 T 两端并联一电感 L_1，在 C_1 放电期间，电感中亦有电流流过，当 M_1 截止时，电感 L_1 将产生一上正下负的反电势，以维持 IC 的存在，因此，加速了分布电容的放电速度，使振元 T 两端的电压迅速下降，即激励脉冲的后沿变陡了。因此，习惯上称 L_1 为峰化电感。

然而，L_1 的加入也带来了一个新的问题，由于 C_0 与 L_1 所构成的振荡槽路，在脉冲过后，寄生电容 C_0 的放电将在槽路中激起衰减振荡，如图 3-43（b）所示。振荡的存在不仅同样使振元的激励时间增长，而且由于 L_1 上反电势与电容 C_1 上电压的叠加，可能使开关管 M_1 击穿，导致电路故障。当然，如果回路损耗电阻较大的话，这一振荡的幅度是有限的，并将很快被阻尼掉，否则，必须在振元两端再并接一个适当阻值的电阻 R_4，以加大对振荡的阻尼。此时的激励脉冲波形如图 3-43（c）所示。实际测量当供电电压为 +125V 时，振元 T 两端所获电压波形如图 3-43（c）所示，其峰-峰值为 240～280V。

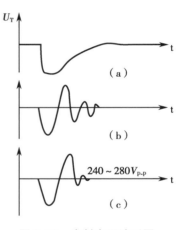

图 3-43　发射电压波形图

电路中二极管 D_{21} 作为隔离元件，用于克服发射电路对接收回路的影响。如果 D_{21} 被短接，则发射电路对接收回波信号的分流作用将导致射频接收放大器输入阻抗的降低。虽然处于 C_1 充、放电回路中的二极管 D_{21} 对于回波信号来说可能处于正向接法，但由于回波信号幅度较小（几十微伏），并不能使它们导通，因此在接收状态，二极管 D_{21} 均处于截止状态。

在超声发射电路中电子开关的截止和导通状态，是由 FPGA 芯片输出的延时脉冲所决定，所以还要重视延时驱动电路的技术性能。

为了照顾整机灵敏度，有时高压电压值取得较高时，常将开关管串联应用，串联开关管时，要注意上下两管子的平衡，串联后的开关管耐压是单管的两倍。

（三）探头中二极管开关电路的控制电路

二极管开关电路用于减少主机与探头的连线，二极管开关控制电路是根据超声仪器的波束扫描方式，用于被选择的阵元数一次发射和接收投入工作的控制，也就是说控制二极管开关的关闭与接通。

1. 探头中二极管开关电路的连接方式　二极管开关电路安装在探头中，而二极管开关控制电路则安装在主机中。控制电路实施对二极管开关电路的控制，是依据 CPU 的指令进行的。

图 3-44 所示为探头中每一个振元的二极管开关电原理图，若探头中有 80 个阵元，对应就有 80 个如图 3-44 所示的二极管开关控制电路。图中 D1 为开关二极管，C1 为隔直流电容器，R2 为二极管开关限流电阻，CT0 为二极管控制信号，CH0 为高压激励脉冲和回波信号线，E0 连接压电晶体。

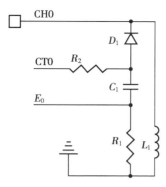

图 3-44　B 超探头中的二极管开关控制电路

二极管开关电路的 CH0 端经电缆与主机中发射脉冲产生电路相连,即如图 3-41 电路中的 EL0 点;CH0 端同时与接收放大器电路相连;CT0 端则与设在主机中的二极管开关控制电路相连,并接收来自控制电路的控制信号。控制信号的高、低电平状态决定了开关二极管 D_1 的接通与否,当 CT0 处于低电平(-150V)时,二极管 D_1 因反偏而截止,激励脉冲和接收回波信号均不能通过;当 CT0 控制信号为高电平(+12V)时,二极管 D_1 因正偏而导通,发射激励脉冲和接收回波信号均可经二极管 D_1 进行传输。

现以 80 个各阵元连接方法为例,则 80 个二极管开关的激励端和接收端 CH0 共 24 条激励线(即信号接收线)。80 个二极管开关的控制端 CT0 为 20 条控制线,用 CT0 ~ CT19 表示。24 条激励线与 20 条控制线再与主机相连,一共为 44 条连线。可见,采用二极管开关后,主机与探头的连线大大减少了。

2. 二极管开关控制的电平转换电路　图 3-45 是二极管开关控制的电平转换电路,该电路的输出 CT0 ~ CT19 直接与探头中的二极管开关相连,输出高电平为 +12V,低电平为 -150V。由于有 20 路二极管开关控制电路,因此,必须设计 20 个如图 3-45 所示的电路才能满足需要。

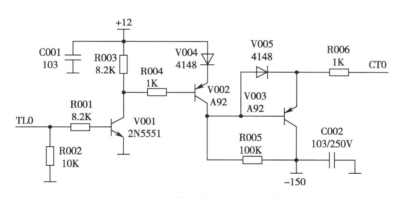

图 3-45　二极管开关控制电平转换电路

20 路(CT0 ~ CT19)二极管开关控制电路的每一路输出电平状态,受 20 路(TL0 ~ TL19)的相应输入端控制。当 TL0 输入为低电平时,NPN 三极管 V1 截止,PNP 三极管 V2 截止,二极管 V4 不导通,V5 不导通,V3 导通,CT0 呈现 -150V 送到探头中的二极管开关正极端,二极管开关不能导通,该二极管开关连接的振元未被选中而停止发射超声波。当 TL0 输入为 +5V 高电平时,NPN 三极管 V1、PNP 三极管 V2、二极管 V4 导通,使 PNP 三极管 V3 截止,二极管 V5 导通,此时,-150V 因 V3 截止而切断,但是 +12V 经过 V4、V2、V5 送入探头中的二极管开关正极端,二极管开关导通,CH 的激励信号脉冲若此时也加入,则该振元因受激励发射超声波。

3. 二极管开关电路工作程序的控制　二极管开关电路工作程序由生产厂家根据波束扫描方式及电路设计制定存于存储器中,通过 FPGA 产生来产生控制触发脉

▶▶ **课堂互动**

1. 医用 B 型超声诊断仪器的生产厂家主要有哪些?

2. 以教学所用的 B 型超声诊断仪为例,分析其声束的形成与扫描电路。

冲（$TL_0 \sim TL_{19}$）。

点滴积累 V ......

1. 动态电子聚焦技术分等声速全深度区动态电子聚焦和全深度区分段（三段或者四段）动态电子聚焦。

2. 二极管开关电路的作用之一是用于减少主机与探头的连线，二极管开关控制电路是根据超声仪器的波束扫描方式，用于被选择的阵元数一次发射和接收投入工作的控制。

3. 发射聚焦电路必须满足以下两个条件：提供多路触发脉冲输出；每次的各触发脉冲必须符合发射聚焦的要求，具有高精度延时时间，且延迟时间量能快速跟随探头工作频率和多点动态聚焦的变换而相应转换。

第四节 B超接收电路的基本结构与工作原理

一、B型超声回波信号的特点

不同类型的超声诊断仪器，其接收电路亦有其不同的结构和原理。比如A型超声使用单阵元探头发射和接收超声波，其超声发射和接收电路结构较简单；对于相控阵、高速电子线扫描B超，由于采用多振元（数百个）探头组合发射，使B型超声回波信号形成一些新的特点：

1. 同一界面回声，各振元所接收到的回波之间存在相位差 在本章第一节已经介绍了B型超声诊断仪在发射超声波时是采用多阵元组合延时（各阵元间存在相位差）聚焦发射，无疑B型超声诊断仪在接收超声回波时，必然也是多振元接收，因此，对于被测组织介质中的同一界面回声时，各振元所接收到的回波之间存在相位差，所以，在接收通道电路中，必须对各阵元进行移相合成为一路后，才能实施B型超声回波信号的放大、DSC处理及图像显示。

2. 振元的组合聚焦扫描发射是随着扫描位置的变化而变化的 由于探头中采用了二极管开关，振元的激励必须在激励脉冲和控制信号的共同作用下才能进行。也就是说，它可以因为二极管D被控制信号的−150V电平所截止而不激励，也可以因为激励脉冲未加上而不激励。因此，通过对发射多路转换开关和二极管开关控制电路的控制，便可以完成对阵元的不同激励顺序，即实现不同的扫描方式，如d/2、d/4阵元距间隔扫描等。

为了防止图像的闪烁，实际上常采用隔行扫描的方式实现d/2间隔扫描。即把一帧图像的扫描分成两场进行，第一场扫描奇数信息线，第二场扫描偶数信息线，且两场扫描的相应信息线的发射阵元都相同，仅接收阵元不一样，发射阵元组和接收阵元组的组合均按右移一个阵元的规律变化。

比如阿洛卡SSD-256型线阵B超，其换能器是由80振元构成，但每次发射以16个阵元组合激励，15个阵元组合接收，因此一帧扫描，可获得127条信息线；日立公司产EUB-240型线阵B超，其换能器由320振元80阵群（每一晶振群由4个振元构成）组成，每次发射以12个阵群组合激励，112个阵群组合接收，取128条接收信息线。由此亦可见，组合发射、接收方式的不同，将影响所获信息线的多少，而且还与回波图像的质量密切相关。

由于发射时,振元的组合聚焦扫描发射是随着扫描位置的变化而变化的,接收振元实际也是在不断变化,则接收放大电路与振元的连接就需要进行相应的转换。

3. **可变孔径** 由于采用多振元组合发射,使近场有效孔径加大,造成近场分辨力变差,为此,必须在接收时采用变孔径接收。

4. **增益补偿** 对于不同深度的相同声阻抗的组织界面,反射回波幅度是在近场区域强、远场区域弱,接收电路要进行补偿。

5. **不同频率超声波存在衰减差异** 发射的超声波具有一定的频带宽度,而接收时随探测深度增加,回波频率中高频成分的衰减要比低频成分的衰减大,对于深度较大的探测区,高频成分几乎不能到达介质的深度便已全部被吸收了。所以,接收电路必须采用特殊电路来提高图像分辨率。

6. 超声回波幅度的动态范围很大,通常可达 100～110dB。在这一动态范围中,由组织界面差异引起的回波幅度的动态范围约为20dB(骨骼与软组织之间界面例外),由于声束方向特性(即声束与界面成不同角度)产生所谓"对准效应"所引起的回波幅度约为30dB,再就是由于人体组织对超声波的衰减所引起的回波幅度变化,它随超声波的频率以及其在人体中传播的距离不同而变化,约为$1dB/(cm·MHz)$。而作为终端设备的调辉型显像管的视觉可分辨亮度变化范围仅有20dB左右,它与探头所接收的回波信号动态范围差别很大,如果简单地将所接收到的回波信号经放大后加入显像管进行显示,不仅不能获得对应幅度的不同辉度显示,还将在强信号时出现"孔阑"效应,以致强信号图像一片模糊,弱信号星星点点,使有诊断价值的信息丢失。为此,接收电路必须进行压缩来均衡这种差异。

7. **边缘增强** 一幅超声图像有时边缘轮廓信号较弱,接收电路要对边缘加重增强处理。

8. **信噪比** 接收信号微弱、信号传输电缆长、转接电路复杂等因素,导致必须认真考虑电路的信噪比问题。

最后,这些问题都是由于采用多振元接收所带来的新问题,是必须在设计中加以解决的,在以上问题获得解决之后,当然还存在其他一些问题要解决,比如回声随探测深度的增加而衰减的问题,回声动态范围的控制问题,放大器的工作稳定性问题等,但这些问题都是超声诊断仪接收电路带共性的问题,它们都是影响图像质量的一些主要因素,处理不好,甚至可以使仪器失去作用。

一部超声诊断仪接收机性能的好坏由什么来衡量呢？它主要有以下几项质量要求:灵敏度、波形失真度、工作稳定性、信号处理功能的强弱等。

灵敏度是表示接收微弱信号的能力,灵敏度越高,仪器探测微小病灶的能力越强,探测深度也就越大,这和加大超声发射功率的效果是一样的。若要求灵敏度高,则首先要求接收电路具有足够高的增益(放大量),以便在接收端获得的最小信号电压能得到充分的放大,使在显示器的荧光屏上能观察到回波。但是,仅仅提高电路的增益,并不能无限制地提高灵敏度,因为灵敏度还受到接收机外部干扰和内部噪声的限制。如果信号电平已低于噪声,后者往往是提高灵敏度的关键。

波形失真导致仪器的纵向分辨力降低。我们知道,探头所接收的回波是矩形脉冲所调制的超声波振荡。它占据了一个相当宽的频带,如果接收放大电路的通频带足够宽,能够对接收信号频带范围内的信号进行有效地放大,那么,最后经放大输出的信号将基本保持激励脉冲的矩形波形,因而很少失真。如果接收电路的通带不够宽,致使回波信号中的大量频谱成分丢失,那么,最后的输出波形就会有很大的失真。失真的波形前后沿变得倾斜,将使得原来尚可分辨的不同距离的两个界面回波脉冲重叠起来,降低了仪器的纵向分辨力。

接收放大电路工作的稳定性至关重要,当电路出现自激时,放大器进入饱和,显示器荧光屏上将完全看不到回波,仪器也就失去了作用。

二、基本电路结构框图

对于线扫式 B 型超声诊断器,其回波接收和预处理的一个典型结构框图如图 3-46 所示。

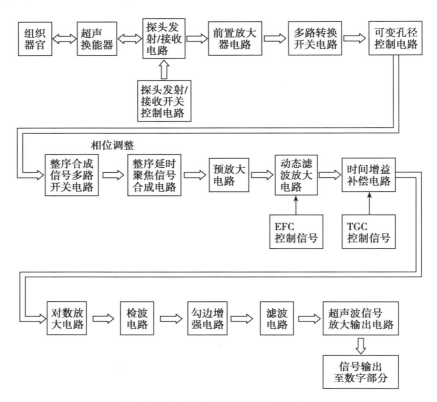

图 3-46　B 超接收通道的模拟电路框图

它包括信号前置放大器电路、多路转换开关电路、可变孔径控制电路、整序合成与延时聚焦电路、动态滤波放大电路、时间增益补偿电路、对数放大与检波电路、勾边增强电路等部分,以及为实现增益控制所需的 TGC 电压发生器,为实现动态滤波所需的 DF 电压发生器电路等。

图 3-46 中,前置放大器设置在接收电路的最前端,这是考虑到多路转换开关、可变孔径以及相位调整电路在工作过程中会产生一定的噪声,而接收信号在传输过程中又会受到衰减,是信噪比下降这一因素而决定的。设置前置放大器之后,信号首先被放大到一定程度,然后再经电路传送到后级,使在传送过程形成的噪声获得的增益相对小,从而抑制了噪声,增大了信噪比。另外,前置放大器必须由多路组成,这是因为采用组合发射和接收的缘故,一次发射若为 12 个振元,则一次接收也同为 12 个振元,再之,由于波束扫描的变化,每次投入接收的振元还在不断地变化,因此,和发射电路一样,接收放大器也不能简单地与探头振元连接,否则将使设备量大大增加。通常采用在探头中

加接二极管开关的连接方式。当探头中采用了二极管开关后,对于80阵元探头,接收端前置放大器仅需24路便可完成对全部阵元信号的接收,当然,这与二极管开关的设计还有关。

图3-46中,在相位调整之前的信号均为多路,比如为24路,当这些信号经相位调整实现同相相加之后,便合成为单路信号输出,因此,在相位调整之后的信号为单路回波信号。视频信号输出送往何处,要看仪器的整机设计,如果不采用数字扫描变换器(DSC),则视频输出经适当的功率放大后便可送显示器进行显示,如果设计采用了DSC,则视频输出送DSC。

简要工作原理:以图3-46为例,介绍接收系统的工作原理。假设其一次发射24个振元,被接收的24路回波信号经24路前置放大器放大后送往接收多路转换开关(前置放大器的数量通常多于24路)。接收多路转换开关用于将24路回波信号进行同相合成为12路输出,这是因为若采用了24个振元组合发射和接收,在实施电子聚焦时,各振元激励是以中心对称方式延迟的,因此,24个振元接收到的信号也是以中心对称方式保持有同样的延迟量,即在组合振元内,1和24、2和23、3和22、4和21、5和20等振元回波信号的延时量相等,可以直接对它们分别相加,得到12路合成信号输出。接收多路转换开关的转换受CPU电路给出的转换控制码AY0~AY2、AX0~AX3的控制。

可变孔径电路用于实现不同深度的可变孔径接收。以前获得的12路(REA0~REA12)信号加到可变孔径电路之后,并不一定都被送到后级,而是根据接收的不同深度,有选择地进行接收。在近场(20mm以内深度段),可变孔径电路在控制码CDAC0~CDAC8的控制下,仅使REA0~REA3共4路信号通过,这就相当于仅接收了一次发射24个振元中的中间8个振元的回波信号;在中场(20~53mm深度段),控制码CDAC0~CDAC8的状态改变,使电路的孔径加大,REA0~REA8共9路信号可以通过,这就使一次发射24个振元中,中间18个振元的回波得到接收;同理,在53~120mm的远程范围,孔径再一次加大,使REA0~REA9共10路信号可以通过,则一次发射24个振元中,中间20个振元的信号被接收;而在120mm以远的深度,可变孔径电路全部打开,REA0~REA11共12路回波信号全部通过,则一次发射24个振元所获回波信号全部被接收。

由多路转换开关输出的信号12路虽然已进行过一次相位合成,但这12路合成信号之间还存在延迟关系,也就是说它们之间仍存在一定的相位差。相位调整电路用来对REA0~REA11进行相位调整,使之实现全部信号的同相合成。

增益控制电路接收调相电路的输出,它用来完成对接收信息的增益时间控制(TGC)和动态滤波(DF)处理。TGC电压发生器产生TGC电压,该电压随探测深度的增加而变化,在该电压的作用下,电路的增益得到控制,它使近场增益适当小,远场增益相对大,从而补偿了回波由于深度增加而造成的衰减;DF电压发生器产生动态滤波控制电压,用于控制电路中滤波器的滤波中心频率f_0,使之随不同探测深度而变化,以滤除全探测深度不同频率的杂波干扰。

增益控制电路的输出信号送往对数放大与检波电路,在此,其幅度信息的动态范围被压缩为约40dB,以适配显像管约20dB的动态范围,防止有用信息的丢失;回波信号在此被检波为视频输出送往增强电路。增强电路用于增强图像回波的边缘强度,它使图像轮廓变得更加清晰可辨,因此,这种边沿增强的手段又称为"勾边"。增强电路的增强效果受ENH信号的控制,当该信号为高电平时为高增强,低电平时为低增强。由增强电路输出的视频信号送往DSC电路,首先转换为数字信息,然后存入帧存储器中,并在读出时经过一系列数字处理之后还原成为模拟信号,最后送显示器进行显示。

三、前置放大器

(一) 基本要求

由探头振元获取的回波信号幅度通常在 $10 \sim 30\mu V_{p-p}$ 范围,是十分微弱的,如果直接对一次接收的若干路回波信号进行合成处理,由于信号合成电路本身噪声(可达 $30\mu V_{p-p}$ 以上)的存在,以及信号在传输过程中的衰减,将使回波的信噪比变差,为此,通常在信号合成电路之前设置一级放大器,称作前置放大器,用于对阵元所接收的回波信号预先给予一定量的放大,以提高整机的信噪比。

对于电子线扫式 B 超而言,一次接收投入工作的振元往往是多个,也就是说,一次接收将获得多路回波信号,因此,前置放大器电路不是单路,而必须要设置多路信号前置放大器。前置放大器路数的多少与探头一次投入工作振元数的多少有关,还与探头中二极管开关的电路设计有关。

对前置放大器的基本要求:

1. 与探头馈线有良好的匹配 由探头阵元接收到的回波信号是通过电缆中的馈线送到前置放大器的,前置放大器的输入阻抗就是馈线的终端负载阻抗。如果馈线的特性阻抗等于它的终端负载阻抗,那么由探头送来的信号功率将完全被负载吸收,这种情况称作匹配。如果馈线终端的负载阻抗不等于馈线的特性阻抗,那么,馈线终端将对信号入射波产生全反射或部分反射,这种情况称为不匹配或不完全匹配。当前置放大器与馈线不完全匹配时,将造成两个不良的后果:一是探头送来的信号功率将有一部分被反射而不能完全被前置放大器所接收,造成回波减弱;另一方面是可能造成图像重影,使图像清晰度下降。因此,设计中应该使前置放大器的输入阻抗与探头电缆的特性阻抗相等,防止形成反射波。

2. 动态范围大 对于单个放大器而言,动态范围是指其输出信号电压既不被噪声所淹没,也不饱和的前提下,所允许放大器输入信号电压的变化范围。由于被测介质(人体脏器)中声反射界面的差别甚大,由探头所获取的回波信号电压的动态范围亦甚大,通常在 100dB 以上。因此,要求前置放大器也具有相应的动态范围,这样才能保证由探头获取的不同幅度的信息均能得到有效的放大,避免有诊断价值信息的丢失。

动态范围通常以分贝(dB)值表示,其定义是允许输入电压最大值与最小值之比的对数值,即:

$$动态范围[dB] = 20\lg\frac{电压最大值}{电压最小值} \qquad 式(3-8)$$

显然,对于 100dB 动态范围的要求,所允许放大器输入电压最大值与最小值之比为 10^5。

3. 功率增益大,噪声系数小 前文已述及,为了提高整机信噪比,在回波信号合成电路之前设置了前置放大器,它首先对信号进行放大,从而使信号合成电路产生的噪声所获得的增益相对小。从这个意义上讲,前置放大器具有较大的功率增益,将有利于提高整机信噪比,从而使整机灵敏度获得提高。功率增益通常也是用分贝表示,其公式是:

$$P[dB] = 10\lg K_p \qquad 式(3-9)$$

式中：

K_p—放大器的功率放大倍数；

P—功率增益的分贝值。

前置放大器的功率增益大,可以使接收机的极限灵敏度提高,但并不一定能使接收机有限噪声灵敏度得到提高。要提高仪器的有限噪声灵敏度,除了对放大器有放大能力的要求之外,还必须要有低噪声性能,即它的噪声系数要尽量小。噪声系数是表示放大器或接收机的噪声性能的指标,用 F 表示,其定义为：

$$F = \frac{输入端信噪比}{输出端信噪比} \qquad\qquad 式(3\text{-}10)$$

噪声系数如果等于1,那就表示放大器的输入信噪比和输出信噪比相同,放大器本身不产生附加噪声,这当然是最理想的。但实际上由于晶体管、电阻等都要产生噪声,输出噪声总有不同程度地增大,所以噪声系数不可能等于1,而是大于1。

噪声系数过大不仅影响接收机的有限噪声灵敏度,还直接影响放大器的动态范围,因为噪声过大时,输入小信号将被噪声所淹没,使可辨信号电压最小值增大,动态范围当然要减小。

（二）前置放大器典型电路

为了获取大的动态范围,前置放大器电路通常采取两条主要措施:其一是采用高电压供电,如供电电压提高到20V,使输出级电位动态范围可达15V;其二是各级采用的直流负反馈措施,可以在一定程度上稳定放大器的直流工作点,减小晶体管电流的温漂和噪声影响,从而使输入最小可辨信号加大,也可以起到加大动态范围的效果。当然,该电路的动态范围仍将在一定程度上受到晶体管内部噪声的影响,因此,更好的设计是在前级采用噪声小的场效应管。现代 B 超更多地采用大动态范

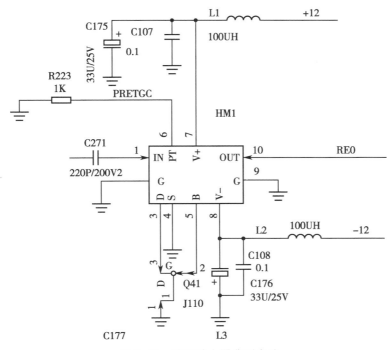

图 3-47　前置放大器典型电路

围、高稳定度的集成运算放大器作为前置放大器。

图 3-47 是一路前置放大器典型电路,由于采用多元组合发射与接收,每次发射后投入接收的振元为 24 个,电路中将有 24 路前置放大器电路,因此,可获得 24 路回波信号,它们将由探头信号电缆传输到接收电路。通常这些信号都是十分微弱的,约在 $10 \sim 30\mu V_{P\text{-}P}$,如果直接将它们送往多路转换开关进行合成处理,由于多路转换开关电路本身噪声的存在,会使回波的信噪比变差,因此,在信号电缆终端设置了前置放大器,以期提高整机信噪比。

前置放大器由共 24 片集成运算放大器组成。它的 24 个信号输入端直接与发射控制电路的输出端 EL0 ~ EL23 相连,虽然发射激励脉冲也将出现在前置放大器的输入线上,但由于前置放大器输入端设置有隔离、限幅电路,发射时的高压激励脉冲并不能加到运算放大器的输入端上,经限幅后的残留发射激励脉冲将以主波的形式在荧光屏上的扫描始端得到显示。仪器工作时,每次接收可获得的回波信号为 24 路,这是由探头中二极管开关电路控制的,这些信号经由前置放大器放大后送往接收多路转换开关。前置放大器的增益常为 24dB。

四、对称合成多路开关和可变孔径及相位调整电路

图 3-48 为对称合成多路开关电路,由 D401 到 D403(MT8816:矩阵开关)、D404(74LS245:双向三态数据缓冲器)组成,共 12 路;将 24 路信号合成 12 路。

(一) 接收对称合成多路开关

接收对称合成多路开关的任务就是将前置放大器 24 路输出对折合成为 12 路 REA0 ~ 11 输出,如图 3-48 所示。电路有三片 MT8816 和一片 74LS245 芯片组成,对称合成多路开关 MT8816 从 24 路中选择有效信号的 12 路,根据聚焦原理,24 路聚焦的延时时间对于焦点中心是左右对称相等,如图 3-49 所示,即分别为 1 = 24、2 = 23、3 = 22、4 = 21、5 = 20、6 = 19、7 = 18、8 = 17、9 = 16、10 = 15、11 = 14、12 = 13,共 12 组。所以,将 24 路有效回波超声电压信号对折为 12 路。

1. 矩阵开关 MT8816 芯片　由于采用多阵元组合发射与接收,每次发射和接收的振元只是整个阵列中的一部分。为了减少发射和接收电路的数目,通常采用二极管开关控制,本文介绍的超声仪器采用的是矩阵开关 MT8816,共用三片芯片,分别是 D401、D402、D403,如图 3-48 所示。MT8816 是 8×16 模拟开关矩阵芯片,引脚图如图 3-50 所示,对应真值表如表 3-3 所示,MT8816 引脚功能如表 3-4 所示。

2. 双向总线发送/接收器 74LS245　74LS245 是 8 路同相三态双向总线收发器,可双向传输数据。当 CPU 发送的控制信号接口总线负载达到或超过最大负载能力时,必须接入 74LS245 等总线驱动器,提高端口的负载能力,功能如图 3-51 所示。

3. 对称合成多路开关电路工作原理　按照 MT8816 的真值表与功能表,对称合成多路开关电路的工作原理为:

(1) 当 CPU 输出控制信号 ICS0 ~ ICS2、DBT0 ~ DBT2、ARST、ASTR 及 AY0 ~ AY2、AX0 ~ AX3 的相对应地址数据,经过 74LS245 送到多路转换开关 MT8816。

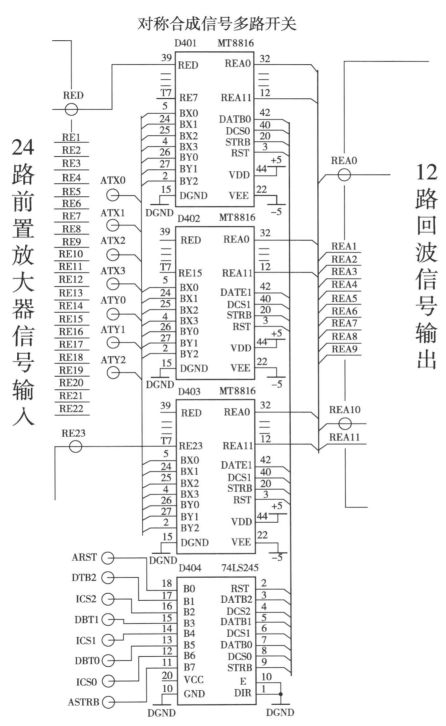

图 3-48　对称合成多路开关电路

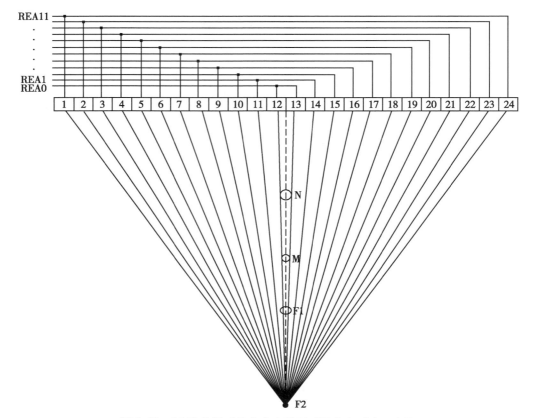

图 3-49   24 路信号对焦点中心的延时呈左右对称示意图

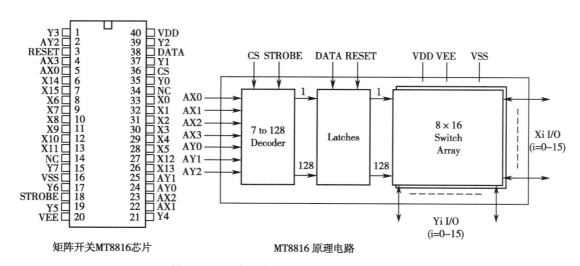

图 3-50   矩阵开关 MT8816 芯片及原理电路图

表 3-3　MT8816 真值表

AX0	AX1	AX2	AX3	AY0	AY1	AY2	Connection*
0	0	0	0	0	0	0	X0-Y0
1	0	0	0	0	0	0	X1-Y0
0	1	0	0	0	0	0	X2-Y0
1	1	0	0	0	0	0	X3-Y0
0	0	1	0	0	0	0	X4-Y0
1	0	1	0	0	0	0	X5-Y0
0	1	1	0	0	0	0	X12-Y0
1	1	1	0	0	0	0	X13-Y0
0	0	0	1	0	0	0	X6-Y0
1	0	0	1	0	0	0	X7-Y0
0	1	0	1	0	0	0	X8-Y0
1	1	0	1	0	0	0	X9-Y0
0	0	1	1	0	0	0	X10-Y0
1	0	1	1	0	0	0	X11-Y0
0	1	1	1	0	0	0	X14-Y0
1	1	1	1	0	0	0	X15-Y0
0	0	0	0	1	0	0	X0-Y1
↓	↓	↓	↓	↓	↓	↓	↓↓
1	1	1	1	1	0	0	X15-Y1
0	0	0	0	0	1	0	X0-Y2
↓	↓	↓	↓	↓	↓	↓	↓↓
1	1	1	1	0	1	0	X15-Y2
0	0	0	0	1	1	0	X0-Y3
↓	↓	↓	↓	↓	↓	↓	↓↓
1	1	1	1	1	1	0	X15-Y3
0	0	0	0	0	0	1	X0-Y4
↓	↓	↓	↓	↓	↓	↓	↓↓
1	1	1	1	0	0	1	X15-Y4
0	0	0	0	1	0	1	X0-Y5
↓	↓	↓	↓	↓	↓	↓	↓↓
1	1	1	1	1	0	1	X15-Y5
0	0	0	0	0	1	1	X0-Y6
↓	↓	↓	↓	↓	↓	↓	↓↓
1	1	1	1	0	1	1	X15-Y6
0	0	0	0	1	1	1	X0-Y7
↓	↓	↓	↓	↓	↓	↓	↓↓
1	1	1	1	1	1	1	X15-Y7

表 3-4　MT8816 引脚功能表

引脚名	功能	引脚名	功能
X0 ~ X15	模拟信号输入/输出开关矩阵行端口	AY0 ~ AY2	列地址线控制端口
Y0 ~ Y7	模拟信号输入/输出开关矩阵列端口	DATA	打开被选择的开关,高电平有效
RESET	重启端口,高电平有效	STROBE	触发信号
AX0 ~ AX3	行地址线控制端口	CS	片选信号

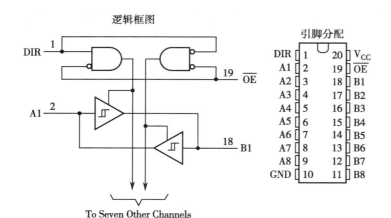

逻辑框图

引脚分配

真值表

INPUTS		OPERATION
$\overline{OE}$	DIR	
L	L	B data to A bus
L	H	A data to B bus
H	×	Isolation

H=HIGH Level
L=LOW Level
X=Irrelevant

To Seven Other Channels

图 3-51　74LS245 原理及引脚功能图

（2）ARST 为高电平时，三个 MT8816 芯片状态清零，ARST 变为低电平，此时 ICS0 为高电平，ICS1、ICS2 为低电平，D401 芯片开始工作，D402、D403 不工作。DBT0 为高电平，DBT1、DBT2 为低电平，STRB 送出 8 个脉冲，根据 CPU 产生的 AY0～AY2、AX0～AX3 地址选择 RE0～RE7 为输入信号，并将 8 个信号从对应的 REA0～REA11 端口输出。

（3）ICS1 为高电平，ICS0、ICS2 为低电平，D402 芯片开始工作，D401、D403 不工作。DBT1 为高电平，DBT0、DBT2 为低电平，STRB 再送出 8 个脉冲，根据 CPU 产生的 AY0～AY2、AX0～AX3 地址选择 RE8～RE15 为输入信号，并将 8 个信号从对应的 REA0～REA11 端口输出。

（4）ICS2 为高电平，ICS0、ICS1 为低电平，D403 芯片开始工作，D401、D402 不工作。DBT2 为高电平，DBT0、DBT1 为低电平，STRB 再送出 8 个脉冲，根据 CPU 产生的 AY0～AY2、AX0～AX3 地址选择 RE16～RE23 为输入信号，并将 8 个信号从对应的 REA0～REA11 端口输出。

至此，对称合成多路开关电路将 24 路回波信号合成为 12 路回波信号，完成了一次回波信号的合成，由于超声仪器一幅图像要进行多次合成，因此，电路会根据 CPU 的指令反复的工作下去。

例如：对 MT8816 输入的 RE0～RE23 共 24 路回波信号对折为 REA0～REA11 的 12 路输出信号，假设 RE0 和 RE23 合成后 REA0 输出，RE1 和 RE22 合成后 REA1 输出，以此类推，其相对应的 AY0～AY2、AX0～AX3 如表 3-5 所示。

（二）可变孔径电路

前文已述及，为了实现电子聚焦和动态电子聚焦，必须采用组合振元发射和接收，从而使远场分辨力得到提高。然而，由于采用多振元组合发射和接收，换能器的有效孔径增大，使声束在近场区也增大了，从而导致近场分辨力下降，这就产生了一个矛盾，即在提高远场分辨力的同时，如何保证近场分辨力不变差。可变孔径接收即是为解决这一矛盾而被广泛采用的一种技术。

可变孔径接收的基本原理是发射时，以一定数量的振元（孔径一定）组合发射，比如由 20 个或者 24 个振元组合；而在接收时，分远、中、近场，分段改变换能器的有效孔径，即近场以较少的振元投入工作（孔径较小），中场和远场分段增加投入工作的振元（孔径逐渐变大）。比如近场以处于发射组合振元中心的 10 个振元进行接收，中场则增加 8 个振元，共 18 个振元进行接收，远场再一侧增加

表 3-5　MT8816 的 24 路对折为 12 路控制信号

输入信号端	AX3	AX2	AX1	AX0	AY2	AY1	AY0	对折输出端
RE0	0	0	0	0	0	0	0	REA0
RE23	0	0	0	0	1	1	1	
RE1	0	0	0	1	0	0	1	REA1
RE22	0	0	0	1	1	1	0	
RE2	0	0	1	0	1	1	0	REA2
RE21	0	0	1	0	1	0	1	
RE3	0	0	1	1	0	1	1	REA3
RE20	0	0	1	1	1	0	0	
RE4	0	1	0	0	0	0	0	REA4
RE19	0	1	0	0	0	1	1	
RE5	0	1	0	1	1	0	1	REA5
RE18	0	1	0	1	0	1	0	
RE6	0	1	1	0	1	1	0	REA6
RE17	0	1	1	0	0	0	1	
RE7	0	1	1	1	1	1	1	REA7
RE16	0	1	1	1	0	0	0	
RE8	0	0	0	0	0	0	0	REA8
RE15	0	0	0	0	1	1	0	
RE9	0	0	0	1	0	0	1	REA9
RE14	0	0	0	1	1	1	0	
RE10	0	0	1	0	0	1	0	REA10
RE13	0	0	1	0	1	0	1	
RE11	0	0	1	1	0	1	1	REA11
RE12	0	0	1	1	1	0	0	

4 个振元共 24 个振元进行接收。这种在探测深度范围内,由浅至深分段增大换能器接收孔径的做法,保证了远、中和近场都有较好的横向分辨力。

现代 B 超通常都采用动态电子聚焦和可变孔径相结合的设计,比如发射采用四段动态电子聚焦,而接收采用三段可变孔径接收,将使仪器的接收灵敏度和分辨力有较大的改善。图 3-52 为可变孔径示意图。

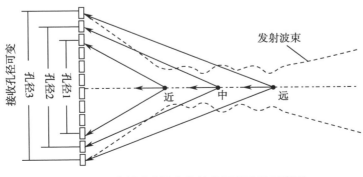

图 3-52　发射动态聚焦和接收可变孔径示意图

　　图3-53为现代B超可变孔径的典型电路之一。工作原理:经过多路合成后,回波信号由24路变成12路,因此可变孔径电路有12路信号,分12路进行,电路由两部分构成:一部分为固定孔径电路(图3-53A)有4路,另一部分为可变孔径电路(图3-53B)有8路,由可变孔径码CDAC0-7控制,如图3-54所示,当可变空孔径码为高电平时,使开关二极管导通,相应的回波信号被传输到射极输出器,将该回波信号送到相位合成电路。

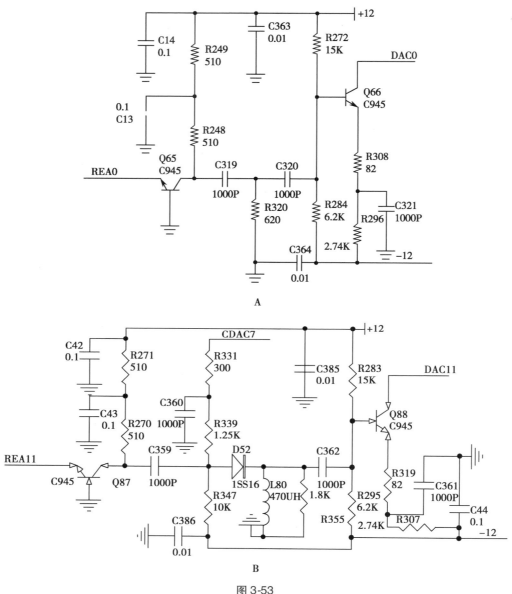

图3-53
A. 固定孔径电路;B. 可变孔径电路

　　孔径大小由孔径码决定。图3-55所示可变孔径的典型电路被用作一次以24振元组合发射的可变孔径接收。一次接收的24路回波信号先经接收多路转换电路对称合并为12路(REA0~REA11)之后,分别送往可变孔径电路输入端,靠近孔径中心的4路信号(REA0~REA3),未经任何控制,直接被送往后级;而邻近孔径边沿的REA4~REA11则需分别经过二极管开关再送往后级。

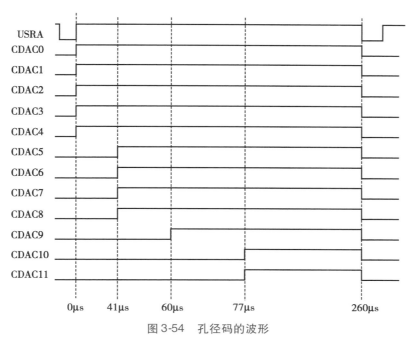

图 3-54 孔径码的波形

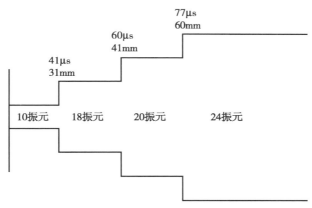

图 3-55 可变孔径示意图

一组控制脉冲 CDAC0～CDAC7 分别送往开关二极管正端,根据可变孔径的分段设计,可以计算出各脉冲的宽度。

例如,当设想将探测深度分为四段:近场 32mm,中场 46mm,远场 1 为 59mm,远场 2 为 59mm 以外,则可以计算出控制脉冲的脉宽分别为:

$$\left.\begin{array}{l} T_{近场}=\dfrac{2S}{C}=\dfrac{2\times3.2\text{cm}}{0.154\text{cm}/\mu s}\approx41\mu s \\[3mm] T_{中场}=\dfrac{2S}{C}=\dfrac{2\times4.6\text{cm}}{0.154\text{cm}/\mu s}\approx60\mu s \\[3mm] T_{远场1}=\dfrac{2S}{C}=\dfrac{2\times5.9\text{cm}}{0.154\text{cm}/\mu s}\approx77\mu s \\[3mm] T_{远场2}大于77\mu s \end{array}\right\} \qquad 式(3\text{-}11)$$

式中:

C—超声在人体组织中的平均传播速度;

S—变孔径距离。

8 个控制脉冲在接收的始点加入,因此,在 32mm 深度段以内,仅孔径中心的 REA0 ~ REA4 四路信号可被后级放大器接收,即仅仅处于孔径中央的 10 个阵元能进行有效的接收;在 32 ~ 46mm 段内,由于 CDAC1 ~ CDAC4 变为高电平,D46/D47/D49/D50 二极管开关接通,因此有 REA0 ~ REA8 九路信号被后级放大器接收,即处于孔径中央的 18 个振元能进行有效的接收,相比 32mm 段孔径扩大了 8 个阵元间距;在 46 ~ 59mm 段内,由于 CDAC5 变为高电平,D48 二极管开关通路接通,使 REA0 ~ REA19 等五路信号被后级放大器接收,即处于孔径中央的 20 个振元能进行有效的接收,孔径又进一步增大了;在 59mm 之外,由于 CDAC6、CDAC7 变为高电平,使 D51/D52 二极管开关导通,则 REA0 ~ REA11 全部 12 路信号都被后级放大器接收,即一次组合的 24 个振元都能进行有效的接收,接收孔径最大,如图 3-55 所示。

(三) 相位调整电路

1. 相位调整电路的作用　相位调整电路(整序延时聚焦信号合成电路)的作用是用于对可变孔径电路输出的 12 路信号进行相位调整,使之实现同相的相加,合成为单路信号输出。

B 型超声诊断仪采用多阵元组合发射和接收以提高图像分辨率,对于已选择确定的探头,在实施近场、中场、远场 1、远场 2 动态发射聚焦时,各阵元具体工作的延时时间分配,即各个阵元间存在相位差。由于采用多振元组合接收,被测介质中一点到达接收振元组中各振元的距离将不相等,从而造成各振元组合接收回波之间存在一定的相差(或称时差),又由于这种相差是以振元组中心向两边对称增大的,因此,可以先对所接收的 24 路回波进行一次对称合成,使之由 24 路变为 12 路,这一工作在接收多路转换开关中已经完成。由接收多路转换开关输出的 12 路回波 REA0 ~ REA11 之间还存在相位差,且其规律是以聚焦点的中心为基准(相差为零),相差以此增大的,即 REA11 的相差大于 REA10 的相差,REA10 的相差大于 REA9 的相差,以此类推。要使它们实现同相合成,遵循先到的等后来的原则,调整它们的相位,要使它们的相位同相,这就是相位调整电路的作用。

接收相位调整电路实质上是发射聚焦的解聚焦电路,它用于对各振元接收的回波信号进行相位调整,使之最终完成同相合成。上一节已经讲述,一次接收的各振元回波信号在多路转换开关中已经进行了一次合成,使对称延迟的多路回波(比如 24 路)已合成为原来的一半(12 路),则调相电路也仅需要 12 个通路,即 12 个通路需要设置延迟线,便可以将超声回波信号同相合成一路。由于超声回波采用分段可变孔径接收,当变孔径分段的距离与发射时动态电子聚焦的焦距分段距离相同时,则接收时各通路的延时量与发射时聚焦所需的延时量相同,如果接收变孔径分段不同于发射动态聚焦的焦距时,接收调相电路各延迟线的延时量则与发射时电子聚焦所需延时量不同。

2. 电路结构及原理　接收多路转换开关已将 24 路回波对称合成 12 路信号,但这 12 路还存在相差。要实现同向合成,根据先到达等后来的原则进行调整,主要芯片为 5 片 MT8816(D501 ~ D505)和两片延时芯片 DEL2001(D601、D602)。回波信号在合成时需要延时时间,系统根据设计的需要利用 DEL2001 芯片产生精确的延时时间送到延时端口。图 3-56 为 DEL2001 芯片内部电路结构。

图 3-57 为相位调整电路(整序延时聚焦信号合成电路),ICS、AX0 ~ AX3、AY0-AY2、ISTRB、IRST

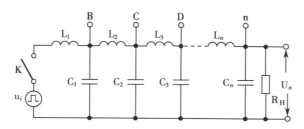

图 3-56 延时芯片内部电路结构示意图

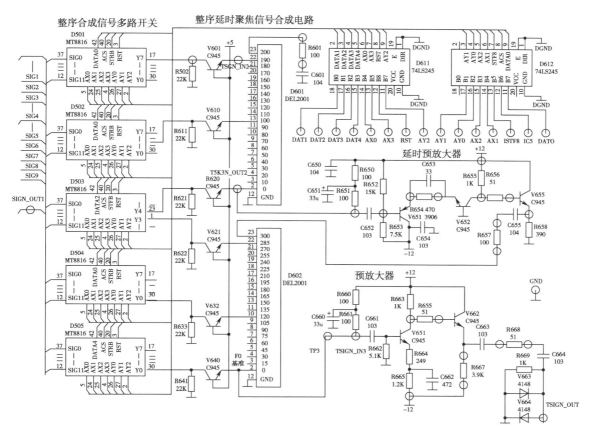

图 3-57 相位调整电路图

是接收动态聚焦模拟开关电路的控制信号,共有 5 片 MT8816 模拟开关,它们是五片共用的。DAT0、DAT1、DAT2、DAT3、DAT4 分别是五片 MT8816 中一片的控制数据线,根据接收焦点的变化,改变 DAT0～DAT4,从而改变模拟开关的状态,也就是改变了动态聚焦中接收信号接模拟延时线的延抽头,达到动态聚焦的目的。TP1 是第一块模拟延时线的输出,由于模拟延时线是无源的,对输入信号有衰减,所以再输入到第二片模拟延时线前需对其作放大,TP2 是这级放大器的输出,直接连到下面的模拟延时线。TP3 是两块模拟延时线的最后输出,也就是接收聚焦后的合成信号,至此接收聚焦过程结束。

3. 电路分析 按照 MT8816 的真值表与功能表,相位调整电路的工作原理为:

当 CPU 输出 ICS、DAT0～DAT2、IRST、ISTRB 控制信号及 AX0～AX3、AY0～AY2 的相对应地址数据,经过 74LS245 送到多路转换开关 MT8816。IRST 为高电平时,五个 MT8816(D501～D505)芯片

状态清零,IRST 变为低电平,此时 ICS 为高电平,D501 ~ D505 芯片开始工作。由于最多有 12 路回波信号需要合成为一路信号,12 路回波信号同时连接到 D501 ~ D505 的输入端。ISTRB 送出 12 个触发脉冲同时给 D501 ~ D505 用来选择 12 路回波信号,每个脉冲选择一路。ISTRB 第一个脉冲出现时,CPU 通过 AX0 ~ AX3、AY0 ~ AY2 发送地址给 D501 ~ D505 芯片,这是根据延时需要,对应芯片的 DAT 控制端口为高电平,回波信号被选择送入相对应的延时芯片 DEL2001 端口,以此类推,完成 12 路回波信号的选择,最后合成为一路信号。

假设 12 路回波信号的延时时间如表 3-6 所示。由于 REA0 为最中心回波信号(如图 3-57),延时时间最长为 490 纳秒,REA0 应该从 D501 的 Y7 端口输出,REA1 应该从 D501 的 Y3 端口输出,REA2 应该从 D502 的 Y6 端口输出,REA3 应该从 D502 的 Y1 端口输出,REA4 应该从 D503 的 Y4 端口输出,REA5 应该从 D503 的 Y3 端口输出,REA6 应该从 D504 的 Y4 端口输出,REA7 应该从 D504 的 Y2 端口输出,REA8 应该从 D504 的 Y0 端口输出,REA9 应该从 D505 的 Y6 端口输出,REA10 应该从 D505 的 Y4 端口输出,REA11 应该从 D505 的 Y0 端口输出。其对应的脉冲个数和 DATA 关系如表 3-7 所示。

表 3-6　12 路回波信号的延时时间

回波信号	REA12	REA11	REA10	REA9	REA8	REA7	REA6	REA5	REA4	REA3	REA2	REA1	REA0
延时时间(ns)	0	30	60	90	120	150	180	285	300	350	400	450	490

表 3-7　ISTRB 与 DATA 对应关系

ISTRB（个数）	DATA0	DATA1	DATA2	DATA3	DATA4	状　态
1	高	低	低	低	低	REA0（SIG0）从 D501 的 Y7 端口输出
2	高	低	低	低	低	REA1（SIG1）从 D501 的 Y3 端口输出
3	低	高	低	低	低	REA2（SIG2）从 D502 的 Y6 端口输出
4	低	高	低	低	低	REA3（SIG3）从 D502 的 Y1 端口输出
5	低	低	高	低	低	REA4（SIG4）从 D503 的 Y4 端口输出
6	低	低	高	低	低	REA5（SIG5）从 D503 的 Y3 端口输出
7	低	低	低	高	低	REA6（SIG6）从 D504 的 Y4 端口输出
8	低	低	低	高	低	REA7（SIG7）从 D504 的 Y2 端口输出
9	低	低	低	高	低	REA8（SIG8）从 D504 的 Y0 端口输出
10	低	低	低	低	高	REA9（SIG9）从 D505 的 Y6 端口输出

续表

ISTRB （个数）	DATA0	DATA1	DATA2	DATA3	DATA4	状　态
11	低	低	低	低	高	REA10（SIG10）从 D505 的 Y4 端口输出
12	低	低	低	低	高	REA11（SIG11）从 D505 的 Y0 端口输出

技能赛点 ⋁

1. 熟练掌握高压脉冲产生的原理。
2. 熟练掌握二极管开关电路的工作过程。
3. 准确判断可变孔径电路某一路信号故障后的现象。
4. 正确分析对数压缩电路的工作原理。

点滴积累 ⋁

1. 前置放大器的基本要求　与探头馈线有良好的匹配，动态范围大，功率增益大，噪声系数小。
2. 接收对称合成多路开关的任务就是将前置放大器 24 路输出对折合成为 12 路。
3. 可变孔径电路在提高远场分辨力的同时，保证近场分辨力不变差。
4. 相位调整电路（整序延时聚焦信号合成电路）的作用是用于对可变孔径电路输出的 12 路信号进行相位调整，使之实现相的相加，合成为单路信号输出。

第五节　超声回波信号显示前处理

经过相位调整电路合成的单路信号很弱且具有较大的动态范围，需要通过对数放大电路为其提供一定的放大倍数和给予适当的对数压缩，使信号能适应终端显示的动态范围。同时，接收灵敏度控制电压在此对回波实施深度增益补偿（TGC）和动态滤波，然后该信号被检波成视频输出，送往数字扫描变换器（DSC）。

一、动态滤波电路

超声显像中的一个基本问题是人体软组织对超声的衰减与频率大致成线性关系，例如，人的肝脏对超声的衰减大约为 $0.5dB/（MHz·cm）$。这样，2.5MHz 超声脉冲在肝脏组织中来回传播过 20cm 时将衰减 25dB，而 5MHz 超声将衰减 50dB。基于这个道理，通常对深部组织的显像使用较低频率的换能器，而对浅部的显像使用较高频率的换能器，以便获得优质的图像。

动态滤波电路用于自动选择回声信号中有诊断价值的频率成分，并滤除近体表以低频率为主的强回声和远场以高频为主的干扰，从而提高了近场分辨力和远场信噪比，使回声图像得到了改善。

（一）多层匹配超声探头

医用超声探头中的压电换能器都是在脉冲状态下工作的。每次发射超声时，施加于压电换能器上的激励脉冲波是由许多个不同频率的连续波所组成的,在数学上,可以表示为常数项和无限多个 n 倍基频的正弦波和余弦波(又称谐波)之和。若激励脉冲用时间的非正弦周期函数 $f(t)$ 表示。则 $f(t)$ 可分解为傅立叶级数:

$$f(t)=U_0+U_{1m}\sin(\omega t+\phi)+U_{2m}\sin(2\omega t+\phi_2)+\cdots\cdots+U_{nm}\sin(n\omega t+\phi_n)+\cdots\cdots+=U_0+u_1+u_2+\cdots\cdots+u_n+\cdots\cdots$$

$$式(3\text{-}12)$$

其中:

$$U_0=\frac{a_0}{2};$$

$$U_1=U_{1m}\sin(\omega t+\phi_1);$$

$$U_2=U_{2m}\sin(2\omega t+\phi_2);$$

$$\cdots\cdots\cdots\cdots\cdots\cdots$$

$$U_n=U_{nm}\sin(n\omega t+\phi_n);$$

$$\cdots\cdots\cdots\cdots\cdots\cdots$$

也就是说,施加于压电换能器上的非正弦周期变化的电压,并非单一频率电压,而是一个由直流电压(U_0)与多次谐波合成的,占有一定频谱宽度的电压。因而要求探头中的压电换能器也具有相应的频响特性,才能保证具有较高的分辨力。对于同一材料结构的压电换能器系统,由于垫衬介质和负载介质与换能器特性阻抗匹配的情况不同,将有不同的电压传输函数,如图3-58所示。

图中,曲线a为采用钨粉树脂混合物垫衬,换能器未能与垫衬、负载匹配时的电压传输函数;曲线b为采用同样垫衬材料,且其垫衬、负载均与换能器匹配良好时的电压传输函数;曲线c为采用同样垫衬材料,垫衬与换能器匹配但负载不匹配时的电压传输函数。由此可见,探头中多层介质的匹配情况对系统的频响影响很大,未与垫衬、负载匹配的换能器系

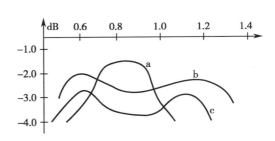

图3-58　换能器系统的电压传输函数

统虽然有较高的灵敏度,但频响带宽却最窄,如曲线a所示。而垫衬匹配但负载不匹配时,虽然带宽得到展宽,但系统灵敏度大大降低,且曲线起伏较大,如曲线c所示。只有当换能器与垫衬、负载都匹配良好时,系统带宽和灵敏度才能得到兼顾。

然而,实际上换能器与人体阻抗差别甚大,若人体直接作为换能器的负载介质,显然不能匹配,因而不能获得图3-58中曲线b所示的传输函数。为了实现换能器与人体的良好匹配,以往的措施是在换能器与人体接触面上设计一匹配层,当取匹配层厚度 δ 为 $\lambda/4$ 奇数倍,且其声阻抗也满足时,换能器与负载匹配。进一步研究表明,在换能器和负载之间采用适当厚度和特性阻抗的多层匹配层,可以在灵敏度下降不多的情况下,使系统带宽得到进一步的展宽,这一方法与增加阻尼以求展宽频带有本质的不同,因而具有更佳的效果。

多层匹配超声探头频响特性的这一改善,使之在电脉冲激励下发射超声的频谱更为丰富。试验证明,当频率为3.5MHz的双层匹配超声探头接受电激励后,所发射的超声波的频带宽度可达7MHz

（2～9MHz），远高于一般探头约2MHz带宽的水平，也就是说，由于多层匹配的效果，使原为窄频发射的超声探头变为宽频带发射，从而使轴向分辨力得到大大改善。多层匹配层的设计，还可以使换能器与负载之间获得更佳的匹配，因而使探头的发射频率和接收灵敏度在一定程度上得到提高。

（二）动态滤波的意义

不论是单层匹配超声探头还是多层匹配超声探头，其发射超声的频谱既非单一，接收频率也有一定的范围（即带宽）。另一方面，大量的研究和试验表明，组织的衰减不仅与被探测介质的深度有关，还与超声波的频率有关，随着频率升高，介质对超声能量的衰减系数增大。因此，当所发射的超声波具有较宽的频带时，则所接收的回波中频率成分必然与距离有关。在近场，回波频率成分主要集中在频带的高端，随着深度的增加，回波频率成分逐渐向频带的低端偏移，这是因为随着深度的增加，高频成分的衰减比低频成分的衰减要大。当探测深度较大时，高频成分甚至不能到达介质的深部便已经全部被吸收了。以3.5MHz宽频探头为例，所接收的回波频率成分在全探测深度的分布范围如图3-59所示。图中，Ⅱ区为最具有诊断价值的回波频率成分所占的范围，Ⅲ区为人体介质吸收衰减所占的频率范围，Ⅰ区为近场低频回声区，过强的低频分量占有，不仅对近场的回声灰度显示没有多大的必要，还将严重影响近场的分辨力，因此要考虑滤除。

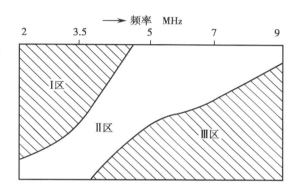

图3-59　超声探测回声频域分布示意图

为了获得全探测深度内最佳分辨力的回声图像，希望所接收回声仅选择在体表部分具有良好分辨力的高频分量，以及容易到达体内深部的低频分量，动态滤波器就是用来自动选择以上具有诊断价值的频率分量，并滤除体表低频为主的强回声信号和深部以高频为主的干扰的一个频率选择器。由于动态滤波器的设置，可以容易地获得体表部分血管系统和深部脏器良好分辨力的优质图像。

（三）DF电路和DF电压发生器

DF是英文dynamic filter（动态滤波）的缩写。顾名思义，DF电路就是一个选频网络，它与一般选频网络的不同之处在于其滤波频率不是固定的，而是随着接收的深度的增加而升高的。

为了实现滤波频率随着探测深度的变化，通常仍需要采用变容二极管作为槽路频率控制元件，并通过改变施加于其两端控制电压的数值来改变其等效容量，使槽路频率随之改变。图3-60示出了变容二极管的电容特性及其在动态滤波电路应用中的控频效果。

由图3-60（A）可见，变容二极管DC需反向应用，当施加于其上的反向电压E在3～30V变化时，变容二极管结电容的变化量约为16.5pF。图3-60（B）是变容二极管构成的一个动态滤波电路，显然，当施加于变容二极管上的DF电压为一负向斜变电压时，动态滤波电路有如右图所示的输出特性，即在探测深度范围的浅表段，由于DF电压比较高，变容二极管所呈现的结电容小，则槽路谐振频率 f_0 高，因而具有高通特性，随着DF电压的下降，变容二极管所呈现的结电容逐渐减少，槽路特性逐渐由高通转为低通。控制DF电压的变化并使之符合所要求的函数规律，即可实现所要求的

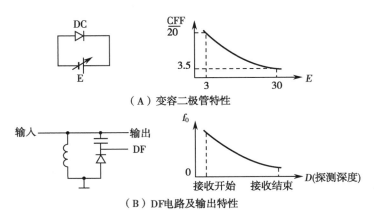

（A）变容二极管特性

（B）DF电路及输出特性

图3-60　变容二极管特性及其DF在电路中的应用

回路选频和滤波特性。

应用DF电路实现选频放大的一个实用电路如图3-62所示。为了增大频率控制范围,图中DF电路均采用两个变容二极管并联使用,两个DF电路由同一个DF电压控制,它们分别接于增益控制电路的输入和输出端。

DF电压的取值范围和变化规律应根据所选用变容二极管的变容特性和被探测介质对超声衰减的频率特性来设计。与TCG电压的获取方法一样,DF电压既可用运算放大器构成的积分型函数发生器产生,也可以考虑用数字式函数发生器来获得。当然,在B超技术中,由于通常必须考虑使用探头频率的变更、连续观察视野的移动以及电子放大(放大倍率不同,则相同显示尺寸所代表的实际深度不同)等因素,DF电压也不是一个固定函数,因此在采用微机技术的现代B超中,用数字式函数发生器获取DF函数电压还是方便得多。

B超中的一个较为典型的数字式DF电压发生器如图3-61所示。

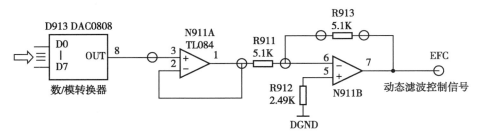

图3-61　DF电压发生器典型电路

该电路采用数据列表和D/A变换方式产生动态滤波控制(DF或EFC)电压。首先,电路由数-模转换器D913(D/A)和运算放大器N911两部分组成。根据超声在人体介质中衰减的一般规律,并考虑不同频率的探头和是否采用电子放大等因素,设计数种不同变化规律的数字表格写入存储器中,每一种表格单独读出并经D/A变换后,都可以得到一个近似的锯齿波电压。数模变换器接收CPU提供的从存储器中取出的一组动态滤波控制码。由于实施动态滤波主要考虑超声衰减的频率特性,而受其他因素的影响较小,所以,用产生EFC电压的这样一组数据(或称之为程序)可以是固定的,因而使电路设计变得简单。由图可见,CPU送出的EFC编码送入D/A变换D913,再经两级运算放大器 N911 放大后即输出,这就是我们所需要的 DF 函数电压。

(四) 动态滤波电路的工作原理

为了获得全探测深度最佳分辨力的回声图像,希望所接收的回声仅选择在体表部分(近场)具有良好分辨力的高频分量,以及容易达到体内深部(中、远场)的低频分量。动态滤波电路就是用来自动选择以上具有诊断价值的频率分量,并滤除体表部分以低频为主的强回声和深部以高频为主的干扰的这样一个动态选频器。

动态滤波电路设置在增益控制电路的输入,由图 3-62 电路看出,动态滤波电路是由电容 C680 和变容二极管 V684 和 V685 以及 L680 组成一个选频槽路;C684、L683、V686、V687 组成另一个选频槽路。EFC 电压加在四个变容二极管的负端。近场 EFC 电压高,变容二极管结电容小,槽路谐振频率高(谐振阻抗大),槽路高频传输特性好,而对低频呈现较小的阻抗,使近场低频分量得到很大的衰减(即滤除了近场过强的低频成分),当 EFC 电压随探测深度的增加而逐渐下降时,变容二极管的结电容随之逐渐增大,槽路的谐振频率也就随之逐渐降低,因此远场的低频传输特性好,对高频呈现的阻抗小,使远场的高频分量得到衰减,从而实现了动态滤波,这就是动态滤波电路实现动态滤波的基本原理。

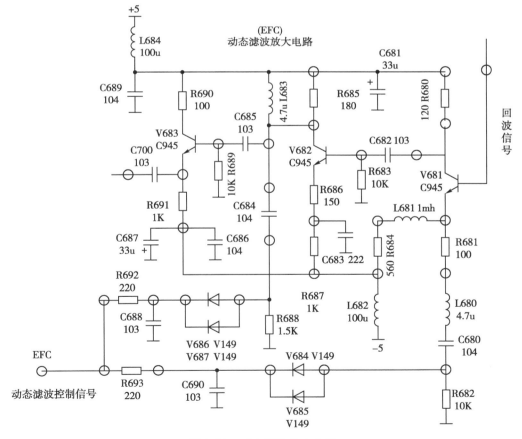

图 3-62　动态滤波放大电路

二、时间增益补偿（TGC）电路

该电路在时间增益补偿电压 TGC 脉冲的控制下,实现对接收回波信号的深度增益补偿。

（一）实现深度增益补偿的意义

由于介质对超声波的散射与吸收作用,由探头发射的超声能量在介质中传播时,将受这种作用的影响而造成损耗,使超声能量随着深度的增加而逐渐减弱。对于人体软组织,当超声波频率为 3MHz 时,这种作用造成的衰减可达 3dB/cm。因此,对于不同深度的相同声阻抗差界面,反射回波的幅度将不同,距离近的,反射回波幅度强,而距离远的,反射回波幅度弱。如果不对远距离的回波给予一定的增益补偿,不同深度的相同声阻抗差界面在显示器上将有不同辉度的显示,因而可能导致对回声图像的错误认识。

时间增益补偿就是通过某种方式,控制接收机的增益,使其随探测距离的加大而加大,结果使介质中不同深度的相同声阻抗差界面回波在显示器上有相同辉度的显示。因为不同深度的界面回波,表现在超声回波传递过程中是时间的先后,因此,深度增益 DGC（depth gain compensation）也可称作时间增益补偿 TGC（time gain compensation）,或称作灵敏度时间控制 STC（sensitivity time compensation）等。

原始的 TGC 法把回声看作具有固定的衰减系数 a,以 $R(x)$ 标记 x 点的反射系数,则回波信号电压 $V(t)$ 可写作

$$V(t)=R(x)\mathrm{e}^{-2ax}KI \tag{式（3-13）}$$

式中:

K—放大器增益;

I—入射超声波幅度;

x—声波入射超声波,$x=ct$,即 x 等于声速乘以时间。

为了使 $V(t)$ 直接反映反射系数 $R(x)$ 随深度的变化,可使增益随时间指数增长,即令

$$K=K_0\mathrm{e}^{act} \tag{式（3-14）}$$

调节 α,当 $\alpha=2a$ 时,即可实现时间增益补偿。

然而,超声在人体介质中的衰减并非为一常数,它还受某些因素的影响而变化,主要的有以下几点:①接受近程/远程增益调节的控制。这是因为一般 B 超仪都在面板设有近程增益调节（NEAR）和远程增益调节（FAR）,当操作者改变这些调节钮的位置时,意欲压缩或提升某一深度段的增益,反映在图 3-63 中当然是 TGC 曲线的变化;②受超声工作频率的影响。这是因为在诊断应用的整个频率范围中,人体介质对超声的衰减,不仅与介质密度、探测深度有关,还与超声工作频率有关,相同的介质密度和深度,对高频超声能量的衰减远大于低频。例如,当超声工作频率为 1MHz 时,人体软组织（内脏组织和肌肉）对超声的衰减约为 1dB/cm,则超声在人体中往返 1cm 的衰减为 2dB,仪器探测深度为 20cm,往返全程则衰减为 40dB;当工作频率改为 3.5MHz 时,往返

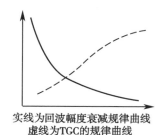

实线为回波幅度衰减规律曲线
虚线为TGC的规律曲线

图 3-63　衰减与 TGC 曲线

1cm衰减增为7dB,全程20cm则衰减为140dB;当工作频率变为5MHz时,这种衰减就更加厉害,往返1cm的衰减变为10dB,全程20cm,总衰减将达200dB。可见,这种影响是不容忽略的,因此,在设计中必须考虑对不同工作频率时TGC的适量修正。除了以上几方面的因素之外,还有其他一些条件可造成衰减规律的变化,但以上几点是主要的。

（二）TGC电压产生电路

实现时间增益控制的方法,通常是需要先产生一个TGC函数电压,然后用其控制接收电路的增益发生变化。补偿范围通常可按平均衰减1dB/（cm·MHz）来设计。但由于以上提到的各种因素,TGC函数并不是一个固定函数,因此,采用阻容器件构成的普通函数发生器,要实现这种变化的需要将有较大的难度,通常可以考虑采用数字合成式函数发生器来产生TGC电压。一个典型的电路结构如图3-64所示。

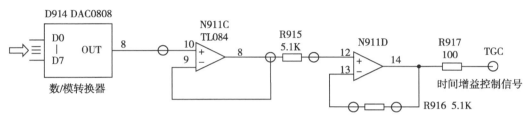

图3-64　TGC电压产生的典型电路

该电路采用数据列表和D/A变换方式产生TGC电压。首先,根据超声在人体介质中衰减的一般规律,并考虑不同频率的探头和是否采用电子放大等因素,设计数种不同变化规律的数字表格写入只读存储器ROM中,每一种表格单独读出并经D/A变换后,都可以得到一个近似的锯齿波电压,但各个表格所形成的锯齿波电压波形（指斜率和线性）又各不相同,通过对ROM地址的不同给入,便可选中其中所需要的表格数据读出,以保证最终获得如图3-65中所示的近似波形。

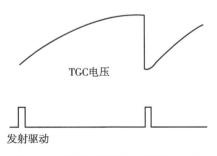

图3-65　TGC电压波形和驱动时间的关系

由ROM读出的仅仅是考虑了工作频率、电子放大和探测深度的TGC数据,事实上,操作者往往还愿意根据自己的视觉习惯对近场和远场增益做一些修正,这就必须通过对设在面板上的近程增益（NEAR）或近程增益（FAR）按键对TGC曲线进行附加控制。经过修正的数据经D/A变换、放大后,在输出端得到的便是我们所需要的TGC电压,其波形以及与发射脉冲的相对时间关系如图3-65所示,其电压变化范围为0～2V。

（三）时间增益控制电路

增益控制电路是对相位调整电路输出的已经合成为一路的回波信号进行放大,并在TGC电压的控制下实现对回波的时间（深度）增益补偿。

从放大器电路的增益控制原理得知,TGC电压的控制通常可采用两种作用方式,其一是将TGC电压作用到超声回波的射频放大器的偏置电路,如图3-66所示,TGC电压直接加入放大器的基极,使放大晶体管的偏置发生变化,由于放大晶体管的 β 值与基极电流 I_b 在一定范围成正比,从而使放大器的增益得到控制。

其二是将 TGC 电压作用到超声回波的射频放大器的反馈回路,如图 3-67 所示,它是在射频放大器反馈回路用一只可控制的三极晶体管作为反馈电路反馈元件,从而 TGC 电压控制反馈回路晶体管的偏置,使射频放大器的负反馈量改变,导致放大器的增益随探测深度的增加而增大。

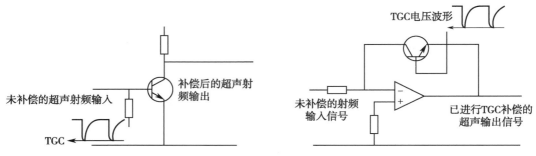

图 3-66　TGC 电压加入到三极管偏置电路　　　图 3-67　TGC 信号送入放大器的反馈回路

在超声诊断设备中,接收放大器工作在输入电压大幅摆动的状态下,在回波接收通道中实现 TGC 控制的手段有多种,目前传统仪器采用双栅场效应管放大器等压控增益放大器方案实现。

场效应管有三种类型:

1. 金属半导体场效应管(MESFET)。在它的栅极上,金属同半导体直接接触,出现肖特势垒,形成耗尽层。

2. 结型场效应管(JFET)。在它的栅极上,制成 PN 结,也形成耗尽层。

3. 金属氧化物半导体场效应管(MOSFET)或绝缘栅场效应管(IGFET)。在它的栅极上,金属和半导体材料之间有氧化层,形成电容,其下有感生沟道或扩散沟道,前者为增强型(栅偏压为正),后者为耗尽型(栅偏压为负)。

目前场效应管只使用 MESFET 和 MOSFET 两种。双栅场效应管的 G_1 比 G_2 对电流 Ids 的控制作用大,即控制灵敏度高,这是因为 G_2 要比 G_1 多一个源极反馈结构,因此,通常将被放大的信号送入 G_1,而把增益控制电压(如 TGC 信号)送入 G_2,如图 3-68 给出了一个双栅型场效应管放大器的电路,这是共源接法的放大电路,被放大的回波信号经 CC_1 加到 G_1,而 TGC 信号通过 RG_2 加到 G_2,放大了的漏极上的信号经耦合电容 CC_2 加到负载 RL 上,这样的一级放大器的增益值与 G_2 上所加电压值有关,通常可有 30dB 以上的增益控制范围。

一个典型实用的 TGC 增益控制电路如图 3-69 所示,该电路由五级放大器组成,M1、M2 为双栅场效应管,TGC 施加于 M1/M2 的 G2 端,回波信号施加于 M1/M2 的 G1 端,与普通场效应管放大器的不同之处是,该电路设计了两级具有正向增益特性的双栅极场效应管放大电路(M1 和 M2)。由于双栅极场效应管的两个栅极对漏极具有相同的控制特性,因而 TGC 电压与射频回波信号可以分别施加于不同的栅极上。如图 3-69 所示,由调相电路输出的合成回波信号加到场效应管 M1 管的 G1 端,经 M1 放大后由其漏极输出加至 M2 管的 G1 端,M1 和 M2 两级放大器的增益受加于第二栅极 G2 的 TGC 电压的控制,因此,电路增益仅受 TGC 电压控制,从而该电路可以实现对回波信号的深

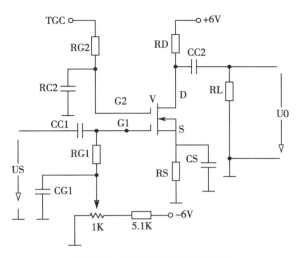

图 3-68　双栅场效应管放大器

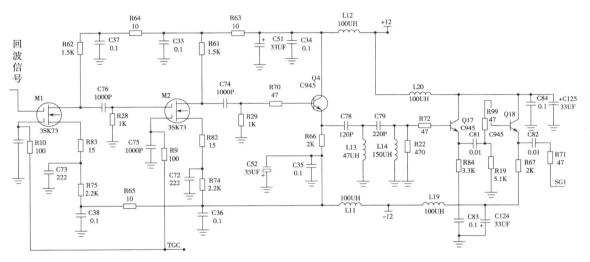

图 3-69　TGC 增益控制电路

度增益补偿。实测 TCG 电压为 0～2V 时,该电路的增益控制范围为−10～+20dB。

　　M1、M2 为双栅场效应管,TGC 施加于 M1/M2 的 G2 端,回波信号施加于 M1/M2 的 G1 端,由于双栅极场效应管的两个栅极对漏极电流具有相同的控制特性,当 TGC 电压由低逐渐变高时,工作点 Q 将一直上移,根据接收超声回波信号的特点对不同深度的回波信号进行不同程度的放大。TGC 电压是结合了超声衰减规律、探头工作频率、电子放大和操作者意愿(总增益 G、近程增益 N、远程增益 F)等因素而产生的高精度 TGC 电压波形,该波形电压经三级运算放大器放大后输出,送往增益控制电路。

三、对数放大与检波电路

　　实现超声回波图像的灰阶显示可以使所显示的图像层次更为丰富,而对射频回声信号实施对数压缩则是实现灰阶显示的基础,它是模拟图像处理的一项重要内容。对数放大器是用于对信号实施对数压缩的一种非线性放大器,它在医用 B 超诊断设备中得到了普遍应用。

（一）超声回波的动态范围与灰阶显示

超声回波幅度的动态范围很大，通常可达 100～110dB。在这一动态范围中，由组织界面差异引起的回波幅度的动态范围约为 20dB（骨骼与软组织之间界面例外），由于声束方向特性即声束与界面成不同角度产生所谓"对准效应"所引起的约为 30dB，再就是由于人体组织对超声波的衰减所引起的回波幅度变化，它随超声波的频率以及其在人体中传播的距离不同而变化，约为 1dB/（cm·MHz）。而作为终端设备的调辉型显像管的视觉可分辨亮度变化范围仅有 20dB 左右，它与探头所接收的回波信号动态范围差别很大，如果简单地将所接收到的回波信号经放大后加入显像管进行显示，不仅不能获得对应幅度的不同辉度显示，还将在强信号时出现"孔阑"效应，以致强信号图像一片模糊，弱信号星星点点，使有诊断价值的信息丢失。为此，需通过对数压缩来均衡这种差异，任何经过这样一种幅度压缩技术处理过的回波图就称为灰阶显示回波图。具有灰阶显示的回波图像虽然其动态范围远小于原图像信息的动态范围，但仍基本保留了原图像信息的差异，因而最终得到的超声回波图像中就包含了各种幅度的信息，使得图像层次分明，表现力大为提高。

对回波信息的对数压缩是通过对数放大器来实现的。对数压缩级通常设计在时间增益补偿（TGC）之后，当然也可以设在之前，前者的好处是由于时间增益补偿的效果，使大约 100dB 动态范围的射频信号被压缩了 40～60dB，因而对数放大器的动态范围就可以仅取 40～60dB 设计，其压缩比（输出动态范围与输入动态范围之比）要求可以降低，对数放大器的电路可以简化。如果对数放大器设计在 TGC 后，则要求其输入动态范围大，对压缩比的要求也相对高，电路亦相对比较复杂。对数放大器性能的优劣直接影响到超声回波灰阶显示的效果，它也是信号通道中的重要环节之一。

（二）对数放大器的基本原理

基本对数放大器由运算放大器和提供对数特性的反馈元件两部分组成。由于二极管中电流 I_D 与端电压 V_D 之间满足对数关系，即有：

$$I_D = I_s \left(e^{qV_D/KT} - 1 \right) \qquad \text{式（3-15）}$$

式中：

I_s——二极管反向饱和电流；

Q——电子电荷；

K——玻尔兹曼常数；

T——绝对温度。

在室温（20°C）下，$\dfrac{KT}{q} \approx 26\text{mV}$。因此，当二极管的端电压 V_D 较大（比如为 60mV）时，则有 $e^{qV_D/KT} \geqslant 1$，上式可化简为：

$$I_D \approx I_s e^{qV_D/KT} \qquad \text{式（3-16）}$$

或

$$V_D = \frac{KT}{q} \ln \frac{I_D}{I_s} \qquad \text{式（3-17）}$$

因此，晶体二极管或三极管可作为提供对数特性的反馈元件，并与运放 A 一起构成基本对数放大器。如图 3-70 所示。

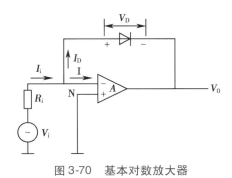

图 3-70 基本对数放大器

若视 A 为理想运算放大器,则 N 点为虚地,且流过电阻 R_i 及二极管 D 的电流相等,即 $I_i = \dfrac{V_i}{R_i} = I_D$,得到

$$V_0 = -V_D$$

$$= -\frac{KT}{q}\ln\frac{I_D}{I_S}$$

$$= -\frac{KT}{q}\ln\frac{V_i}{I_S R_i} \qquad\qquad 式(3-18)$$

由此可见,图 3-70 电路输出电压 V_0 与输入电压 V_i 成对数关系。

实际上二极管的伏安曲线的对数伏安特性并不理想,因此常用基-集短接的三极管来代替图 3-70 中的二极管 D,其对数范围要比用二极管宽得多,尤其是在大电流下尤为明显。即便如此,基本对数放大器仍有不少需改进之处,这是因为其温度稳定性、频率稳定性以及动态范围仍不甚理想。

另外,图 3-70 电路不仅适用于单极性输入,对于工作频率为几十兆赫兹的甚高频超声回波来说,要求具有双极性的对数放大器,为此,图 3-70 中运算放大器的同向端必须预置一定电位,一个具有 60dB 动态范围的双极性对数放大器如图 3-71 所示。

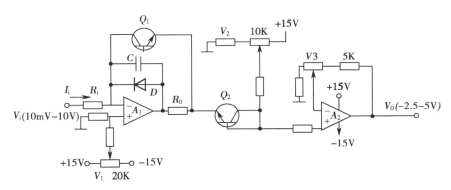

图 3-71 双极性对数放大器

由图 3-71 可见,该电路是基本对数放大器的改进,它利用晶体管 Q_1、Q_2 接成二极管使用电流的对数特性,与运放 A_1、A_2 构成对数放大器。该电路的对数特性和稳定度主要取决于 Q_1、Q_2 的特性,为了保证电路闭环稳定性,在 A_1 电路中加入了电容 C 和电阻 R_0,二极管 D 用于实现反极性电位箝位,以保护对数晶体管 Q_1 免受负极性输入的损害。该电路的输出电压 V_0 可由下式确定:

$$V_0 = -2.5\left(\lg\frac{V_i}{R_i}+2\right) \qquad\qquad 式(3-19)$$

(三) 集成对数放大器 TL441CN

由基本对数放大器构成的宽动态范围对数放大器电路复杂,调整亦很烦琐。因此,现代 B 超通常采用集成对数放大器来完成对回波信号动态范围的压缩,集成对数放大器 TL441CN 是应用最普遍的一种,它在许多公司所产的 B 超仪器中都有应用。

TL441CN 集成对数放大器是得克萨斯仪器公司的产品,图 3-72(A)是其内部电路的一半,在一片 TL44CN 中,包含有两个相同的对数放大器,它们的输入分别用 A 和 B、输出分别用 Y 和 Z 表示,

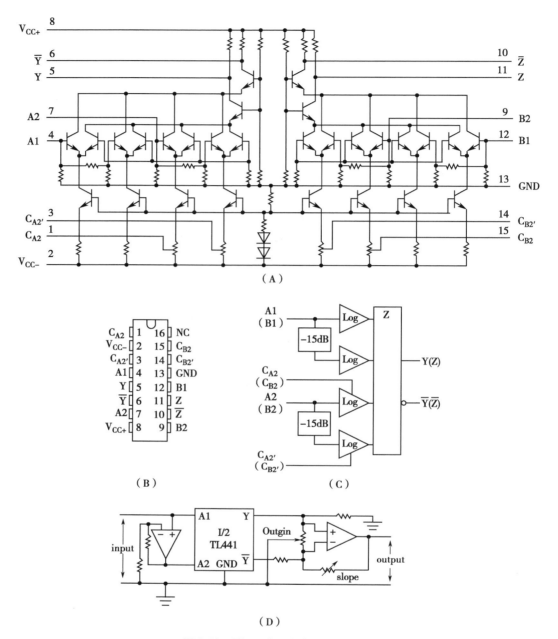

图 3-72 TL441CN 集成对数放大器

如图 3-72（B）所示是管脚图，图 3-72（C）是其中一半电路的方框图，图 3-72（D）是其中一半的应用电路图。

由图可见，该电路由四级差分放大器组成，它是根据相加型对数放大器的设计理论，采用具有对数特性的四个单极放大器所构成的一种对数放大器。我们知道，单极差分放大器具有有限小的信号线性动态范围（在常温下约等于+26mV）当输入电压（$V_{b1}-V_{b2}$）超过一定值（约100mV）后，电路表现出较好的限幅特性（即集电极电流基本不再变化），因此，设想用 n 级相同的单极差分放大器去覆盖规定的输入动态范围，并使各级输出电压在一个公共的相加器中相加，如图 3-73（A）、（B）所示。在图（B）的 0～1 折线段，由于信号 V_i 很小，各级均不发生限幅，因而 V_o 将以最快的速度随 V_i 增长，

并且

$$V_0 = \sum_{i=1}^{n} KV_i \qquad\qquad 式（3-20）$$

式中 K 为单极差分放大器限幅之前的放大倍数。

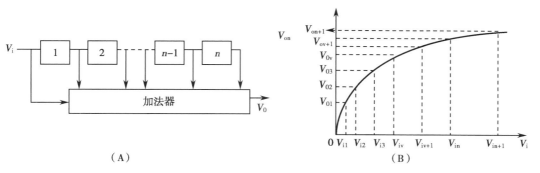

图 3-73　电压相加型对数放大器的原理及其振幅特性

当输入电压增长到 V_{i1} 时，假定末级（第 n 级）开始限幅，则 V_0 的速度将比上一种情况要缓慢一些，这种情况一直维持到 $V_i = V_{i2}$、$V_0 = V_{02}$ 为止，如图（B）中 1～2 折线段，在此折线段中只有一级（末级）限幅。

当 $V_i = V_{i2}$ 时，末前级（第 n-1 级）开始限幅，则 V_0 的增长速度又要比 1～2 折线段的低一些，这种情况将持续到 $V_i = V_{i3}$、$V_0 = V_{03}$ 为止，如图中的 2～3 折线段，在此折线段中有两级（末前级和末级）限幅。

依此不难看出，当 $V_i = V_{iv}$ 时，第（$n-v+1$）级开始限幅，这时放大器中出现 v 级限幅的情况，并且一直持续到 $V_i = V_{iv}+1$、$V_0 = V_{iv}+1$ 为止，这就构成了图（B）的（$v-v+1$）折线段，在这条折线段内，V_0、V_i 的关系是：

$$V_0 = vV_L + \sum_{i=0}^{N-V} K_i V_i \qquad\qquad 式（3-21）$$

式中：

$v = 0$、1、2、3……n；

V_i 为单极限幅电平。

显然，式 3-20 便是图 3-73（A）所示放大器输出电压的一般表示式。

在实际放大器中，由于晶体管的 V_{be} 与 I_e 在相当宽的范围内有着良好的对数特性 [$I_e = I_{es}(e^{qV_{be}/kT} - 1)$]，严格地说线性区并不存在，因此，图 3-73（B）中的折线段并不为直线，而是符合一定对数规律的曲线段，所获得的限幅特性与理想对数特性曲线（图 B 中的点划线）之间的误差很小。

TL441CN 中单极差分放大器的动态范围约为 15dB，为了增大输入动态范围，采用两级一组的组合形式，即输入信号自 Ai 直接加入第一级（由 T1、T2 组成）的基级，并经衰减网络 R1～R3（衰减 15dB）加入第二级（由 T3、T4 组成）的基级，两级的输出电压由加法器（T9、T10）相加，因此可获得 30dB 的动态范围。A2 为另一组相同电路的信号输入端，为了使振幅特性更接近于理想对数特性，可通过 CA1、CA2 端子实施补偿，从而改变由 T5、T6 和 T7、T8 组成的对数两级增益，即改变振幅特性中某折线段的斜率。在一片 TL441CN 中，包含两个对数放大器的电路，因此一共有四组具有 30dB

动态范围的对数放大器,通过对它的灵活运用,可以构成具有不同动态范围的对数放大器。

(四) TL44CN 在 B 超中的应用

根据不同的输入动态范围要求,对 TL441CN 可以有不同的运用方式。当要求覆盖的动态范围较小(比如小于 50dB)时,可以仅使用 TL441CN 的一半电路来构成对数放大器。当要求覆盖的动态范围较宽(比如大于 80dB)时,则可以使用一片 TL441CN 中的全部电路来构成一宽动态范围的对数放大器,如图 3-74 所示。

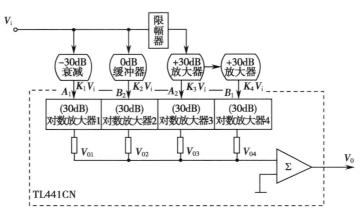

图 3-74　用 TL441CN 组成的宽动态范围对数放大器

为了求得图 3-74 电路的动态范围,我们可以设进入 TL441 的四路信号分别为 K_1V_i、K_2V_i、K_3V_i 和 K_4V_i,且 $K_1 \sim K_4$ 如图中所标,分别为 $-30\left(合\dfrac{1}{32}倍\right)$、$0$、$30(32 倍)$、$60dB$(第四路信号经两级 30dB 线性放大,故 $K_4 = 60dB$、合 1024 倍),如果四路输入信号电平均处于 TL441 四路对数放大器的线性区,则在分析电路动态范围时,可以先不考虑四路对数放大器对输入信号所提供的增益,而将它们的输出 $V_{01} \sim V_{04}$ 分别写作:

$$V_{01} = 20\lg K_1 V_i$$

$$V_{02} = 20\lg K_2 V_i$$

$$V_{03} = 20\lg K_3 V_i$$

$$V_{04} = 20\lg K_4 V_i$$

用加法器对它们做求和运算,则 TL441 的输出电压 V_0 可表示为:

$$V_0 = V_{01} + V_{02} + V_{03} + V_{04}$$

$$= 20\lg(K_1 \cdot K_2 \cdot K_3 \cdot K_4 V_i^{\ 4})$$

$$= 20\lg 32^2 \cdot V_i^{\ 4}$$

$$= 40\lg 32 + 80\lg V_i$$

在以上结果中,前一项为常数项,代表直流电平,可以用电容隔去,后一项代表图 3-74 电路实际具有的动态范围。由此可见,虽然理论上 TL441CN 具有 $30dB \times 4 = 120dB$ 的动态范围,实际应用可获得的动态范围却仅有 80dB 左右。

TGC 电路已将回波从 100～110dB 压缩到 10～60dB,这是第一次压缩,而对数放大器是对回波信号进行第二次压缩,即对数放大器把60dB的动态范围再压缩到30dB以内,使之能与显像管的视放可辨范围(20～26dB)相吻合,使所显示的图像层次更加丰富,表现力更强。

一个实用的B超对数放大器电路如图3-75所示,来自前置放大器的射频信号由电容C730引入,分四路加到TL441的四个输入端(A1/A2/B1/B2):

(1) A1端引入的是经电阻R743(2.7kΩ)与电容C742衰减30dB(TL441每个输入端的输入阻抗约为500Ω)的SG1信号;

(2) A2端引入的是经缓冲器V731端输出的未经衰减的SG1信号;

(3) B1引入的是经运算放大器N731放大30dB的SG1信号;

(4) B2引入的是经运算放大器N731和N732放大60dB的SG1信号。

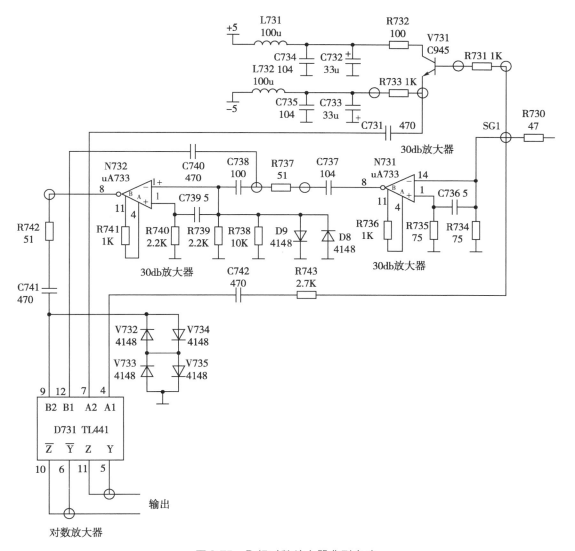

图3-75　B超对数放大器典型电路

正如图3-74那样,它是将TL441按所需覆盖的动态范围分为四段,每段相差30dB设计的,其排列顺序为:A1、A2、B1、B2,最低电平信号由B2引入,最高电平信号由A1引入。

电路的工作原理可简述如下:当输入信号SG_1很微弱时,各级均不发生限幅,传输特性有最大的斜率。并且这一微弱的信号经 N731、N732 放大之后,加入对数放大器 TL441 的输入端 A2,此时,其输出端的输出功率主要由 V03 和 V04 提供(如图 3-74),其他各路亦有信号输出,但因信号微弱,输出功率较小;当 SG1 增大时,首先开始限幅的是运放 N732,使对数放大器 V04 无信号输出,此时输出端的功率主要由 V02 和 V03 提供,系统传输特性的斜率有所降低;当 SG1 的幅度继续增大,由 N731 组成的 30dB 放大器也将开始限幅,V03 也将无信号输出,系统传输特性的斜率进一步降低;当 SG1 继续增大并超过 ±0.6V 时,由于限幅器(由二极管 D8、D9、V732 ~ V735 组成)的作用,TL441 的 B1、B2 端均不能获得信号,此时,输出端的功率由 V01、V02 提供,当信号进一步增大时,A2 支路亦开始限幅,使系统传输特性的斜率进一步变小;更大的 Vi 信号只能经 30dB 衰减后由 A1 端送入,但当信号强到使对数放大器 A1 限幅时,系统可接受的 SG1 幅度即达到了极限。对于图 3-75 所示电路,其允许的输入信号最大变化范围约为 ±3.2dB。

图 3-76 是电路的对数特性曲线。由图可见,电路具有 50dB 的线性对数范围,当对输入端施加的频率为 4MHz、峰-峰值为 $1V_{p-p}$ 的测试中对数压缩为 0 ~ 50dB 衰减,在输出端得到的电压约在 4.5 ~ 0.2V$_{p-p}$ 范围变化,输出电压的动态范围为 $20\lg 4.5/0.2 \approx 27(dB)$,电路的对数压缩比约为 0.5。

由图 3-76 还可以看出,电路的对数线性范围还受器件固有噪声电平的影响,由于噪声电平的存在,使对数曲线在 40dB 以下段的线性变差了。

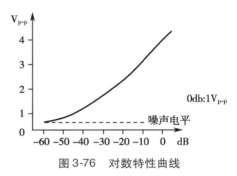

图 3-76　对数特性曲线

(五) 检波电路

振幅调制波的解调简称检波,它要求从振幅调制波中不失真地检出调制信号,这是调制的逆过程。完成这种解调作用的电路称为振幅检波器。检测脉冲反射回波幅度信息的 B 超仪就是要检测出反射回波的包络。

检波电路用于将对数放大器输出的高频回波信号变换为视频脉冲输出,它由差动放大器 N21、检波二极管 V112 和 V116 以及运算放大器 N20 组成,其电路如图 3-77 所示。

图 3-77 中,差分放大器 N21 引入对数放大器 N25 输出的差分信号,如常用的 3.5、5 或 7MHz……为中心,具有一定频带宽度的调幅信号,如图 3-95 波形所示,必须将它们转换为视频输出才能对其实施 DSC 处理和屏幕显示。检波电路用于完成这一转换,它由二极管 V112、V116 以及负载电阻 R335、(R268、R269、R268、R279、RP10 等)组成。

图 3-78 是一个典型的检波电路,由于回波是矩形脉冲调制的超声振荡,检波器的任务就是要将高频(3.5MHz 或 7.5MHz)的回波转换(解调)为视频信号输出。

检波电路主要由差分放大器 N741(UA733)、检波二极管 V752 和 V753 等组成,对数放大器输出的差分信号 Vi 施加于 N741 的输入端,N741 引脚 7 和 8 输出的信号为双向检波器提供信号源 U1 和 U2。

当 U1 和 U2 压降方向为上正下负时,二极管 V753 截止,该回路无电流,而二极管 V752 导通,该回路有电流。

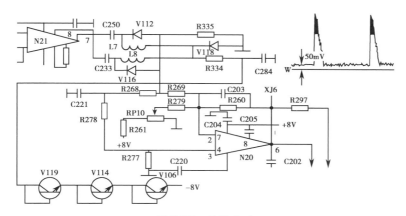

图 3-77 检波电路

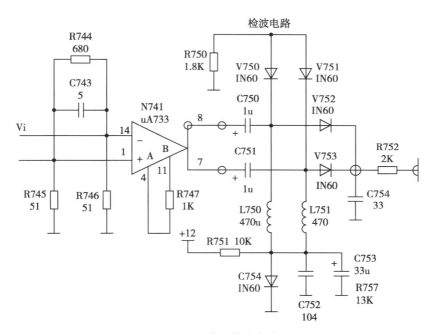

图 3-78 典型检波电路

当 U1 和 U2 为上负下正时,V752 截止,V753 导通。

图 3-79 中波形(A)为等效电路(D)中于 A1、A2 的输入波形,对 B 点来说,当然是连续的负极性脉冲,如图中 3-79(B)波形所示,此信号在经低通滤波放大器处理后,在其输出端将获得波形 B 点的包络(视频脉冲),如波形(C)所示。

四、边缘增强电路

在回波接收通道中存在各种带限电路,如:检波器的滤波器、动态滤波器、为消除干扰和噪声的带通滤波器。带限电路的传输特性将使回波包络展宽,使声阻抗变化较为剧烈的界面变得缓和,边缘增强技术可在一定程度上弥补这个缺陷。

边缘增强是图像处理技术的内容之一,其目的是加强图像景物的轮廓。视觉物理实验表明,边

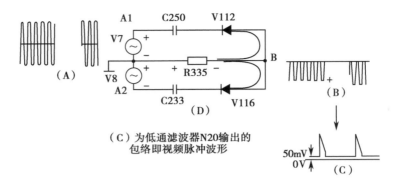

（A）

（B）

（C）为低通滤波器N20输出的
包络即视频脉冲波形

（D）

50mV
0V
（C）

图 3-79 检波电路的等效电路及检波前后波形

缘加重的相片或电视图像往往比精确光度复制品更易于识别和测量,因此,边缘增强技术在现代 B
超中获得了广泛的应用。

（一）基本原理

对于模拟图像显示实现勾边的方法有多种,主要有微分法和钝掩模法等。我们知道,检波放大
后所获得的超声视频回波通常包含有零到数兆赫兹的频带宽度,因此,要求放大电路具有相应的带
宽和基本平坦的频率特性曲线,否则将造成输出波形的失真,当这种失真是由于放大器频率特性高
端隆起所致,则波形失真表现为前后沿的过冲,图像显示则产生勾边效应。正是基于这一原理的以
上数种方法,可以被应用于获得勾边效果,即边缘增强效果。

微分法是对超声视频信号进行微分,并使其输出与未经微分的原视频信号相加,从而使新获取
的合成信号相比原视频信号的高频分量有所加重。图 3-
80 画出了这种图像处理的原理电路与边缘增强的波形
效果。

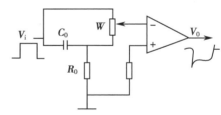

图 3-80 微分法边缘增强原理

使超声视频信号通过带通滤波器,也可以获得边缘
增强的效果,这就是滤波法。显然,相比于微分法来说,
滤波法将对系统的增益带来影响。另一种适用于扫描图
像的方法是钝掩模技术,在这种方法中,图像视频将通过
一个具有低通特性的电路产生一个低分辨力的输出 $Fl(j.k)$,再与具有正常分辨力的原图像 $F(j.k)$
相减,形成所谓掩模图像,用 $Fm(j.k)$ 表示。

$$Fm(j.k) = CF(j.k) - (1-C)Fl(j.k)$$ 式(3-22)

式中:

C 为比例常数,其典型值在 3/5 到 5/6 范围内。

所以掩模图像中的正常分辨力分量与低分辨力分量的比值从 1.5:1 到 5:1。图 3-81 表示了这
种边缘增强的波形效果,其中图(A)为具有正常分辨力的原图像信号,图(B)为获得的分辨力图像
信号,掩模信号与原始分辨力信号相比,具有较长时间的边缘梯度和过冲,主观上说,图像的视觉在
尖锐有所改善。

积分运算放大器具有可调的低通特性,通过模拟开关还可以实现对积分特性的数控,图 3-82 显

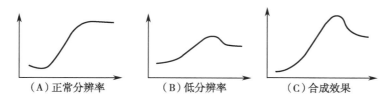

（A）正常分辨率　　（B）低分辨率　　（C）合成效果

图 3-81　钝掩模法边缘增强原理

示出了积分器的基本电路与频率特性。因此可以用积分器来产生低分辨力的输出图像。

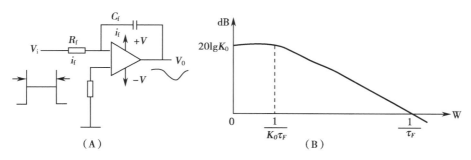

图 3-82　积分基本电路和频率特性

对于阶跃输入信号，即

$$V_i = \begin{cases} 0 & t<0 \\ E & t \geqslant 0 \end{cases}$$

电路输出有：

$$V_0 = -\frac{E}{RC}t \, (t \geqslant 0) \qquad\qquad 式（3-23）$$

也就是说，由于电路的高频响应迟钝，输出电压并不随输入信号的突跳而变化，而是随时间的增长而缓慢地向负向升高，从频域角度来看，即是输入信号频谱的高频分量丢失，这样的波形若加入显示，得到的将是一个低分辨力的图像。

如果满足 $R_f C_f \gg t_k$，即电路对输入信号脉宽而言仍满足积分特性的前提下，改变电路的积分时间常数（$\tau_f = R_f C_f$）将可以改变输出电压的响应速率，因而改变输出电压的幅值。同理，当电路的积分时间常数 τ_f 不变时，对不同脉宽的输入 V_i 将有不同的输出电压幅度。当输入电压的脉宽 t_k 增大到一定程度，积分条件 $R_f C_f \gg t_k$ 不再成立，图 3-82 电路对输入信号来说，将由具有积分特性转变为具有微分特性，这一由变量到质的变化，在 B 超图像处理中，可以被用来抑制大面积白色干扰。

知识链接

边　缘　增　强

　　边缘增强（edge enhancement）是将图像相邻像元（或区域）的亮度值（或色调）相差较大的边缘处加以强调，以突出处理的技术方法。经边缘增强后的图像能更清晰地显示出不同目标类型或现象的边界，或线形影像的行迹，以便于不同目标类型的识别及其分布范围的圈定。当前图像边缘增强的方法很多，基本方法有卷积滤波、LUT 排序、频域高通法、形态学滤波等，以及本节提到的微分法和钝掩模法。

（二）典型实用边缘增强电路

边缘增强又称之为"勾边"，其目的是加强图像的轮廓，它使图像的识别变的容易，并可提高对图像测量的精度。图 3-83 所示为典型实用边缘增强处理电路。

如图 3-83 所示，边缘增强电路由 D761、N751、N761 组成。N751、N761 为放大器，D761 是双路 4 通道模拟多路选择器，D761（4052）每个多路选择器包含 4 个独立输入/输出端（X0/Y0 至 X0/Y3）和 1 个公共输入/输出端（X/Y），如图 3-84。公用通道选择逻辑包含两个数字选择端（A 和 B）和 1 个低有效使能端（INH）。INH 为低时，4 个开关的其中之一将被 A 和 B 选中（低阻态）。INH 为高时，

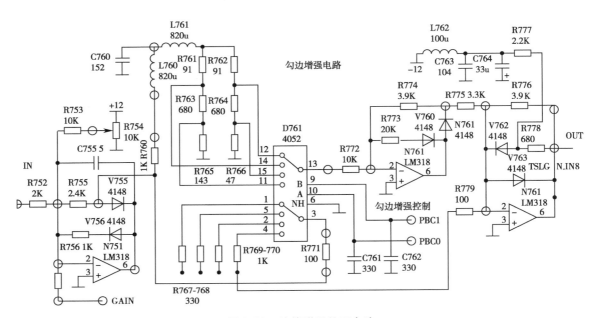

图 3-83　边缘增强处理电路

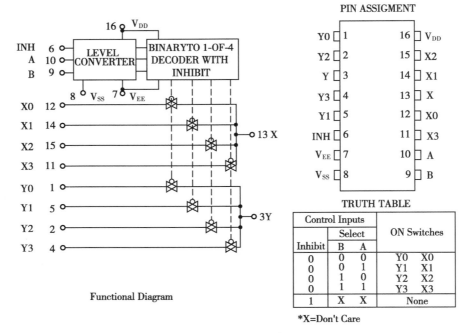

Functional Diagram

PIN ASSIGMENT

TRUTH TABLE

Control Inputs			ON Switches	
	Select			
Inhibit	B	A		
0	0	0	Y0	X0
0	0	1	Y1	X1
0	1	0	Y2	X2
0	1	1	Y3	X3
1	X	X	None	

*X=Don't Care

图 3-84　4052 引脚功能图

所有开关都进入高阻态,直接无视 A 和 B。

几路输入信号合成的结果,使输出信号与原信号相比具有较长时间的边缘梯度与过冲,因而使图像的边缘得到增强。电路工作的原理如下:检波电路输出信号 IN 为边缘增强电路的输入信号,IN 和 GAIN 增益调节信号经过 N751 放大电路放大并限伏后分两路(A 和 B)进入 D761,A 路为边缘增强后的信号,分四路进入 D761,根据沟边增强控制信号(PBC0/PBC1)受 CPU 的控制实现勾边增强通道选择,选择一路边缘增强的信号进入 D761,经过 R772 进入 N761 组成的限伏放大电路;B 路为原始信号进入 D761 后经过四路输出,根据沟边增强控制信号(PBC0/PBC1)选择一路原始信号输出,该信号与 A 路信号经 R775 输出的信号进行叠加后再经过 N761 限幅放大电路输出到 out 端,完成边缘增强信号处理。

如图 3-85 所示的波形测试边缘增强电路,由于想突出图像的边缘,也就是图像变化大的信号,为方便测试,B 是输入信号周期约为 400kHz 的方波,A 是输出,可见在输出的上升沿和下降沿幅度变大了,在图像上的表现是边缘部分亮的更亮,暗的更暗,也就是图像边缘增强。

▶▶ 课堂互动

　　1. 以教学所用的 B 型超声诊断仪为例,分析该仪器接收电路的基本结构与工作原理。

　　2. 超声接收电路中,哪些因素可导致超声伪影?

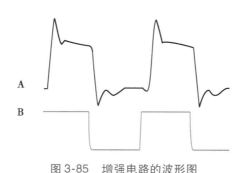

图 3-85　增强电路的波形图

点滴积累 ╲╱

1. 动态滤波电路用于自动选择回声信号中有诊断价值的频率成分,并滤除近体表以低频率为主的强回声和远场以高频为主的干扰,从而提高了近场分辨力和远场信噪比,使回声图像得到了改善。

2. 时间增益补偿就是通过某种方式,控制接收机的增益,使其随探测距离的加大而加大,结果使介质中不同深度的相同声阻抗差界面回波在显示器上有相同辉度的显示。

3. 振幅调制波的解调简称检波,它要求从振幅调制波中不失真地检出调制信号,这是调制的逆过程。

第六节　数字扫描变换器

一、DSC 概述

应用于现代 B 型超声波诊断仪中的数字扫描变换器,即 DSC(digital scan converter),实质上是个完整的数字图像处理系统。该系统应用数字硬件设备和数字计算机,将代表图像的连续(模拟)信号转变为离散(数字)信号并进行处理,其意义是十分明显的。首先它可以利用数字计算机灵活地处理算法对超声图像进行处理,使图像处理的内容更加丰富。比如在超声数字图像处理中的直方图修正和行、帧相关这些在数字技术中并不十分复杂的算法,都可以获得较好的图像改善效果。数字图像处理精度高、抗干扰能力强更是其突出的两大特点,相比模拟制式图像处理过程所产生的图像失真和附加噪声,数字制式图像处理可以有更高的图像质量。对超声图像进行数字处理,便于对图像的存储,进而实现对图像的测量、插值和 TV 显示等功能,这些都是采用模拟制式处理所无法比拟的。此外,对超声数字图像实施伪彩色处理,可以大大增强人眼对图像的分辨力,从而达到像质主观改善的效果。以上都是对超声图像采用数字制式处理的长处,虽然图像信息采用数字制式后,一度因信息量大和占用频带宽等缺点限制了数字图像处理的发展,但随着大规模高速集成电路的发展和图像编码技术的进步,这个问题已经可以较好地得到解决。目前,应用数字扫描变换器对超声信息进行数字处理,可以说已达到了成熟的地步。

DSC 最初方案只是将手动换能器在随机扫描中获得的模拟信号数字化后存入存储器中,再按应用要求,对图像进行处理,复原后以模拟的完整图像输出。其目的只是为了改善图像质量。随着超声诊断技术的发展,对 DSC 的功能提出了更广泛的要求,它不再仅仅是一个可以对图像进行处理,以求像质得到改善的简单系统,而是一个可以用于对所处理图像进行多帧记忆、变模态显示和进行多项图形数据计算的一个复杂系统。为了实时显示动态脏器的回声图像,还要求系统硬件速度能够适应数据出入速度并采用 TV 方式显示,因而对 DSC 提出了更高的运算速度和精度的要求。但至今为止,对该系统并没有统一的标准可以衡量,因此,对不同厂家生产的不同机型,DSC 系统包含的功能并不全然相同,然而它们却有相似的基本构成。

虽然数字扫描变换器实质上就是一个带有图像存储器的数字计算机系统,但是,以主存储器而不是以 CPU 为中心来安排系统的结构是其一大特点。在 DSC 中,作为核心部件的半导体图像存储器虽然受 CPU 的控制,但其读写地址和内存数据并不直接与 CPU 发生联系,作为外设式的各图像处理电路可以并行通过数据,而不必单个与 CPU 打交道,因而提高了效率,加快了图像处理的速度,这对于要求实时显示的动态超声诊断仪来说是十分宝贵的。而若以 CPU 为中心,势必要有很多的数据通道和缓冲存储器,才能取得应有的速度,这是因为各个外设只能单一使用数据通道,故而使效率降低。

数字扫描变换器的成功应用,使得超声成像设备容易实现以下若干功能:

(1) 利用标准电视方法显示清晰的动态图像,即实现 TV 显示;

（2）　使任意图像静止的所谓图像冻结功能；

（3）　为改善图像质量的多项图像处理功能；

（4）　双帧显示和图像电子放大显示功能；

（5）　实现 B-M 型转换和 B/M 型图像显示；

（6）　对实时显示图像，利用电子方法测量任意脏器尺寸的游标功能；

（7）　对被冻结的 B 超图像，利用电子方法测量任意脏器面积和周长的功能；

（8）　利用游标测量、计算胎儿妊娠期和分娩日期的功能；

（9）　利用全键盘操作控制系统工作的功能。

事实上，数字扫描变换器的应用效果还远远不限于此，现在 B 超的伪彩色显示便是突出的一例。因此，数字扫描变换器系统的强弱，已经成为影响超声成像系统性能的一个十分关键的因素。

二、DSC 组成和基本工作原理

关于数字扫描变换系统的组成，按不同的要求可以有很大的不同，处理的精度和速度相差亦很大。特别是由于处理精度（表现在存储器字长的不同）要求差异而导致设备价格上悬殊甚大，这是因为对处理精度要求越高，则需存储器字长越长（字长越短，则图像数字化时的量化误差和量化噪声均加大），对相同信息量的一帧图像所需存储器的容量越大，并因此使系统完成一帧图像的数字处理所需时间加长，导致对系统硬件速度要求的提高所致。避开这些差异，我们可以给出一个 DSC 系统的基本框图，如图 3-86 所示。

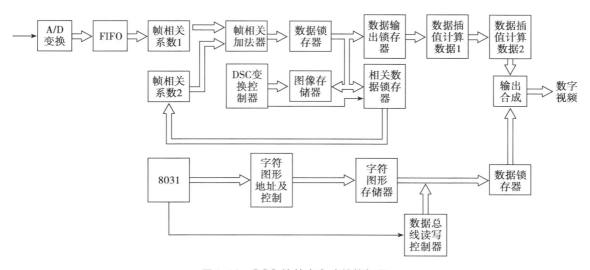

图 3-86　DSC 的基本电路结构框图

图 3-86 示出了 DSC 系统对超声视频信号进行 A/D 变换、处理，最终成为超声全电视信号输出的信号流程。由图可见，在 DSC 中，模拟视频信号首先经 A/D 变换为数字信息，这一过程又称之为图像数字化，其作用是将代表图像的连续信号转变为离散信号，以便于数字信号处理设备和计算机对其进行处理。图像数字化过程的核心问题是取样速率和变换精度，它们是衡量 A/D 和 D/A 转换器性能优劣的主要标志。由于视频回波具有较宽的频带，要求取样速率有较高（大于 12MHz）的频

率,因此必须采用快速的 A/D 器件,至于精度,通常取 4～6 位,也可以取 8 位或 16 位。

对 A/D 变换输出的图像数据,在存入主存储器之前进行的处理称为图像前处理。此时,经数字化获得的各像素数据之间仍保持有沿波束矢量方向的时间函数关系,这也是前处理和后处理数据特征的差异。前处理的内容主要有对数压缩、指数变换、回波幅度深度校正、扫描行相关(平滑)和帧相关等。由于相同的内容也可以安排在预处理中进行,因此,不同的设计可以有不同的前处理内容。

主存储器(或称帧存储器)区别于屏幕存储器,它作为系统的核心用于存储电视显示所需的超声图像数据,并直接与各数据处理电路交换数据。根据电视显示的特点和屏幕区域的安排,主存储器通常采用 256×256、256×512 或 512×512 的动态随机存储器(RAM)阵列,用于存储两幅(或多幅)超声图像。主存储器通常采用 RMW(读-修-写)方式写入信息,且只能在电视显示的空闲时间进行。与电视显示所要求的像素显示时间(约 80 纳秒)相比,RAM 的读写速度仍然是较慢的,实际上主存储器通常没有足够的时间来写入或读出,因此在主存储器的前后设置了数据串/并转换和并/串转换电路,用来补偿主存储器的工作速度。也可以在前后级设置缓冲存储器的方式来实现这一补偿。在输入缓冲存储器中采用双行存储器设计,两个相同容量的存储器分别可用于存储一扫描行像素数据,并采用慢进快出工作方式,即一个以慢速(与采样速度同步)写入当前行像素数据,而另一个以快速(与主存储器基本定时同步)读出前一行像素数据,然后交换工作状态,刚才读出的改为写入,刚才写入的现改为读出,两者交替读写工作。这样,对于主存储器来说,每次写入的信息相对于缓冲存储器的写入总是前一行的信息。输出缓冲存储器也可以采用相同的结构。从主存储器读出的数据存储在输出缓冲存储器中,两个存储 RAM 中的一个读出信息时,另一个从主存储器接收信息。

数据存入主存储器后,可以采用多种读出方式,从而实现不同的显示方式。比如对实时写入的超声数据,按先入先出的原则,随写随读,即可得到实时显示的图像。若对写入的每一单元数据重复两次读出,使一次超声扫描获得的信息在荧光屏上相邻两条扫描线上显示,则可获得放大的图像显示,改变选定的读出数据范围,还可以使显示区域在全探测深度作视野移动。如果停止存储器的写入,并对已存储的一帧图像数据重复不断地读出,则在荧光屏上得到的将是一幅静止的回声图像,这种显示方式就是所谓的"冻结"方式。

由于电视显示为逐点扫描,并/串变换电路总是必要的,它将从主存储器读出的并行数据又变换为串行数据,并送到后处理电路。

后处理电路用于对主存储器的读出信息进行处理,其主要内容有:灰度修正、灰阶的扩展与压缩、伽玛校正、直方图均衡、电子放大与插行处理以及正/负像翻转等。图像后处理是以提高清晰度、突出各具有诊断价值的图像特征为目的,不同的机型,后处理的功能强弱亦不相同。最后,数据经 D/A 变换还原为模拟信号,并同时和电视同步信号混合,成为全电视复合信号输出。

经过上述过程处理,由探头采集的超声模拟视频信号成为了电视信号。在这一变换过程中,CPU 主要用作对系统的控制,它通过面板信息接口,接受设备的开关信息并执行全部指令,通过定时器控制超声的发射和图像数据的收集,控制产生电视同步信号以及各种标志和字符,还提供地址和数据,执行各种后处理操作。因此,在 DSC 系统中,CPU 作为协调控制系统工作的中心,其作用是十分重要的。

实时时钟用于自动显示日期、时间和医院名称等,由于该电路使用单独的干电池供电,因此它不受关机后电源中断的影响,但需定时更换电池。更换电池应在开机状态下进行,否则储存的数据会全部消失,需要再次进行数据输入。

三、DSC 的主要技术指标

为了衡量数字扫描变换器功能的强弱,可以从三个方面对 DSC 技术指标进行描述,即屏幕注释功能、测量功能和图像处理功能。

1. 屏幕注释功能　除了正常显示一幅超声图像之外,为了增强记录图片的资料价值,通常希望在显示屏幕上附加一些文字和数据,甚至图标的说明,这些都只能在 DSC 中通过内部电路实现,因而对 DSC 提出了新的功能上的要求。所以,屏幕注释功能的多少也就成为衡量 DSC 功能强弱的一个方面。

屏幕注释功能包含的主要内容以及它们的技术指标如下:

被检者编号(ID):指用英文和数字对患者情况(姓名、性别和被检查编号等)进行屏幕记录的能力。一般给出指标为 27 个字母,表示允许以 27 个字母以内的英文或数字在屏幕规定位置进行注释。

医院名称的记存显示:通过一次输入后,每次开机自动显示。指标也是给出最大可写入的字母数。

日期(DT):指自动显示时、日的能力。给出指标明确是否有全部显示年、月、日、时、分、秒的功能。通常图像冻结时为重叠显示。

超声图像范围内的符号显示:指用字母或数字在超声图像显示区对病灶进行注释的能力。技术指标中通常给出注释内容的最多字母数。

被检者的体位标志显示:显示检测时患者所取的体位;一般用若干种体位图标显示。

指标明确有多少种体位的标志可供选择,如立体(UP)、背卧(SP)、腹卧(PP)、右侧(RD)、左侧卧(LD)等,最多有十余种。

探头位置标志显示:用图标显示探头取向的能力。探头位置标志总是重叠显示在体位标志之上,通过轨迹调节柄(或称之为爪型调型杆)可以移动其位置或以某一度级的角度变化。

图像处理值的自动显示:指自动显示伽玛修正、饱和度衰减等各项图像处理值的功能,并在探测过程中能随时进行修正和显示。

屏幕注释功能所包含的还可以有其他一些内容,但并没有统一的要求,其内容的多少只是在一个侧面反映了 DSC 功能的强弱,一般来说,高级机型的注释内容相对普及机型要多一些。

2. 测量功能　各种测量功能可以帮助定性分析病灶,为疾病确诊提供科学依据。对已存储的超声图像进行各种测量的能力也反映了 DSC 功能的强弱,通常可具有的测试项目有:

距离测量功能:指测定超声图像区域中任意两点间距离的功能,通常是利用电子游标(+标记或×标记)来进行测量,测量所获得的结果将在屏幕上显示。

面积、周长、速度的测量:指在 B 型显示时测量面积、周长,以及在 M 型显示时测量速度的功能,也是通过电子游标来实施操作。

测量妊娠周期数:指根据胎头双顶径(BPD)、胎儿头臂长(CRL,又称坐高)、孕囊(GS)等测量数据来估算妊娠周期的功能。

以上测量功能,指标通常都仅指出是否具有,并不给出测量精度的具体指标。各项测量结果一般都可实时地显示在荧光屏上。

3. 图像处理功能　图像处理功能是 DSC 的主要功能,它所包含的内容也就最多。其主要内容及其技术指标如下:

模/数转换精度:包括模/数转换的位数和采样频率两项指标,通常转换位数取 4～6 位,图像具有 16～64 级灰阶,高级机型也有采用 8 位甚至 16 位。采样频率则与输入视频模拟信号的带宽(约 6MHz)有关,根据采样定理,采样脉冲频率应为二倍带宽频率,因此采样频率常取 12MHz。

帧相关(平滑):指对图像前后帧间的相关处理,能得到减低噪声,图像平滑的效果,通常采用平均修正算法。指标仅指出有或无。

行相关(摆动相关):指对同一帧图像前后行像素间的相关处理,具有图像的联结、减低噪声的效果。也是采用平均修正算法,指标仅指出有或无。

伽玛修正:用于控制荧光屏图像细节亮度级差的一种手段,用于照像记录,通常由面板上开关控制,照像时接通。

灰度变换:针对图像的灰度范围不足或非线性,对像素幅值重新进行分度的图像处理方法。比如对处理图像在整个强度范围内作线性映射,又如将图像灰度值的两个极端用最大值和最小值限幅等,都是灰度变换的内容之一。指令通常给出变换可供选择的种类,并在面板按键上绘出各种变换函数的曲线形状。使用时只要选择所希望的键压下,便可实现相应变换。

直方图修正:经线性量化的典型图像中暗区的细节常常看不出来,对这样的图像进行直方图修正,可以使暗区图像细节重新显现。直方图修正只能在图像冻结状态进行。因此,直方图修正对改善冻结图像像质有效。

电子扩大:为了增大荧光屏上观察图像的图幅(但实际探测范围减小可不变)所采取的一种图像处理手段,实现电子扩大既可以采用插值的手段,也可以采用对一行像素数据重复读出方法,但采用插值的手段获得的像质较好,指标通常给出可选的倍率,如×0.8、×1.0、×1.5、×2.0 数种,但对于冻结图像不能实现电子扩大。

正/负像变换:通常 B 超图像采用负像显示,低回声区图像呈黑色,高回声区图像呈白色。但由于诊断的需要,有时希望能变换负像显示为正像显示,这一图像处理功能可由开关进行控制,指标通常指出有或无,也有的机型可以正、负像同时显示。

图像冻结和双帧显示:冻结是指一副图像在屏幕上稳定重现,双帧显示则指同时在屏幕上显示两幅图像。其中一幅为冻结图像,另一幅为实时图像,也可以两幅均为冻结图像。这是 B 型超声诊断仪普通具有的功能,它也是由 DSC 所提供的一种功能。

记存容量:指图像存储器(或称主存储器、帧存储器)的容量、图像存储器的容量大,可记存的图像帧数就多,便于重复读出进行分析,并选择理想的图像进行打印。一般超声仪器一次只可记存一到二帧图像,高档的超声仪(心脏扇扫)可以记存更多的图像,比如惠普1000型彩色多普勒超声扫描仪,一次冻结,可记存64帧连续图像。

关于DSC还有其他一些功能和指标,这里就不一一列举了。和DSC的组成一样,不同机型的DSC功能也有很大差异,以上提到的DSC的各项功能,对于一台设备来说,可具备其全部,也可以具备其中数项,各项功能的技术指标亦可以有较大差异。

点滴积累

1. 在DSC中,模拟视频信号首先经A/D变换为数字信息,这一过程又称之为图像数字化,其作用是将代表图像的连续信号转变为离散信号,以便于数字信号处理设备和计算机对其进行处理。
2. 后处理电路用于对主存储器的读出信息进行处理,其主要内容有:灰度修正、灰阶的扩展与压缩、伽玛修正、直方图均衡、电子放大与插行处理以及正/负象翻转等。

第七节 超声图像数字化

由视频预处理输入DSC的超声图像信号还是模拟信号,为了便于由数字计算机系统对其进行处理,必须将其转化为数字信号,对超声信号的这一转换过程称为图像数字化。图像数字化是超声信号进行数字扫描变换的开始。

一、A/D变换器

(一) 一般结构与技术参数

模拟数字转换器(A/D)是实现模拟图像数字化的基本器件,其典型结构如图3-87所示。模拟信号首先输入到采样保持电路,它的功能是,当模拟数字转换器对输入信号进行量化和编码时,在控制电路的作用下,每隔一定的时间从输入模拟信号中采样,并保持采样信号的幅度。由采样保持电路输出的信号进入模拟数字转换器,经量化和编码,在输出端就得到数字编码形式的信号。如果没有特别说明,一般采用二进制编码。

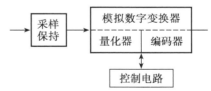

图3-87 模拟数字转换器结构

控制电路为采样保持电路和量化器提供采样脉冲。如采样原理所指出,采样脉冲的频率应大于被采样信号频带宽度B的二倍。如果采样脉冲的频率不足够高,为了避免信号频谱发生畸变,一个弥补的措施是,可以在图3-87所示的采样保持电路前加接低通滤波器,使进入采样保持电路的模拟信号带宽限制在宽度B以内。采样脉冲的宽度应尽量窄,其脉宽应小于采样同期的10%,过宽的脉宽会使图像重建时产生边界误差和模糊现象,这种现象又称为采样脉冲效应。

模拟数字转换器的主要技术参数如下:

1. 测量范围和输出位数 测量范围系指模拟数字转换器的输入模拟电压范围,可以是单极性的正值或负值。

模拟数字转换器的输出一般采用二进制输出方式,也可以是十进制或其他编码方式。输出数据(电压脉冲)可以是串行数据,也可以是若干位的并行数据。对于并行输出数据的A/D转换器,输出位数是衡量其转换器精确度的一个重要指标。常用的有二进制的4位到8位,也有高达12位(4096级)甚至16位的模拟转换器。

测量范围和输出位数能确定转换器所能分辨的被测量的最小值(即分辨率),所以,手册中又把输出位数称为分解度、分辨力或转换精度。

2. 相对精度 是指满度值校正以后,任何模拟值所产生的代码对于其理论值的差值。它的量度是用校准后产生给定的数字代码多需的模拟输入值与实际输入值之间的差来表示。相对精度表示了量化误差的大小。一般要求转换器在测量范围内不产生错码。

3. 转换速度 转换速度可以用完成一次模拟数字转换所需的时间,即转换时间来衡量,也可以用每秒内完成的转换次数,即转换速率来衡量。转换时间是指从接到转换控制信号开始,到输出端得到稳定的数字输出信号所经过的时间。通常慢速A/D转换器(如采用逐次逼近型的A/D转换器)的该项指标常用转换速率来表征。比如ADC0808型(逐次逼近型)A/D转换器,手册给出其转换时间为116微秒,而TDC1014型(并联比较型)A/D转换器,手册给出其转换速率为25MHz(写作25MS/s)。

以上是模拟电路数字转换器的三项主要技术参数,还有其他一些技术参数,比如输出信号的逻辑电平、温度系数等,这里就不一一介绍了。了解以上几项技术参数的意义,将有助于我们理解模拟数字转换器的工作原理。

(二) 采样保持电路

采样保持电路的基本形式如图3-88所示。图中的MOS场效应管TR作为采样开关用。当采样控制信号V_s为高电平(即逻辑输入为1),场效应管TR导通,输入模拟信号V_i经电阻R_i和TR向电容C充电。若取$R_i = R_f$,并忽略运算放大器的输入电流,则充电结束后$V_0 = -V_i = V_c$。当采样控制信号V_s返回低电平后,场效应开关管TR截止。如果开关管TR截止时的反向电阻足够大,则电容C可能的放电就极小,电容C充得的电压可以在一段时间内基本保持不变,所以V_0的数值也被保持了下来。很明显,C的漏电电流越小,运算放大器的输入阻抗越高,V_0的保持时间越长。

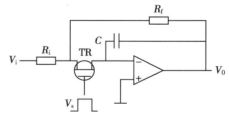

图3-88 采样保持电路

然而图3-88电路是很不完善的,因为采样过程中需要通过R_i和TR向C充电,所以使采样速度受到了限制。同时,R_i的数值又不允许取得很小,否则会进一步降低采样电路的输入电阻。一个经过改进的采样电路如图3-89所示,图中A_1、A_2是两个运算放大器,S是电子开关,L是开关的驱动电路,当采样控制信号V_s为高电平时S闭合,V_s为低电平(逻辑输入为0)时S断开。

当开关S闭合,A_1和A_2均为工作在单位增益的电压跟随器状态,所以,$V_0 = V_0' = V_i$,接入电阻R_2

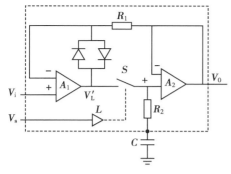

图 3-89 集成化采样保持电路

和地之间的电容 C 被充电至 V_i。当 V_s 返回低电平后，虽然 S 断开了，但由于电容 C 上的电压不变，所以输出电压 V_0 的数值得以保持下来。

图中二极管 D_1 和 D_2 构成保护电路，这是考虑到在 S 再次闭合以前的这段时间里，如果 V_i 发生变化，V_0' 可能变化非常大，甚至会超过开关 S 所能承受的电压。加入 D_1、D_2 之后，当 V_0' 比 V_0 所保持的电压高或低一个二极管的压降时，D_1 或者 D_2 导通，从而将 V_0' 限制在 V_i +V_D 以内。而在开关 S 闭合的情况下，V_0' 和 V_0 相等，故 D_1 和 D_2 均不导通，保护电路不起作用。

知识拓展

采样周期与 A/D 变换

采样周期常指在周期性测量过程变量（如温度、流量……）信号的系统中，相邻两次实测之间的时间间隔。离散控制系统（包括计算机数字控制系统）都采用周期性测量方式，采样间隔之内的变量值是不测量的。如采样周期过长，将引起有用信号的严重丢失，使系统品质变差。反之，如采样周期过短，则两次实测值的变化量太小，亦不相宜。采样周期的选择甚为重要，一般取为回复时间（即大体上达到稳态所需时间）的十分之一左右。采样周期开始一般有两种采样方式：正常采样和扩展采样。正常采样实际上是采用软件启动 A/D 变换方式，当 A/D 转换器正常采样时，采样周期是可编程的；扩展采样则采用硬件启动 A/D 变换。

（三）A/D 变换器

根据工作原理的不同，可以把 A/D 转换器分为直接转换器型和间接转换器型两大类。在直接型 A/D 转换电路中，输入的模拟电压被直接转换成数字代码，不经过任何中间变量；而在间接型 A/D 转换电路中，首先需把输入的模拟电压转换成某一中间变量（例如时间、频率、脉冲、宽度等），然后再把这个中间变量转换为输出的数字代码。间接转换型 A/D 的缺点是转换速度较低，因此不适合用于需要高速采样的超声图像数字化电路中。直接转换器 A/D 的电路形式也有多种，最常见的有逐次逼近型和并联比较型两种，这两种 A/D 转换器都有较快的转换速度。

模拟-数字转换的方法很多，但目前的商品化集成 A/D 转换器产品，主要是并联比较型、逐次逼近型和积分型三种。逐次逼近型 A/D 转换器精度较高（分解度可达 16 位），而且转换速度适中，常用在中、高分解度及中速转换的场合。与逐次逼近型不同，积分型 A/D 转换器的转换速度比较低，但具有较好的抗干扰稳定性。并联比较型 A/D 转换器具有最高的转换速度和适中的转换精度（分解度在 12 位以下），是唯一适用于超声图像模拟数字转换的 A/D 转换器。

TLC5510 是 A/D 集成变换器，是 TI 公司（美国德州仪器公司）产品，属 8 位并联比较型 A/D 转换器，其典型转换速率为 20MS/s（每秒 20 兆次），完成一次 A/D 转换所需时间约为 50 纳秒。图 3-90

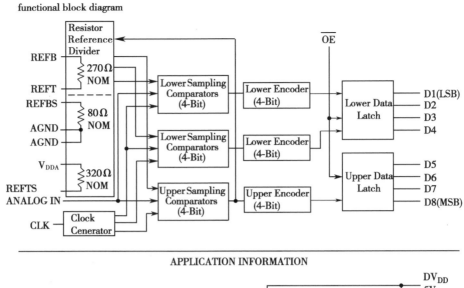

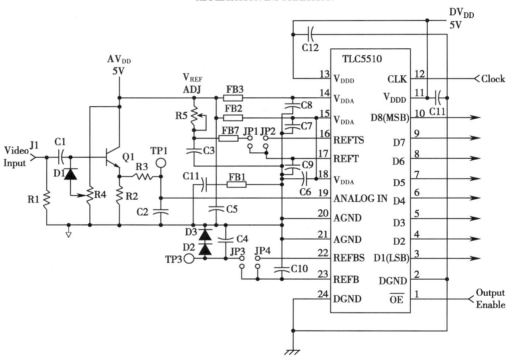

图 3-90 TLC5510 典型应用及内部组成框图

为 TLC5510 典型应用及内部组成框图。

由图 3-90 可见,TLC5510 内部由时钟发生器、内部基准电压分压器、1 套高 4 位采样比较器、编码器、锁存器、2 套低 4 位采样比较器、编码器和 1 个低 4 位锁存器等电路组成。TLC5510 外部时钟信号 CLK 通过其内部的时钟发生器可产生 3 路内部时钟,以驱动 3 组采样比较器。基准电压分压器则可用来为这 3 组比较器提供基准电压。输出 A/D 信号高 4 位由高 4 位编码器直接提供,而低 4 位采样数据则由两个低 4 位编码器交替提供时钟信号 CLK 在每一个下降沿采集模拟输入信号。第 N 次采集的数据经过 2.5 个时钟周期的延迟之后,将送到内部数据总线上。在工作时序的控制下,当第一个时钟周期的下降沿到来时,模拟输入电压将被采样到高比较器块和低比较器块,高比较器块在第二个时钟周期的上升沿的最后确定高位数据,同时,低基准电压产生与高位数据相应的电压。低比较块在第三个时钟周期的上升沿的最后确定低位数据。高位数据和低位数据在第四个时钟周期的上升沿进行组合,这样,第 N 次采集的数据经过 2.5 个时钟周期的延迟之后,便可送到内部数据总线上。此时如果输出使能 OE 有效,则数据便可被送至 8 位数据总线上。由于 CLK 的最大周期为 50 纳秒,因此,TCL5510 数模转换器的最小采样速率可以达到 200MS/s。

TLC5510 型 A/D 转换器具有以下主要特征:①它是一种采用 CMOS 工艺制造的 8 位高阻抗并行 A/D 芯片,能提供的最小采样率为 200MS/s;②由于 TLC5510 采用了半闪速结构及 CMOS 工艺,因而大大减少了器件中比较器的数量,而且在高速转换的同时能够保持较低的功耗。在推荐工作条件下,TLC5510 的功耗仅为 130mW;③由于 TLC5510 不仅具有高速的 A/D 转换功能,而且还带有内部采样保持电路,从而大大简化了外围电路的设计;④由于其内部带有了标准分压电阻,因而可以从 +5V 电源获得 2V 满刻度的基准电压。

二、典型超声图像数字化电路

完成对超声回波信号模拟-数字转换的电路称为超声图像数字化电路。对于输入信号而言,它不仅可以是构成 B 型显示的模拟量,也可以是构成 A 型或 M 型显示的模拟量,还可能是多普勒频率分析模拟量,甚至是代表系统增益曲线的模拟量。区别于不同的机型,由于它们各自对于图像质量有不同的要求,又有不同的显示内容的要求,故数字化电路实现模数转换的精度和输入模拟量的多少亦有不同。此外,就转换速率而言,由于视频超声回波信号拥有基本相同的频带宽度(约为 6MHz),因此,只要采用每秒 15 兆次以上转换速率的 A/D 转换器,都可获得不失真的图像重建效果。由于目前商品化 A/D 转换器产品十分丰富,具体选用何种型号的 A/D 器件,可以有较大的灵活性。图 3-91 是实用的超声图像数字化电路。

超声回波信号经 R_2 后送入 U_1(TLC5510)A/D 变换器 19 脚,采样时钟外接于 12 脚,稳定的基准电压(5V)连接到 11、13 脚和 2、24 脚为数字工作电路提供电源,由 D0～D7 输出的 8 位数字化信号送往锁存器锁存,用于与相关处理电路相连,完成相关处理。

三、图像存储器

超声回波信号完成了数字化后,必须由图像存储器存入数字信号,通过数字信号的图像处理技术,才能实现数字功能和图像显示。

(一) 基本知识

B 超的图像存储器常称为主存储器,以区别图像存储器前、后的缓冲存储器。主要是执行超声扫描平面采样所获得的回声数据的存取,即按一定时序(地址)读出和存入,从而提供图像进一步处理以实现显示器显示图像。

图像存储器用于存储一帧或数帧超声图像,对于单帧容量的大小取决于一帧扫描信息线的多少及探测深度回波信号 A/D 变换的取样速率。一般为 256×256、256×512 或 512×512,与存储器容量相关,能实现存一帧或许多帧图像数据。存储器的字长将直接同图像的像素相关,如,4 位字长的像

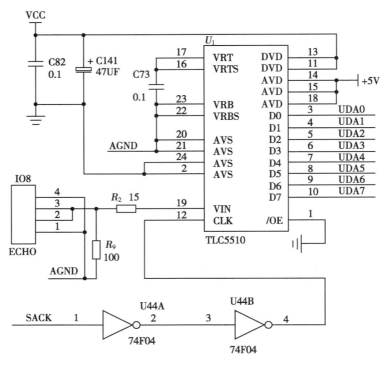

图 3-91　典型超声图像数字化电路

素值为 16 级灰阶图像,图像层次感和量化误差及噪声都较差,所以,B 超采用 5 位字长(32 级灰阶)、6 位字长(64 级灰阶)。存储器字的字长越长,像素灰阶等级越高,图像层次越丰富,存储器容量也越大,对系统要求速度就越高,B 超诊断仪器的价格与存储器的字长相关。

　　图像存储器可以采用静态和动态 RAM 构成,选择时主要考虑存储器的存储容量。对于 TV 显示方式的每个像素,显示时间为 80 纳秒,要求存储器的读出时间也较高,其读出周期应小于 80 纳秒。虽然动态存储器成本低,但工作速度慢,读或写周期最小值在 200 纳秒内,所以,为了达到 80 纳秒的 TV 像素显示时间的要求,常在电路结构上采用双存储器,即一个存储器写入数据的同时,另一个存储器完成读出数据。通过缓冲存储器来补偿主存储器的读/写工作速度。

　　用对存储器读或写地址来控制转换,还能可靠地实现扫描制式转换、图像冻结、电子放大及字符数据存储,如体位标志、灰度条、距离标志等,大大丰富了显示内容。可以看出,图像存储器是 B 超的核心器件,它与工作速度和仪器质量指标对整机的影响十分重要。

　　(二)存储器的结构

　　图像存储器一般用 256×256、256×512、512×512 的动态随机存储器(RAM)阵列。

　　下面介绍单页结构图像存储器和双页结构图像存储器。

　　1. 单页结构图像存储器　单页结构图像存储器如图 3-92 所示。它只能具有存储一至两帧图像数据的容量,不能满足超声扫描实时连续地采集和显示超声图像,存储器一定要连续不断地写入采集的超声数据,同时也一定要连续不断地从存储器读出超声数据,以提供重建显示超声图像。

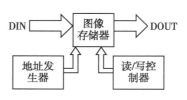

图 3-92　单页结构图像存储器

　　单页结构图像 RAM 存储器只能完成单一操作,要么读操作,要么写操作,这种由读写周期为 200 纳秒左右的 RAM 组成的存储器,肯定是不能执行 TV 显示每一像素在 80 纳秒的显示速度的。而且图像数据的写入只能在存储器读出的空闲时间进行,即使在图像显示期存储器有足够的时间来读出数据,非图像显示期(指扫描行逆程期与正程的非图像显示期之和)的有限时间内,也是不可能执行对一行采样数据写入的。

　　例如,TV 扫描一行 63.5 微秒,其中正程 52.3 微秒,逆程 11.2 微秒。在正程期,每个像素显示 77.8 微秒,则正程像素点可达 672 点,其中 496 点位超声图像显示,其他为字符和刻度显示。所以,非图像显示区有 176 点,合 13.7 微秒,加上逆程期 11.2 微秒,则一个 TV 扫描行,在非图像显示区共 13.7+11.2＝24.9(微秒)。利用这一瞬间来写入超声数据,若按顺序一个一个写入方式,对于写周期为 200 纳秒的动态 RAM,在一个行扫描的非图像显示期内,只能写入 124(24.9μs÷200ns≈124)个数据。那么,一个 TV 扫描行 496 个像素必须要经过 4 个扫描周期才能全部写入图像存储器,必然会造成显示图像的滞后。为了解决图像存储器的数据写入速度和超声回波采样速度相匹配这一难点,可在图像存储器之前设置一个数据缓冲存储器,如图 3-93 所示。

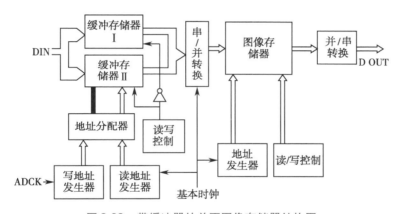

图 3-93　带缓冲器的单页图像存储器结构图

　　缓冲存储器由具有高速度读写速度的静态 RAM 构成,并各具有存储一扫描行采样数据的容量。采用"摇摆式"工作方式,即缓冲器存储器 I 写入当前行数据的同时,缓冲器存储器 II 则将前一行所存储数据读出,两者交替读写。写入时,由采样时钟 ADCK 同步,仍以与采样相同的速率较慢地写入超声回波数据,以防数据的丢失,而读出时,则以与基本时钟同步的快速读出,并将若干次串行读出的数据串/并变换后转换为并行,再同时将他们一次写入图像存储器,这就使图像存储器写入数据占用的时间缩短了若干倍。

　　仅仅压缩图像存储器写入数据占用的时间还不够,因为当图像存储器采用动态 RAM 时,其读出速度也是相当慢的,在一个 TV 扫描的图像显示期,往往并没有足够的时间来读出一行显示的全部像素数据。一个有效的办法是采用并行数据读出方式,再经并/串变换电路,将图像存储器一次读出的若干个并行数据转换为 TV 显示所需的串行数据输出。

　　2. 双页结构图像存储器　实际上在 B 型超声波显像仪中,更普遍采用的是如图 3-94 所示的双页结构图像存储器。

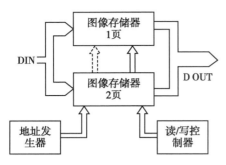

图 3-94　双页结构图像存储器

双页结构图像存储器将存储体中的 RAM 阵列分成两部分,又称为两页。它们各具有相同的存储容量,在地址编排上,亦可以采用完全相同的编排,即两页的行、列地址并联。两页可采用"摆动"工作方式,即第一页为写入的同时,第二页为读出。

内存分配可以考虑根据 TV 显示隔行扫描的特点,奇偶行分别存放,即第一页写入第 1 行像素数据之后,第二页再以同样的方式写入第 2 行像素数据,第 1 和 2 行的地址相同。然后是第 3 行像素数据写入第一页,第 4 行像素数据写入第二页,第 3 和 4 行的地址亦相同。以此类推,最后在第一页中存储了一帧图像的全部奇数行,在第二页中存储了同一帧图像的全部偶数行,其使用情况如图 3-95 所示。由此可见,对于隔行扫描方式,双页结构的图像存储器可以简化地址编排。为了匹配数据采集和存储器读写的速度,双页结构图像存储器同样可以采用缓冲存储器以及数据串/并和并/串变换等措施。

3. **动态 RAM 阵列**　动态 RAM 是构成以上提到的两种不同结构的图像存储器的基础。由于超声图像存储器的容量大,因此通常选用大容量动态 RAM 芯片来构成 RAM 阵列,常用的有 4116(16K×1bit)、4816(16K×1bit)和 4416(64K×1bit)等。这

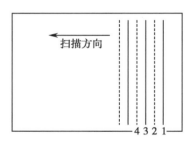

图 3-95　存储器的使用

些动态 RAM 的一个共同的特点都是 16 脚管座标准封装,因而它们的引脚数较少。而选择 16K 存储单元需要 4 位地址($2^{14} = 16\,384$)、选择 64K 存储单元需要 16 位地址信息($2^{16} = 65\,536$),显然它们的引脚都不够用。为此总是把地址信息分两次锁存到芯片内部,再共同译码访问指定的存储单元。比如 16K 容量的 4116,可以把 14 位地址分成两组 7 位的地址信息,分两次传送给 RAM 芯片内部的地址锁存器。两个地址锁存器一个称为行地址锁存器,一个称为列地址锁存器,分别由 $\overline{RAS}$ 和 $\overline{CAS}$ 信号进行选通,因此 $\overline{RAS}$ 称作行地址选通信号,$\overline{CAS}$ 称作列地址选通信号。写允许 WE(或用 R/W 表示)信号决定对 RAM 芯片进行写操作还是读操作。当 WE 为低电平时允许写入数据,数据输入 D_{IN} 上的输入数据写进被选中的存储单元;当 WE 为高电平时为读出数据,把选中的存储单元数据送到数据输出端 D_{OUT}。当然,并不是每种 RAM 芯片都有双数据口。

除了上面提到的读、写两种操作之外,动态 RAM 还有一种特殊的操作方式,即读-修改/写(RMW)操作方式。它是紧跟在一次读出操作之后再进行一次写入操作,两次操作有同样的地址。一个 RWM 周期比一个读或写周期长,但比进行一次读和一次写操作的时间之和要短,这是因为 RMW 操作中,由读出状态变为写入状态后,不需要再等待地址信息的稳定。动态 RAM 的这种 RMW 操作方式是一种很有用的操作方式,它在 B 超图像存储器中,常用来实现图像的帧相关(前后两帧图像的平滑)处理。

由动态 RAM 芯片构成的存储器还有两个需要提及的问题:其一是操作周期的设定,手册上给出的是读或写操作周期的最小值,实际设计值必须要留有余量,即 RAS 的周期必须要大于芯片的读、

写周期 T_{CY}，否则将可能造成数据的不稳定；其二是数据刷新问题，动态 RAM 必须定期地进行数据刷新，比如 4816 要求每 2 毫秒对所有的存储单元刷新一次，才能保证数据不丢失。刷新一般是通过执行只有 RAS 的动态存储器周期来实现的，但在对存储器进行读或写操作的过程中，被访问行的全部存储单元也将被自动刷新，因此，对 B 超存储器来说刷新问题可以通过对存储器写入单元地址的合理安排来解决，并不需要像计算机那样采用专门的刷新电路。

（三）图像存储器的读出方式

由 RAM 芯片构成的图像存储器的确定读写操作，其时序仍需要遵循所用型号芯片的时序规定。因此，以下在谈及图像存储器的读出方式时，将不再讨论其时序问题，而仅针对 B 超图像显示的特点，对图像存储器的数据读出方式进行讨论。

1. **顺序读出与显示**　顺序读出就是指依照波束扫描的顺序，对图像存储器内存数据按先进先出的原则读出，这是一种最基本的读出方式。顺序读出只要按存储器写入时的地址编排提供地址，唯一要注意的就是读/写时间的分配问题。在前面我们已经谈到，由于采用 TV 显示，数据输出速率要求很快，如果按电视显示的顺序逐点读出数据，则由于一般动态 RAM 的读或写的周期长，即使占用全部的时间，在一个 TV 扫描行周期内，也来不及将一个 TV 行所有数据输出，更没有空余时间用于数据的写入。因此，必须采取并行读出加并/串变换等措施，才有可能使读出数据的速率满足电视显示的要求，并为数据的写入留出足够的时间，从而为实现超声图像的实时显示提供可能。

2. **图像冻结时的读出方式**　图像冻结指同一图像在显示屏幕上的稳定重现。当停止向存储器写入新的数据，而对已存储的一幅图像数据按 TV 显示的速率反复读出，便可在屏幕上获得一幅稳定不变的电视图像。可见，图像冻结时的读出方式仍为顺序读出方式，不同的是，在冻结状态下存储器仅执行读操作而不执行写操作，因此读出的数据亦不变化。

3. **慢动作显示时的读出方式**　对于动态的心脏超声图像，为了更清楚地观察其运动特点，可以采用一种类似动画式的慢速显示方法。为了实现这一显示方式，对于具有大容量的图像存储器而言，由于它一次存储可记忆多幅图像，因此只需采用顺序定时冻结方式读出，即顺序对所存储的每一幅图像重复读出一个短时间（比如 0.5 秒），则在荧光屏上每隔 0.5 秒可更换一次画面，由于这些图像是对心脏活动的连续记录，所以重放的图像具有动画效果。

当图像存储器的容量较小，比如仅能一次记忆一幅图像时，则慢动作显示需要采用不同的写/读方式。通常可采用 R 波同步延时记存读出的方法，使每个触发脉冲相对 R 波的延时量顺序递增一个 Δt（取 0.05 秒或 0.1 秒），每次触发后更换一次数据（即写入一幅新图像），随即重复读出直至下一次触发到达。由于每次记录的图像在时间上顺序滞后一个 Δt，且显示画面是与 R 波同步更新，所以具有动画效果。

4. **图像上、下翻转时的读出方式**　图像上、下翻转的功能可以满足操作人员观察时对方位的要求。改存储器读出的末地址为首地址，并使地址计数器由加计数改为减计数，便可实现图像显示的上、下翻转。

（四）帧存储器的读写控制及帧相关处理电路

帧存储器用于存储一帧超声图像，以配合实现图像处理和实现图像 TV 显示。

1. 帧相关　医用超声波诊断仪获得的回声图像,实际上一般都因受到干扰而含有噪声成分。引起噪声成分的原因主要有:超声传感器灵敏度的不均匀、串入传输道中的空间电磁干扰、放大器的附加噪声和数字扫描变换器(DSC)的整体噪声等。为了改善图像质量,应该消除或尽量减小这些噪声。帧相关处理就是抑制噪声以改善图像质量的一种数字图像处理手段,它在现代医用B型超声波诊断仪中获得了应用。

图像平滑的主要目的是减小噪声,理想情况下,由B超探头所获取的同一探查部位的静态脏器图像具有相同的总灰度值,然而,由于实际噪声的不可避免和它的随机性,噪声对某一像素点或某帧图像的影响总是存在的,而且一般可以看作是孤立的。基于这一考虑,有两种图像空域处理方法,即领域平均和帧平均法,可以达到抑制或消除噪声的效果。

帧相关处理不考虑某像素是否含有噪声,总是用相邻帧对应像素灰度的平均值来对前一帧像素重新赋值。也就是说,所显示的任一帧所有像素的灰度值,总是前一扫描帧于当前帧相应像素灰度的平均值。由于帧间图像信息的相关性,以及噪声干扰的非相关性,经平滑后的图像中所含有噪声将减小二分之一。同样的道理,可以让相邻行图像之间进行这种平滑,也可以获得降低噪声的效果。通常又把前一种处理方法称之为帧相关处理,而把后一种处理方法称之为行相关处理。

2. 帧相关电路　帧相关电路常设置在图像帧存储器之前,以便于在实施帧相关处理过程中读取前一帧的像素数据。当采用数字逻辑硬件,而不是采用计算机加软件的方法来实施帧相关运算时,必须要根据运算过程设计一个相关电路。根据帧相关的原理可知,实施帧相关处理的过程如下:

(1) 在超声扫描获得的当前数据到达时,由图像存储器送出前一帧相应扫描行的数据也同时到达;

(2) 作1/2(A+B)运算(假设A为扫描获得的当前数据,B为前一帧图像的相应扫描数据),并将运算结果保存;

(3) 在定时脉冲的控制下,将运算结果作为新的图像数据写入B数据的原存储单元;

(4) 相关平滑的低噪声超声数据,必须存入帧存储器;

(5) 帧存储器存入超声数据时,是按采集超声回波信号速度完成数字化信号的,即低速采集信号,而TV显示器则是一个高速成像显示器件,要完成采集的低速超声数据转换成高速显示的显示图像信号。

图3-96为一个实用的帧存储器的读写控制及帧相关处理电路,该电路系统主要器件的功能为:U2(IS61LV5128)为主存储器,U46、U47(27C512)为帧相关存储器,U38、U39(74LS283)为帧相关加法器,U40(74F374)为数据锁存器,U41(74F273)为变换后数据输出锁存器,U42(74F273)为相关数据锁存器。

3. 帧存储器的读写控制及帧相关处理电路工作原理　如图3-97所示,U46、U47帧相关存储器存储的数据送往U38、U39加法器进行运算,运算结果送往U40数据锁存器锁存,送达U2主存储器,U41为DSC变换后的图形数据输出锁存器,U42为相关数据锁存器,锁存数据送往U47作为帧相关数据的一部分,整个流程受控于U45DSC变换控制器。

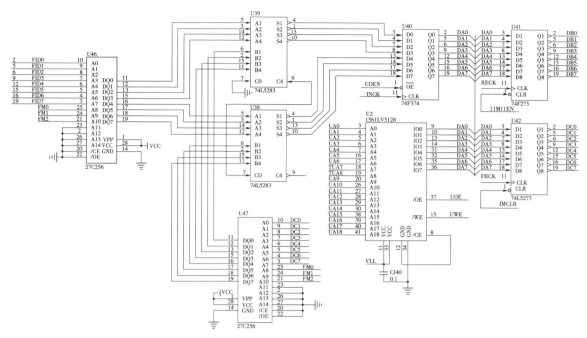

图 3-96 帧存储器的读写控制及帧相关处理电路

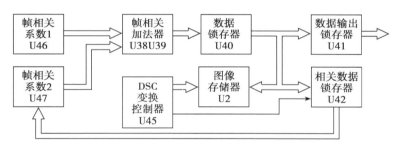

图 3-97 帧存储器的读写控制及帧相关处理框图

点滴积累 ∨

1. A/D 转换器分为直接转换器型和间接转换器型两大类。

2. B 超的图像存储器常称为主存储器，以区别图像存储器前、后的缓冲存储器。 主要是执行超声扫描平面采样所获得的回声数据的存取，即按一定时序（地址）读出和存入，从而提供图像进一步处理以实现显示器显示图像。

3. 图像冻结指同一图像在显示屏幕上的稳定重现。 当停止向存储器写入新的数据，而对已存储的一幅图像数据按 TV 显示的速率反复读出，便可在屏幕上获得一幅稳定不变的电视图像。

第八节 TV 合成与 D/A 变换

一、超声全电视信号

监视器显像中电子束在荧光屏上的扫描规律必须和图像存储器的数据读出规律一致，才能使超声图像在屏幕指定位置重现。这就不仅要求显像管电子束行、场扫描的频率和图像存储器的读出一致,而且数据给出的时间也必须保证其处于电子束扫描正程的相应位置上。为此,一个完整的电视信号(即全电视信号)不但应有反映像素亮度的视频信号,还应有保证图像存储器数据读出与显像管内电子束扫描同步的复合同步信号,以及在扫描逆程时关闭电子束的复合消隐信号。

现将黑白超声全电视信号的各个组成部分简述如下:

1. 亮度视频信号　B超的亮度视频信号包括超声回波信号、刻度信号和字符标志信号等。它反映了一个 TV 扫描行中对应像素的明暗程度。当视频信号施加于显像的栅-阴之间时,信号幅度越大,像素越亮。在任何电视制式中,视频信号都是在两个行消隐脉冲之间传送的,B超的视频信号也不例外。如图 3-98 所示,在一个 TV 扫描期的 64 微秒(PAL 制式)期间,行消隐期过后,首先出现的是产生水平刻度尺的刻度信号,然后是超声回波信号,再就是字符数据显示区的字符信号。它们在一行中占据的时间长短通常是固定的,但在某些状态下(如图像电子扩大时)也会发变化。

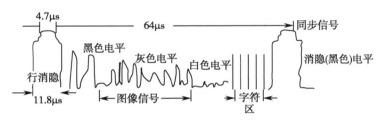

图 3-98　B 超亮度视频信号

2. 复合消隐信号　复合消隐信号的作用是使逆程期间电子束截止,以消除逆程回扫线。由于电视扫描是由行扫描和场扫描构成的,所以,又分行消隐信号和场消隐信号,而由两者形成复合消隐信号。

行消隐信号的波形如图 3-99 所示,PAL 制式电视标准规定正程时间 $T_{HS} = 52.2\mu s$,逆程时间 $T_H = 11.8\mu s$,T_H 即为消隐信号的脉冲宽度。场消隐信号在一场扫描结束后出现,用于消隐电子束的场回扫线。场消隐信号的宽度规定占 25 个扫描行,即 1.6 毫秒。

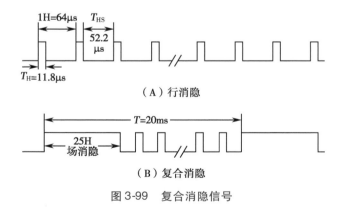

图 3-99　复合消隐信号

3. 复合同步信号　它包括行同步信号和场同步信号。行同步信号用于控制行扫描的一致性,其重复频率与行频一致,即 $f_H = 15\,625Hz$,脉冲宽度为 4.7~5.1 微秒。场同步信号用于控制场扫描的一致性,其重复频率与场频一致,即 $f_V = 50Hz$,脉冲宽度为 2.5~3Hz(160~192 微秒)。

行同步信号和场同步信号也是以矩形脉冲的形式出现,它们分别叠加在行消隐脉冲和场消隐脉冲上,且都具有相同的电平。因此,在场同步信号到来期间,行同步信号被中断,这就会造成光栅上部开始几行扫描的不同步现象。为了不使此期间行同步中断,通常对场同步脉冲开槽,并使其宽度等于行同步脉冲宽度,槽的后沿恰与行同步脉冲的前沿时间上相重合。这样就可以通过微分电路在场同步脉冲期检出正极性尖脉冲去同步行扫描,从而保证了场同步期间行扫描的稳定性。

4. 超声电视同步与消隐信号的产生　在电视广播中,接收机所需的电视同步和消隐信号,只需由所接收的高频全电视信号中分离即可获得。而由探头对介质平面采样所获得的超声图像信号本身,并不包含有这些同步和消隐信号。因此,必须由 DSC 中有关电路来产生这些同步和消隐信号,并使图像信号合成后送往电视监视器。

电视同步和消隐信号为幅度不同的矩形脉冲(即二值灰度信号),当然都可以通过振荡、分频或者其他脉冲发生器电路来产生。但那样做不仅使电路十分复杂并使仪器的成本增加,而且往往难以保证其时序上的稳定。考虑到同步和消隐无非是高、低电平的变换,一种最简单可靠而且经济的方法是采用查表方式来形成这些信号。即通过对 EPROM 编程,并配合一定的译码逻辑,来实现输出的高、低电平转换。由于行频和场频的差别甚大(行频 $f_H = 15\ 625Hz$,场频 $f_V = 50Hz$),因此,同步和消隐信号必须区分行、场分别产生。一般是设计两个 EPROM,一个用来产生行同步和消隐,另一个用来产生场同步和消隐,并设计两个不同的地址发生器来分别控制它们的读出。B超全电视合成电路如图 3-100 所示。

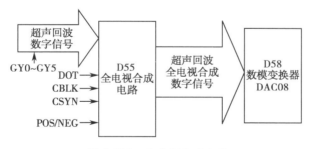

图 3-100　全电视合成电路

5. 字符、标志形成电路　字符、标志是现代 B 型超声诊断仪屏幕显示的一个重要内容。字符包含键盘所给出的全部字母和阿拉伯数字,标志则分为固定标志和可移动标志两部分,不同的机型可以有不同的内容,往往要求这些标志和字符可以在屏幕的任意位置上显示,并通过键盘随意修改所显示的字符内容或标志位置,甚至实现人机对话。因此,在现代 B 型超声诊断仪中,用于形成字符和标志显示的电路往往十分复杂,需要大量的软硬件。

字符、标志显示的基本原理:超声图像监视器屏幕显示字符、标志的方法和计算机终端显像相似。通常采用5×7 或7×9 点阵构成一个字或标志,如图 3-101(b)所示。为了使问题简单明了,假定屏幕光栅只有 11 条扫描线,一条扫描线只有 7 个像素点,如果字符与字符之间间隔一行,则屏幕一共可显示由5×7点阵表示的两个字符。根据字符的不同造型,可以分别用一组二进制代码来表示一个字符,比如对英文字母 E 和 H,便可写作附表中所示一组二进制编码。把这样一项代表字符的编码集中写入 ROM 中,这样的 ROM 就被称作字符发生器。通用的字符发生器可由厂家生产并作为商品出售,因此要构成一个屏幕字符显示系统,只要选用相应的字符发生器即可,在显示时通过选址便可以读出所需显示的字符。需要注意的是,由于电视扫描是逐行进行的,因此字符在屏幕上的显示也是逐行进行的。例如要读出图 3-101 中的 E 这个字符,则要随着电视扫描的规律,对字符发生器作七次读操作。即第一行扫描期读出表中的 11111 五位代码,第二、三行扫描期读出表中的 10000 五位代码,然后第四行读出 11111 五位代码,第五、六行又读出 10000,第七行读出 11111。读出的代码还不能直接用于显示,需要把它们由位并行关系换为位串行关系,这是因为电视显示扫描是逐点(像素)进行的。然后再将这些数字信号经 D/A 变换为模拟信号,最后送监视器显示。由于从字符发生器读出的代码是与字符点阵相对应的,所以,显示器上由高电平而产生的光点就构成了字符 E 的点阵图案。

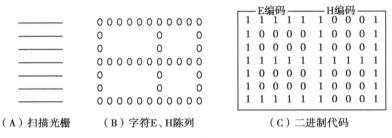

（A）扫描光栅　　　（B）字符E、H陈列　　　（C）二进制代码

图 3-101　字符显示原理

标志又称之为图形,同样可以采用以上的方法来产生。但因为标志可能有简有繁,如各种位体标志相对复杂,而测量标志相对简单。因此,标志或称图形通常由包含更多像素的点阵来构成。

字符发生器和标志(图形)发生器都有商业产品,可以根据不同的需要选用。也可以自编程序写入 ROM 中,这样将有更大的灵活性。

在 B 型超声诊断仪中,字符和标志显示可以有固定的显示区域,也可以任意区域显示。通常是把电视监视器屏幕划定为若干个字符显示区,通过控制字符信息(数据)读出相对行、场扫描的时间,即可确定字符在屏幕上的显示位置。比如 EVB-240 型 B 超,将显示器屏幕划分为 28 行,每行 28 个字符,每个字符由一个 7×9 的点阵构成。为了留出行间间隔,每个字符实际占用区域为 8×10,其中左边各留出一行和一列做空白。这样划分的结果,就使每个字符的每一个像素都可以被赋予一个确定的地址。当需要在指定的位置显示某一个字符时,只需选定该字符信号按地址输入即可。

一个字符、标志形成电路的典型结构如图 3-102 所示。

如图 3-102,典型结构的字符、标志形成电路主要由六部分组成,即扫描地址发生器、多路地址转接器、显示存储器(或称屏幕 RAM)、字符发生器、标志发生器以及移位寄存器等。

显示存储器(RAM)用于存储来自微处理器的需要显示的字符和标志信息,当它执行读操作时,其输出数据将控制字符或标志发生器给出字符或标志在屏幕格式相对应的区域显示。正是由于这种双重作用,它是一个双口共享的显示 RAM,也就是说,它既要接受微处理器(CPU)的访问,又要接

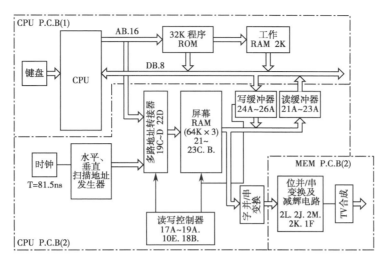

图 3-102　字符、标志形成电路框图

受显示器控制系统(CRT 控制器)的访问。因此,显示存储器既要按 CPU 存储器统一编址,以便 CPU 可以方便地对它进行访问,将需要显示的信息送入;又要按显示屏幕格式进行编址,将字符一行一行地按扫描顺序送出去显示。因此,它将按两类编址操作:当它从内存中取数时,是作为 CPU 系统内存的一部分,按存储器同样编址进行写操作;当它已经接收数据,需要将数据送出以实现字符或标志的显示时,它将脱开原有地址,而按屏幕格式编址进行读操作。

为了使显示存储器能按屏幕显示格式将信息送出,必须专门设置一个扫描地址发生器,来产生屏幕显示字符的所有地址,这组显示字符地址与屏幕上字符显示的位置一一对应。获得这样一组显示字符地址并不需要复杂的译码器,只需要一个重复循环加 1 的计数器便可,它就像一个跳动的心脏一样,按屏幕扫描的规律,不断地将显示存储器的内容读往屏幕。地址多路转接器是为了适应显示存储器所需两套地址的转接而安排的。它通常由多路三态缓冲寄存器组成,由 CPU 系统地址总线控制其转接。

字符发生器是一个只读存储器(ROM),它用于产生形成字符的亮度视频信号。显示存储器从 CPU 中接收到的字符信息,通常仅是需要送出显示字符的 ASCII 代码(当然,在其他的设计中,CPU 访问显示存储器,存进的也可以是要显示的字符)。当需要显示字符时,显示存储器根据扫描地址发生器提供的屏幕地址,读出需显示字符的 ASCII 代码,字符发生器(ROM)接收这一组代码,并将它作为字符填写表的地址,选中表中对应的字符输出。显示器每条扫描线扫过后只能构成一个字符点阵的一行,如果字符点阵为 5×7,那么,要显示的一个字符就需要扫过 7 条扫描线。也就是说,要从字符发生器 ROM 中读出 7 次,才能在显示器上构成一个(或一行)字符。字符 ROM 的读出是由扫描地址发生器的低位($RS_3 \sim RS_1$)控制的(也可以单设一个点地址发生器),它以与行扫描同步的速率,一次并行给出字符中一行上的 5 位数据(对应扫描线上的 5 个像素点)。移位寄存器接收字符发生器 ROM 的输出,并以扫描线像素显示同步的速率,实现对一次接收的 5 位数据的并行到串行输出。当移位寄存器空了的时候,控制器可以立即把下一个字符的同一行的 5 位数据存入,移位寄存器逐一对其实现并/串变换。如此重复,直到一条 TV 扫描线上所有需显示的字符的第一行全部读出,然后再开始对第二行的读出。随着扫描线序号的增加,屏幕字符点阵逐渐变化,当扫描完一个字符行(对5×7点阵为7条扫描线)时,一行字符就显示出来了。

由以上叙述可以看出,为了把一个字符写到屏幕上,要求进行下列操作:

(1) 访问显示存储器,找到字符代码;

(2) 顺序多次访问字符发生器ROM,逐次取出这个字符点阵在每条扫描线上的一组像素数据;

(3) 并行传送字符的这一组像素数据,把它们存进移位寄存器;

(4) 串行输出移位寄存器的内容,把产生的数据流送往全电视信号合成电路,与超声视频信号、同步与消隐信号合成后送到显示器。

为了满足速度的要求,系统中的大量操作都是并行进行的。例如,字符发生器ROM把字符码变换为点阵团的工作可以与微处理器的工作并行进行。图像存储器的读出操作与字符发生器ROM的操作也可以并行进行。同时,在显示存储器与字符发生器之间插入缓冲存储器,可以缩短对图像存储器的访问时间。这样,显示存储器每次把一行字符代码读进缓冲存储器,然后再从这个缓冲存储器读出代码到字符发生器。就可以避免CPU对显示存储器访问时与字符发生器的读操作发生矛盾。

6. 灰阶标志形成电路　灰阶标志或称灰阶条,通常显示在屏幕回声图等下方或一侧,如图3-103所示。灰阶标志用来指示一个超声成像系统所显示图像可能具有的灰度级差——灰阶。对于一幅图像而言,它具有的灰阶级越多,图像的层次就越丰富。而对于一部超声仪器而言,它所能允许的被传输信号的动态范围越大,则图像可能具有的灰阶级越多。在屏幕上显示灰阶标志正是为了表现仪器的这种能力。

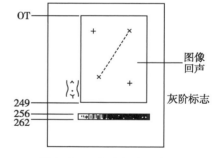

图 3-103　灰阶标志示意图

灰阶标志形成的基本原理:以上谈到显示灰阶标志的目的是为了表现一个超声成像系统所具有的动态范围,因此,产生灰阶标志必须以本仪器实际所具有的动态范围为依据。当仪器对超声信息的灰度范围量化为4位二进制码时,它具有16级灰阶,量化为7位二进制码时,它具有128级灰阶。然而,一般人在电视上只能分辨8~10级灰度差别(但不等于图像仅需要8~10级灰度差),所以,当仪器具有64级以下灰阶时,通常灰阶标志取相应的级数显示,而当仪器有更高的灰阶级时,灰阶标志并不一定取相同级数显示,反而常取16级灰阶标志显示。

灰阶标志着屏幕上表现为一个具有顺次递增灰度级差的条形图案,因此,灰阶标志信号通过一组逐次加1的二进制便可产生。比如,要形成16级差的灰阶标志,只要取四位二进制数,并使它们按图3-104(a)所示的规律变化,在每行扫描的指定时间插入显示即可

图3-104(b)是按以上设想而构成的灰度标志形成电路框图之一。将行同步15 625 Hz脉冲进行16分频后,再去触发四位D触发器,即可获得形成16级灰阶标志的4位二进制码。若将它们D/A转换后再加到显像管阴极,便可在屏幕上形成16级灰阶标志,每级灰阶占16行。为了使灰阶标志4如图3-104所示在图像过后的第256像素处开始显示,可以设置一个数据选择器,并把回声图像信

（a）形成灰阶标志的四位二进制码变化规律

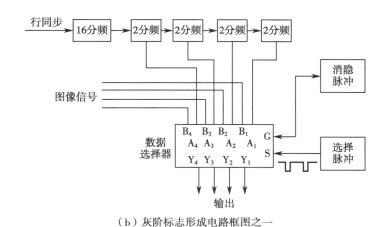

（b）灰阶标志形成电路框图之一

图 3-104　灰阶标志形成电路

息码和灰阶标志码分别加于其 A 和 B 输入端。由选择端 S 控制信号的输出，当 S=1 时，输出图像信号，当 S=0 时，输出灰阶标志信号。因此，只要控制负脉冲前沿对应扫描正程度相对位置的脉冲和脉宽，便可确定灰阶标志出现在屏幕上的位置和宽度。比如，当确定负脉冲脉宽等于 7 个像素显示周期，其前沿对齐第 256 个像素，则可得如图 3-104 所示的灰阶标志。

图 3-105 为典型字符、图形电路框图。该系统由 U35（8031）控制整个流程，向 U42（XC95144）送达读写字符、图形的地址线及数据线的指令，向 U38（74LS245）送达数据总线读写控制指令，U42 控制 U44（IS61C1024）字符图形存储器产生字符图形，在 U38 的控制下送往 U39（74LS273）的 8 位数据锁存器，锁存字符图形数据送至输出合成。

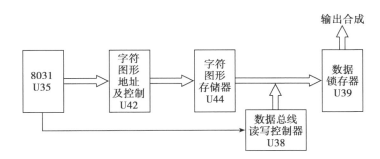

图 3-105　典型字符、图形电路框图

超声显示时图像、字符图形同时显示，都有自己的独立通道，CRT 的光栅通过水平移位扫描时，电子束在明和暗值的控制下，以点阵在显示屏上显示字符图形，显示器划分小块区域，按水平和垂直地址的 VARM 存储器中的字符图形代码完成显示，显示屏面要考虑位置、字大小、字距、字符多少。

二、D/A 变换器

为了能够用数字系统处理模拟超声信号,必须把模拟信号转换成相应的数字信号,这是超声图像数字化的过程。经过数字化处理后的超声信号,最终要送往电视监视器进行图像显示,因此,又必须要把处理后的数字信号再还原成相应的模拟信号,这一过程称为图像信号的数-模转换(或称 D/A)。实现 D/A 转换的电路称为 D/A 转换器。显然,为了确保所得到的处理结果的准确性,D/A 转换和 A/D 转换一样,都必须具有足够的精度;其次,为了匹配数据系统的快速过程,D/A 转换器还必须具有相应的转换速度。

按照工作原理的不同,D/A 转换器可以分为直接 D/A 转换器和间接 D/A 转换器两种。直接 D/A 转换器的工作方式是直接将输入的数字信号转变成某种中间量,然后再把中间量转换为输出的模拟信号。显然,后一种方式的 D/A 转换器在速度上慢于前者,并且电路的集成化难度也大,因此在集成单元 D/A 转换器中,很少有用到这类间接 D/A 转换方式,因此,在 B 超信号的变换中也不会用到这类 D/A 转换器。

按照工艺特性分类,D/A 转换器又有视频 D/A 转换器、双极 D/A 转换器、CMOS 型 D/A 转换器之分,且通常以单片集成化产品的形式出现,从应用的角度出发,主要应了解 D/A 转换器的转换精度、工作速度和温度特性等,并根据这些参数来选择相应型号的 D/A 转换芯片。在现代 B 型超声诊断仪器中,应用较多的单片集成 D/A 转换器有 ADV7125 系列。

ADV7125 是一款单芯片三路高速数模转换器(DAC)。它内置 3 个高速、8 位、带互补输出的视频 DAC、一个标准 TTL 输入接口和高阻抗、模拟输出电流源。

它具有 3 个独立的 8 位宽输入端口。只需一个+5V/+3.3V 单电源和时钟便能工作。ADV7125还具有其他视频控制信号:复合 SYNC 和 BLANK 以及省电模式。

ADV7125 采用 5V CMOS 工艺制造。单芯片 CMOS 架构可确保以较低功耗提供更多功能。

D/A 变换作为数字扫描变换器的末级,接受来自全电视信号合成电路的 8 位数据,将它们变换为模拟全电视信号输出。

点滴积累 ∨ ⋯⋯⋯⋯⋯⋯⋯⋯⋯⋯⋯⋯⋯⋯⋯⋯⋯⋯⋯⋯⋯⋯⋯⋯⋯⋯⋯⋯⋯⋯⋯⋯⋯⋯

1. B 超的亮度视频信号包括超声回波信号、刻度信号和字符标志信号等。它反映了一个 TV 扫描行中对应像素的明暗程度。

2. 按照工作原理的不同,D/A 转换器可以分为直接 D/A 转换器和间接 D/A 转换器两种。

3. 复合消隐信号的作用是使逆程期间电子束截止,以消除逆程回扫线。

第九节　系统控制概述

系统控制电路以 CPU 为中心,它根据初始化程序的约定以及来自面板和键板的指令,发出各种控制信号,实现对全机的控制,并完成各种测量。前已述及,数字扫描器(DSC)在 B 超中的应用,不仅增强了仪器对超声信号的处理能力,还使之实现了一些新的很有价值的功能,比如前面已介绍过的发射多段动态聚焦、接收可变孔径、信号相关处理和数据插补,以及实现超声图像的 TV 显示和字符注释等。然而,这些电路的工作都必须定时并有序地进行,否则将不能获得预期的效果。为此,必须具有一个控制中心,用以有序地协调整机各电路的工作。

CPU 控制板的主要功能:

1. 控制主机工作模式的转换,例如设置图像工作模式为 B 型、BB 型;改变帧相关系数等图像参数;改变显示深度等。

2. 设置和显示日期、时间。

3. 设置界面字符和输入字符、显示体标。

4. 各种测量功能,例如测量距离、周长、面积等。

5. 输出 TGC、EFC 信号数据。

单片机 8031 通过配置 U_{36}(82C53)、U_{53}(82C53)的参数设置 USRA 和 USOF 的周期,这两个信号确定超声扫描线的深度和一帧超声图像的扫描线数。U_{37}(74LS245)用于单片机数据总线的扩充,以便后面写入 CPLD 内部控制数据。单片机工作时序如图 3-106 所示。

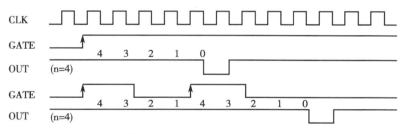

图 3-106　82C53 工作时序图

U42(XC95144)用于控制单片机读写显示存储区,输入地址为 AD0～AD15,输出地址为 GA0～GA16,U44(IS61C1024)是显示存储区地址线,U38(74LS245)是单片机读写显示存储区的数据线控制器,单片机通过 U42、U44 读写显示存储区。U39(74LS273)是字符、图形输出锁存器,在界面上显示如图 3-107 所示。

时间、日期是 DS12C887 芯片产生的,通过响应单片机外部中断以读取时间、日期数据,并显示。DS12C887 每隔 0.5 秒,输出一次中断请求,单片机也就每隔一秒读一次时间日期数据,所以在显示器上可以看到时间在按秒计时显示。(图 3-108)

U44(IS61C1024)是图形和字符存储区,对单片机来说就是扩展的外部存储器,存储区的大小为 256×256,数据线宽度为 8bit,这 8bit 设定为 8 个层,在图形显示时这 8bit 的数据只要是有一位为 1,8bit 的数据每位都置为 1,即对应的点输出为 0xFF,也就是最亮的 255。为避免单片机读写图形区时显示器上产生干扰,单片机在视频信号场消隐时在读写图形区存储器,场消隐触发外部中断 0(INT0),即外部中断 0 出现时,有要写的数据方可写图形区。

图像冻结后,可以对超声图像区的特定病灶区进行测量,例如可以测量胎儿的股骨长,进一步算出胎龄和预产期,也可以测量囊肿、结石的尺寸等。这些都是由测量距离完成的,测量距离时,先显

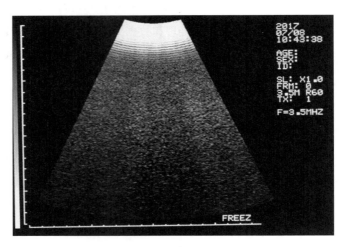

图 3-107　B 超界面图形

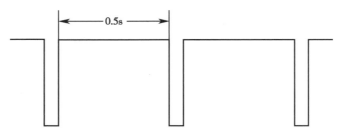

图 3-108　DS12C887 中断请求信号

示一个测量光标+,通过移动轨迹球移动光标到合适的位置,确认后就选定了测量的起始点,然后移动光标到另一个测量点,光标位置合适后按确认键,即显示测量距离。这个过程就是单片机读写显示存储区的过程,每移动一次光标,单片机需要擦掉原来的距离线,再在新的位置写出距离线和光标。当两条线交叉时要保证不能擦掉另一条距离引导线。

　　在超声成像中,需要对不同深度的回波信号加不同的增益,这就需要 TGC 信号,本系统中 TGC 信号是由单片机写数据到 TGC 存储器中,TGC 数据按超声扫描线的深度以固定时钟读出,经 DA 变换及后级驱动后去控制 TGC 放大器,改变不同深度的增益。

　　为简化电路,动态滤波信号 EFC 数据和 TGC 数据放到一片 RAM 里,读出时分时读出,分别用 74LS273 锁存器锁存数据后再去 DA 变换器。每路 DA 变换信号经驱动后去控制 TGC/EFC。

点滴积累 ╲

> 1. 系统控制电路以 CPU 为中心,它根据初始化程序的约定以及来自面板和键板的指令,发出各种控制信号,实现对全机的控制,并完成各种测量。
>
> 2. 图像冻结后,可以对超声图像区的特定病灶区进行测量,例如可以测量胎儿的股骨长,进一步算出胎龄和预产期,也可以测量囊肿、结石的尺寸等,这些都是由测量距离完成的。

学习小结

一、学习内容

B超基本结构分析
- 超声成像的换能器技术
  - 压电效应
  - 压电振子的等效电路
  - 超声诊断换能器结构与主要特性
  - 超声探头的分类与扫描方式
- B超发射声束的形成与扫描电路
  - B超发射电路构成的依据
  - 发射波束形成的典型电路结构
  - B超发射波束形成扫描典型电路分析
- B超接收电路的基本结构与工作原理
  - B型超声回波信号的特点
  - 基本电路结构框图
  - 前置放大器
  - 多路转换开关和变孔径及相位调整电路
  - 时间增益补偿(TGC)电路
  - 动态滤波电路
  - 对数放大与检波电路
  - 边缘增强电路
- 数字扫描变换器和系统接口
  - DSC的一般原理
  - 超声图像数字化
  - 图像存储器
  - TV合成与D/A变换
  - 系统控制
  - CPU外围与接口

二、学习方法体会

1. 了解和学习压电晶体材料的类型和压电效应以及人工极化的机制,是分析和理解超声成像探头结构中核心元件——压电振子的基础。

2. 学习和掌握压电方程,分析压电振子的工作原理,结合超声成像探头的构成,有助于掌握超声成像探头的工作原理,同时也为超声成像探头的维护打下理论基础。

3. 在掌握超声成像探头结构和工作原理的基础上,学习和掌握超声成像探头的维护方法,及超声成像探头的灭菌消毒措施,既有助于加深理解超声成像探头的结构和工作原理,又加深了实践能力的理论基础。

4. 学习和了解B超发射超声波的特点,加深对超声波发射的认识,掌握B超发射波束的形成原理,通过图解法反复描述B超发射波束形成的原理及电路重现方法,能够正确分析B超发射电路的工作原理,掌握分析发射电路系统的分析方法。

5. 学习和了解B超接收系统的典型结构,熟悉B超接收电路的特点,通过电路分析与仪器内部电路对照,从教材到电路图,最后到仪器的内部结构等三者结合的方法,掌握B超接收电路的主要结构及电路的分析方法。

　　6. 结合实际电路,逐步掌握B超数字扫描变换器的原理及应用,了解存储器的原理与应用,超声信号与图像显示的速度和坐标转换原理,了解字符图形显示原理和图像处理技术等,掌握TV合成与D/A变换的原理。

　　7. 学习B型超声诊断仪主要控制信号的作用,了解B型超声诊断仪计算机接口应用技术,按照仪器的电路图和仪器的结构相对照的学习方法,从实践到理论由浅入深,逐步掌握B型超声诊断仪系统控制的方法与原理。

目标检测

一、单项选择题

1. 换能器作用是(　　)

　　A. 动能与势能相互转化　　　　　B. 势能与动能相互转化

　　B. 机械能与电能相互转化　　　　D. 化学能与电能相互转化

2. 医用B型超声诊断仪的换能器发射超声能量在(　　)以下

　　A. $10mW/cm^2$　　　B. $20mW/cm^2$　　　C. $30mW/cm^2$　　　D. $40mW/cm^2$

3. 换能器中开关二极管的作用是(　　)

　　A. 减少主机与换能器连接线　　　　B. 降低噪声

　　C. 提高超声频率　　　　　　　　　D. 提高压电振子的功率

4. 超声换能器(探头)中的每个振子都连接有开关二极管,这些开关二极管是用于(　　)探头的各个振子

　　A. 限幅　　　　　B. 控制　　　　　C. 整流　　　　　D. 检波

5. 超声波在介质中传播一定距离后,声波振幅(　　),且与所经距离成正比

　　A. 变大　　　　　B. 变小　　　　　C. 不变　　　　　D. 换能

6. 对于允许的幅度变化范围的回波信号,用若干个灰度分层量化,每一个量化分层则称为图像的(　　)级

　　A. 电压　　　　　B. 电流　　　　　C. 灰度　　　　　D. 衰减

7. 换能器主要有四部分组成,下面哪项是不正确(　　)

　　A. 匹配层　　　　B. 压电振子　　　C. 吸收层　　　　D. 控制层

8. 相位调整电路的作用是(　　)

　　A. 提高分辨率　　　　　　　　　　B. 实现多路信号相的相加

　　C. 提高探测深度　　　　　　　　　D. 控制超声发射方向

9. TGC电路作用(　　)

　　A. 实现接收回波信号的频率补偿　　　B. 实现接收回波信号的相位调整

C. 实现接收回波信号的深度增益补偿　　D. 实现接收回波信号的滤波

10. 数字扫描变换器（DSC）不包括（　　）

　　A. A/D 转换电路　　　　　　　　　B. 字符发生电路

　　C. D/A 转换电路　　　　　　　　　D. 勾边增强电路

二、多项选择题

1. 声波在介质中的衰减是（　　）

　　A. 扩散衰减　　　　　B. 吸收衰减　　　　　C. 散射衰减　　　　　D. 内转换

2. 纵波可以在（　　）

　　A. 真空　　　　　　　B. 固体　　　　　　　C. 气体　　　　　　　D. 液体

3. 采用灰度调制的超声诊断仪器有（　　）

　　A. A 型　　　　　　　B. B 型　　　　　　　C. D 型　　　　　　　D. M 型

4. 超声诊断仪器属于二维显示类型的是（　　）

　　A. A 型　　　　　　　B. B 型　　　　　　　C. D 型　　　　　　　D. M 型

5. B 超扫描方式有（　　）

　　A. 手动直线扫描　　　B. 机械扫描　　　　　C. 电子直线扫描　　　D. 电子扇形扫描

三、简答题

1. 可变孔径电路的目的和意义？

2. 医用超声诊断仪接收电路为什么要采用时间增益控制（TGC）的补偿电路和怎样实现补偿？

3. 医用 B 型超声诊断仪接收电路为什么要采用动态滤波？

4. 什么是逆压电效应和正压电效应？

（金浩宇　张刚平　董安定）

第四章

全数字 B 超

ER-04章PPT

学习目标 ⋁

知识目标

1. 掌握数字波束形成、数字信号处理等超声数字化关键技术。
2. 熟悉全数字 B 超的基本结构和工作原理。
3. 了解与全数字 B 超技术相关的基础知识。

技能目标

1. 熟练掌握原理框图的分析方法及信号走向等识图技能；
2. 学会全数字 B 超电路的分析方法，为适应现代超声仪器生产和维修岗位打下良好基础。

导学情景 ⋁

情景描述：

  随着电子产品数字化进程的加快，数字化技术正使超声诊断设备迈向更新的水平。全数字化超声诊断系统已成为现代超声诊断系统的主流。那么全数字 B 超的数字化技术有哪些？典型的数字化电路有哪些？

学前导语：

  本章我们将带领同学们进入以下两个模块：第一，从全数字 B 超有别于模拟 B 超的几个关键问题出发，对其全数字技术进行探讨，比如波束形成的数字化技术、信号处理的数字化技术；第二，以 DP-9900 型 B 超为例，分析全数字 B 超的基本结构和工作原理。具体包括：探头板分析、脉冲板分析、整序板分析、波束合成板分析、数字板分析、控制面板分析，通过分析，可以对数字化电路有更深入的了解，为进一步学习其他新技术打下基础。

  全数字化超声诊断系统是指发射波束和接收波束都是数字化形成的超声诊断系统。1987 年，世界上第一台全数字化超声诊断系统诞生，经过不断地发展、改进与更新，已成为现代超声诊断系统的主流。

第一节　超声全数字技术

  超声图像是医师对受检者进行诊断的重要依据之一，因此，超声图像的质量至关重要。从技术角度讲，全数字化技术与传统意义上的模拟技术的最大差别是波束形成过程中的延时精度得到了极大提高,可以从根本上改善超声图像的准确度和清晰度。同时,数字化平台可以提供丰富、快捷和高效的后处理功能,为超声诊断医师带来工作上的便利。全数字化技术在一定程度上还可以解决带宽、噪声、动态范围、暂态特性等方面的问题,使超声成像系统具有更高的可靠性和稳定性。

从分析成像原理的角度出发,B 超可分为发射单元、接收单元、图像处理单元和系统控制单元等;从生产制造的角度出发,B 超可分为前端、信号处理和后端。波束合成器称为 B 超的前端,扫描变换器称为 B 超的后端,如图 4-1(1)所示。B 超的后端总是数字化的,即数字扫描变换(DSC),而 B 超的前端最初是模拟前端,当 B 超具有数字前端时,它的信号处理部分即是数字信号处理,而扫描变换本来就是数字化的,因此这样的 B 超称为全数字 B 超,如图 4-1(2)所示。

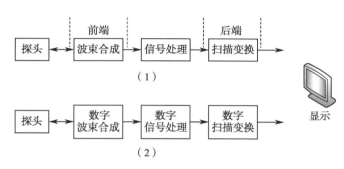

图 4-1　全数字 B 超的基本构成

下面就全数字 B 超有别于模拟 B 超的几个关键问题进行探讨,共性问题不再阐述。

一、数字波束形成

数字波束形成的关键是波束合成。简言之,波束合成就是延时求和。延时是控制声束方向和聚焦所需的重要手段,是 B 超前端的精髓,延时精度是 B 超最重要的指标之一,是图像质量的核心要素。延时的复杂性突出表现在发射多点聚焦和接收动态聚焦的场合,此时延时随着发射焦点的改变和接收深度的增加发生实时动态的改变。

延时的方法可分为两类:模拟延时与数字延时。模拟延时一般采用抽头延时线组成的器件,延时精度、可控性、可靠性相对有限,其有限性在通道数较多且动态接收聚焦的情况下尤为突出。数字延时的性能很大程度上依赖于数字器件的运行速度与集成度,随着数字器件运行速度和规模的提高,数字延时比模拟延时有着无可比拟的优势。

下面介绍两种数字波束形成器:

1. 控制采样脉冲方式　数字波束形成器通过控制 A/D 转换器的采样脉冲实现数字延时,如图 4-2 所示。

这种波束形成器的数字延时精度等于主振周期 T。延时量以 T 为量化单位转换成二进制数码存放在各通道延时数据 RAM 中,以备实时扫描过程中随时调出使用。各通道的延时控制器主要由发射延时计数器和接收延时计数器组成。在延时数据装载期,发射延时数据装载到发射延时计数器,接收延时数据装载到接收延时计数器。

发射期开始后,各通道的发射延时计数器同时开始倒计数,计数频率为主振频率。当一个通道

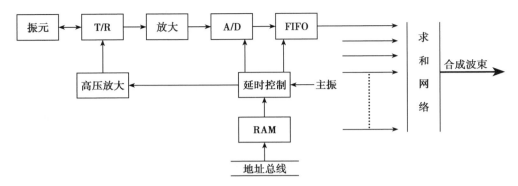

图 4-2 控制采样脉冲方式的数字波束形成器(一个通道)

的发射延时计数器倒计数至零时,便产生该通道的发射脉冲,当所有通道都发射脉冲后,启动接收期。

接收期开始后,各通道的接收延时计数器同时开始倒计数,计数频率为主振频率。当一个通道的接收延时计数器倒计数至零时,便产生该通道的第一个采样脉冲,此后接收延时计数器工作于固定分频状态,输出射频采样脉冲。

A/D 变换器的输出暂存于各通道的 FIFO 内,当各通道的 FIFO 都已收到它的第一个样本时,便启动各通道的 FIFO 移位输出。各通道的 FIFO 输出相加就是各通道信号的延时相加,也就是波束合成器的输出。

知识链接

FIFO

FIFO 是英文 First In First Out 的缩写,是一种先进先出的数据缓存器。它与普通存储器的区别是没有外部读写地址线,使用更简单,但缺点是只能按顺序写入数据或读出数据。

2. 基于双口 RAM 方式 数字波束形成器基于双口 RAM 实现,如图 4-3 所示。

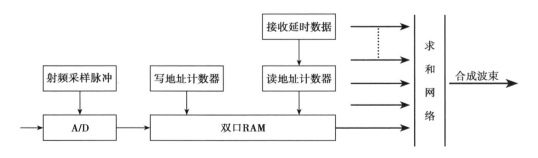

图 4-3 基于双口 RAM 方式的数字波束形成器(一个通道)

在这种数字波束形成器中,各通道的回波信号被同一射频采样脉冲均匀采样,并将采样数据同步、同地址分别写入各通道的双口 RAM。从各通道双口 RAM 的不同地址单元中取数求和,从而实现波束控制与动态聚焦所需的延时,延时精度等于射频采样间隔。

读地址计数器与写地址计数器的时钟频率都等于射频采样率。写地址计数器始终作周而复始的简单变化,读地址计数器则因为动态聚焦的需要在每一个接收聚焦段期间按简单变化规律递增,当从一个接收聚焦段跳到另一个接收聚焦段时,新的延时数据装载到读地址计数器,使读地址出现一次"异动"的节拍,随后继续有规律地简单递增。

> **知识链接**
>
> 双口 RAM
>
> 双口 RAM 是在一个 RAM 存储器上采用两套完全独立的数据线、地址线和读写控制线,并允许两个独立的系统同时对该存储器进行随机性访问的共享式多端口存储器。

在无需高采样率时,可以通过插值滤波器提高数字延时的精度,如图 4-4 所示。当双口 RAM 的数字延时方案与插值滤波器配合使用时,双口 RAM 提供粗延时,插值滤波器则将延时精度提高到 1/4 或 1/8 的射频采样间隔,从而获得高精度延时。

ER-4-1

滤波器

二、数字信号处理

全数字 B 超数字信号处理的核心是检波,实现检波的电路称为检波器。

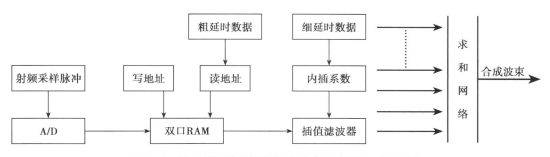

图 4-4　具有插值滤波器的数字波束形成器(一个通道)

最简单的检波器仅需要一个二极管就可完成。目前,集成射频检波器具有更高的灵敏度和稳定性,得到广泛应用。

全数字 B 超数字信号处理采用的检波器一般为包络检波器或同步检波器。前者的输出信号(高采样率的射频回波)与输入信号(低采样率的视频信号)包络成对应关系,主要用于标准调幅信号的解调;后者实际上是一个模拟相乘器,为起到解调作用,需要另外加入一个与输入信号的载波完全一致的振荡信号(相干信号)。

包络检波器分为两类:绝对值包络检波器和正交包络检波器。

1. 绝对值包络检波器　射频信号是一个带通信号,中心频率为载波频率。射频信号取绝对值之前,必须去除它的直流成分;取绝对值之后,信号频谱的能量中心位于零频、二倍载频、四倍载频处,其中的低频成分就是我们要提取的回波包络。

实际上,提取滤波是合并两个信号的处理步骤,提取滤波器由提取回波包络的低通滤波器与降采样率电路构成,后者把高采样率的包络变为低采样率的包络。如图 4-5 所示。

图 4-5 绝对值包络检波器

2. 正交包络检波器 正交包络检波的关键是把实射频回波变为复射频回波,即正交化处理,可以通过一对正交的带通滤波器实现。由于射频回波正交化之后即可进行降采样处理,所以这对正交的带通滤波器可以用抽取滤波器实现。正交抽取滤波器输出两路信号,一路是复包络的实部 I,另一路是复包络的虚部 Q,它们在复信号取模电路中进行 $\sqrt{I^2+Q^2}$ 运算即可得到我们要提取的回波信号包络。如图 4-6 所示。

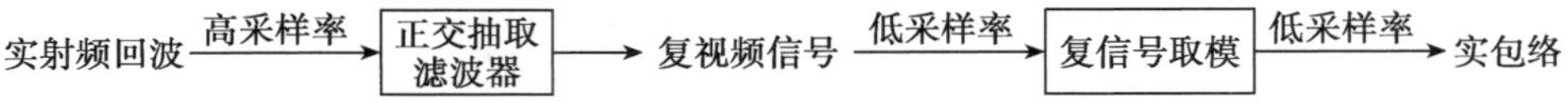

图 4-6 正交包络检波器

以上两种包络检波器的抽取滤波器都担当着十分重要的角色。抽取滤波器的抽取因子和带宽都要可编程,以匹配显示深度的不同要求,这为抽取滤波器的实现增加了难度。

通常抽取滤波器用一个 FIR 滤波器,但一般不采用常规的 FIR 滤波器结构,而是用若干乘法累加器实现。滤波器阶数等于乘法累加器数与抽取因子的乘积。输入信号通过一个延时链的各抽头加到各乘法累加器上,延时链上每个延时单元对信号延时的时钟周期数等于抽取因子。乘法器的一路输入为延时的信号样本,另一路输入则是循环输入的滤波器系数。这种滤波器结构可以充分利用抽取输出的特点,用为数不多的乘法累加器实现阶数很高的 FIR 滤波,同时还便于实现滤波器阶数和滤波器系数的可编程。

点滴积累 ∨ ······

1. 全数字化超声诊断系统的图像具有更佳的准确性和清晰度,更高的可靠性和稳定性,更丰富、快捷和高效的后处理功能。
2. 延时是全数字 B 超前端的精髓,其精度是 B 超最重要的指标之一,是图像质量的核心要素。
3. 检波又称解调,是将音频信号或视频信号从高频信号中分离出来的技术,是全数字 B 超数字信号处理的核心。

第二节 全数字 B 超典型电路分析

以 DP-9900 型 B 超为例,分析全数字 B 超的基本结构和工作原理。DP-9900 型 B 超系统的结构图如图 4-7 所示。

DP-9900 型 B 超由探头板、脉冲板、整序板、波束合成板、数字板、控制面板、I/O 接口板、电源板

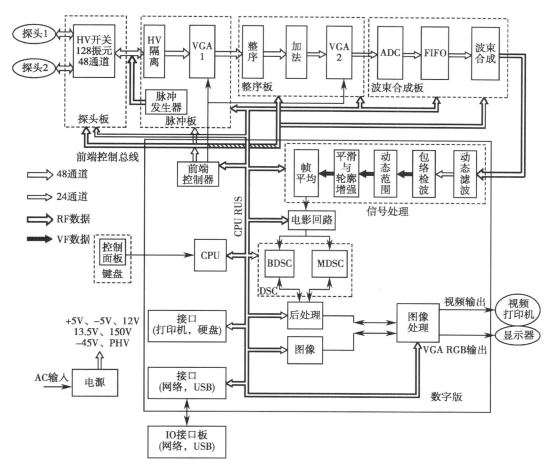

图 4-7　DP-9900 型 B 超系统的结构图

等部分组成。其中数字板包括以 CPU 为中心的系统控制部分、以包络检波为中心的信号处理部分和以 DSC 为中心的图像形成与处理部分。各板与母板间的连接图如图 4-8 所示。

一、探头板分析

DP-9900 型 B 超具有 48 个发射/接收处理通道,配有 128 个阵元的探头。图像的每条扫描线都是通过 128 个阵元中不同位置的相邻阵元组合发射而得来。每条扫描线可以应用 48 个相邻的阵元,因此需要通过切换电路来实现 128 个阵元到 48 个阵元的转换。切换电路根据信号处理板的命令执行相应的切换任务,通过高压模拟开关 HV20220PJ 和继电器组 TN2-5V 实现转换。

探头板包括高压开关电路组模块、高压开关控制电路模块、探头选择继电器组及其控制模块、自检模块等。探头板的原理图如图 4-9 所示。

1. 高压开关电路模块　高压开关电路的主要组件是高压开关,采用的是 HV20220PJ 型 8 通道模拟高压开关。内部原理如图 4-10 所示。

1 位串口数据 DIN 与时钟信号 CLK 同步写入 8 位位移寄存器,由 DOUT 输出,并通过 LE 存入锁存器。如果锁存器为 1,相应开关开启;如果锁存器为 0,相应开关关闭。当 CL 等于 1,所有开关关闭;当 CL 等于 0,所有开关开启。

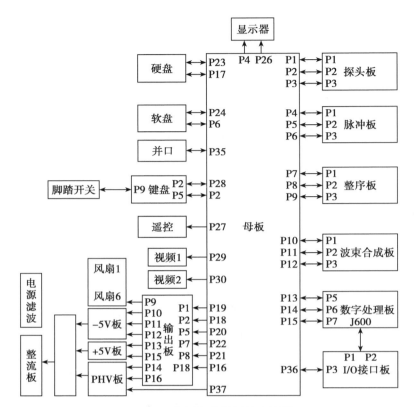

图 4-8 各板与母板间的连接图

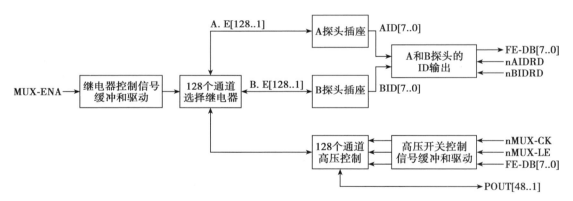

图 4-9 探头板原理图

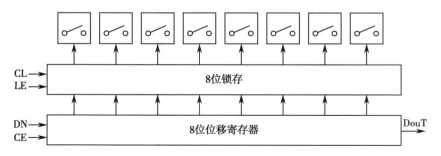

图 4-10 高压开关原理图

模块具有 8 组高压开关。数据 D7 ~ D0 分别与 8 组高压开关的 DIN 相连接。16 个 8 位数据经过 16 个时钟 CLK 写入 HV20220PJ 锁存器中,从而完成开关控制的设置。当统一的 LE 信号有效时,16×8 个开关关闭或打开(取决于数据位)。它们将根据相应的控制数据实现从 128 个振元到 48 个振元的转换。

模块中数字控制信号的输入来自总线信号的缓冲电路;模拟信号的输入来自连接脉冲板的插座 POUT[24..1],输出是通过继电器组选择探头。

2. 高压开关控制电路模块　高压开关控制信号来源于前端控制器。驱动器 74AHCT245 将控制信号转换成驱动电流来驱动高压开关 HV20220PJ。

该电路包括探头编码读取接口,用于确定探头类型。探头编码来自探头插座的 CMOS 逻辑级,并通过 3 态驱动器 74AHCT245 实现。当读取探头 ID 使能信号/IDRD 有效时,两个探头的 ID 编码可以同时被读出。DB[3..1]是探头 B 的 ID 编码,DB[7..5]是探头 A 的 ID 编码。

3. 探头选择继电器组及其控制模块　继电器组用于实现探头间的切换。采用 8 组(每组 8 块)64 块 TN2-5V 型双极双投掷继电器。

继电器的输入与高压开关的输出相连接,输出的常闭触点与探头 A 插座相连,输出的常开触点与探头 B 插座相连,线圈电压由驱动继电器提供。

驱动继电器的闭合触点接地,开启触点与+5V 电源相连。当探头切换信号 MUX-EN1 和 MUX-EN2 为低电平时,控制信号驱动电路(2N7002LT1)截止,两个控制继电器的输出接地,切换继电器 TN2-5V 不动作,选择探头 A。当探头切换信号 MUX-EN1 和 MUX-EN2 属于高电平时,控制信号驱动电路(场效应管 2N7002LT1)导通,两个驱动继电器的输出接入+5V,切换继电器 TN2-5V 得电动作,选择探头 B,实现切换。信道继电器及其控制电路的原理图如图 4-11 所示。

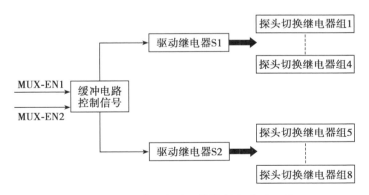

图 4-11　信道继电器及其控制电路原理图

4. 自检模块　为加强整个系统的自检功能,设计时增加了自检信号自动切换电路。

其工作原理是通过自检使能信号来控制切换继电器的状态。当自检使能信号无效时,探头板处于正常工作状态;当自检使能信号有效时,探头插座的所有信号端子被加入自检信号,从而依次开启每个收发通道(即只能有一个信号信道处于传导状态)。就可以应用自检信号测试每个信号信道的特性,并比较这些通道的一致性。

二、脉冲板分析

脉冲板有两个功能:高压发射脉冲产生和回波信号放大。包括两个模块:发射脉冲电路模块与回波信号放大电路模块。如图 4-12 所示。

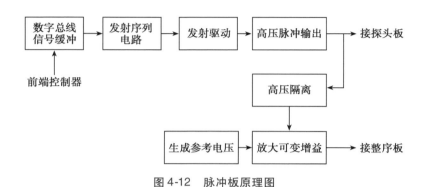

图 4-12　脉冲板原理图

1. 发射脉冲电路模块　用于生成高压发射脉冲,可以分成数字总线信号缓冲电路、发射序列电路、发射驱动和高压脉冲输出电路。其工作过程是把发自于发射序列电路的低压发射脉冲经过发射驱动电路和驱动高压脉冲输出电路,最后触发探头开始发射过程。

（1）数字总线信号缓冲电路:用于缓冲所有输入/输出信号。

（2）发射序列电路:用于生成 48 通道发射焦点延迟低压脉冲。该电路可分为 RAM 模块、M_CONTROL 模块、T_TX 和 WRS 模块以及电源转换电路。①RAM 模块:保存当前探头发射焦点延迟数据并且在切换探头时更新 RAM 中的发射焦点延迟参数。RAM 中的参数可以被读取并被修改。②M_CONTROL 模块:根据由系统当前前端控制器发射的扫描线数量和焦点位置数据,读出保存于 RAM 模块中的 48 个信道发射焦点延迟数据并将数据发送到 T_TX 模块。③T_TX 模块:根据 48 个发射焦点数据,生成 48 信道发射焦点延迟低压脉冲。脉冲延迟值取决于各自的发射焦点延迟数据。发自前端总线的发射脉冲特性参数决定脉冲的形状。④WRS 模块:前端总线操作。用于锁存扫描线数量、焦点位置和发自前端总线的发射脉冲特性参数。⑤电源转换电路:在 FPGA 芯片上实现 RAM、M_CONTROL、T_TX 和 WRS 模块功能。该芯片需用 2.5V 和 3.3V 电源。因此,需要采用电源转换电路将 5V 转换为 2.5V 和 3.3V。

（3）发射驱动和高压脉冲输出电路:将发射序列电路生成的 48 信道发射焦点延迟低压脉冲放大成为高压发射脉冲信号,用以驱动探头。

2. 回波信号放大电路模块　本模块把经过高压隔离电路隔离后的回波信号送到 AD604 的输入端,在 VGA1 信号控制下,进行可控增益放大,为后面的整序电路提供足够的信号增益。可细分为高压隔离电路、可变增益放大电路、参考电压生成电路。

（1）高压隔离电路:用于隔离发射高压,避免发射高压损坏可变增益放大电路。回波信号能以较低的损耗通过该电路。

（2）可变增益放大电路:在 VGA1 信号控制下,低噪音放大器 AD604 可以放大探头接收的回波信号。

（3）参考电压生成电路：为 12 信道 AD604 提供 2.5V 参考电压。

三、整序板分析

整序板的核心是通过三级模拟开关实现的整序开关矩阵。MC14052 作为模拟开关，PECHO[48..1]为经脉冲板放大的超声回波信号，输入信号对应于探头的 48 个通道。如图 4-13 所示。

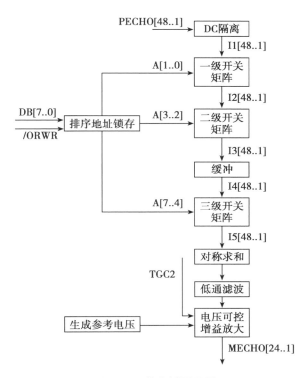

图 4-13　整序板原理图

该电路先去除信号 PECHO[48..1]中的 DC 成分，然后将剩余的信号发送到一级开关矩阵，该矩阵由排序地址 A[1..0]控制，用以实现最多 4 个空间的排列转换。按此方式，1 至 4 的任何信道接收的任何信号都可以作为第一个信道的信号并进入二级开关矩阵，二级开关矩阵由排序地址 A[3..2]控制。根据一级开关矩阵实现的转换，二级开关矩阵可以实现最多 16(4×4) 个空间的排列转换。这样，16 个信道中任何一个信道接收的信号都可以作为第一个信道的信号并进入三级开关矩阵。二级开关矩阵的信号输出将被缓冲，然后被发送到三级开关矩阵，三级开关矩阵由高 4 位的排序地址 A[7..4]控制。根据前两级的转换，三级开关矩阵可以采用 48 个信道接收的任何信号作为第一个信道的信号，这样就能实现 48 个通道的中心对称排序。经排序的通道由加法器对称相加，经 TGC2 放大，进入波束合成板。

四、波束合成板分析

波束合成板的功能是信号的 AD 转换和波束合成。探头板接收的 48 个信道的模拟信号通过整序板后,具有相同相位的信道信号组合形成一个信号,因此,48 个信道减少为 24 个通道。24 个信道信号进入波束合成板。波束合成板除完成信号的 A/D 转换,还要实现相位调整(参考上节相关内容)。调相后的回波信号数据,先进行 A/D 转换器的零偏差补偿,然后经加权求和,形成合成信号。

波束合成板包括输入滤波电路、A/D 转换、FIFO 电路、波束合成控制电路等。如图 4-14 所示。

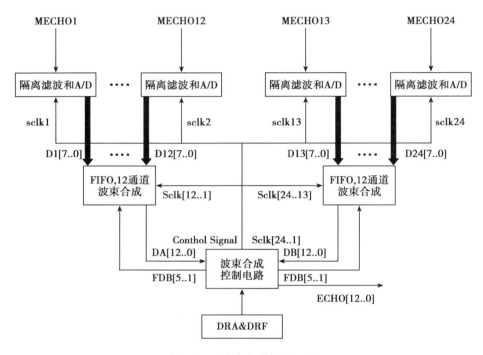

图 4-14　波束合成板原理图

1. 输入滤波和 AD 转换电路　输入滤波电路功能是对 A/D 转换器完成差分驱动,并构成低通滤波以防止采样造成的重叠。A/D 转换器采用 AD9283,其主要性能指标为:8 位位数、50MS/s 速度级别、46.5dB 信噪比(输入信号频率为 10.3MHz 时)。

2. FIFO 电路　12 通道 FIFO 由 FPGA(u96)内的 SRAM 实现,另外的 12 通道 FIFO 由 FPGA(u97)内的 SRAM 实现,其存储容量为 512 字节,满足了接收相位调整的要求。

3. 波束合成控制电路　波束合成控制电路提供与主机 CPU 的接口。为实现接收动态聚焦,不同通道的取样时钟需要不同的延时。波束合成电路中,波束合成控制电路由主 CPU 写入延时参数,存入 SRAM 中。SRAM 采用容量为 128K×8 的 W24L010AJ-15 芯片。系统采用 100MHz 的晶振提供时钟,经内部分频产生 4 个 25MHz 时钟。波束合成电路从 SRAM 获取动态参数,将缓冲在 FIFO 中的 12 信道回波信号数据加权求和并调整孔径的直径,计算出的数据通过低通滤波后形成输出。

五、数字板分析

数字处理板主要由计算机系统、RF FPGA(UA1)、VF FPGA(UA2)、电影回路 FPGA(U31)和 DSC FPGA(U32)等组成。如图 4-15 所示。

1. 计算机系统　采用 MCF5370(U1)作为中心,完成以下功能:①配置并初始化 FPGA;②处理超声扫描中断;③响应键盘中断;④执行操作界面相关的所有操作。

ER-4-2

FPGA

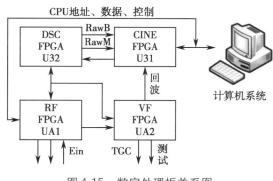

图 4-15 数字处理板关系图

2. RF FPGA(UA1) 直接与波束合成板相连,接收回波数据,完成动态滤波,生成后端测试信号、前端控制信号和前端总线控制信号。转换的信号直接被发送到 UA2。

3. VF FPGA(UA2) 包络检波、二级取样、对数压缩和动态范围转换、奇偶数扫描线修正、中值滤波、平滑处理、边缘增强、多焦点连接、VGA1 和 VGA2 输出及前端测试数字信号生成。经处理的回波信号被发送到电影回路 U31。

4. 电影回路 FPGA(U31) 包括回波再生、帧相关处理、电影回放、图形和图像显示、VGA 到 VIDEO 的转换。经处理的信号(Image…)被发送到 DSC FPGA。它也接收由 DSC FPGA 处理的信号(RawB…, RawM…)。

5. DSC FPGA(U32) 实现从极坐标到正交坐标的转换、PAN/ZOOM 功能、B/B 与 B/M 模式的切换等。它接收电影回路 FPGA 信号(Image…),输出(RawB…, RawM…)到电影回路 FPGA。

六、控制面板分析

控制面板电路主要完成以下功能:①对按键的扫描和读取,并转换为键码值传输给主机;②接收轨迹球消息并发送给主机;③光电码盘接口控制。光电码盘输出 2 位的格雷码,控制电路对其输出进行方向判断和计数,并将计数值传送给主机;④STC 消息传送。当检测到面板上的 STC 调节电位器发生变换时,读取当前的值发送给主机。

电路主要包括单片机(AduC812)、STC 滑动电位器、光编码器、按键阵列、轨迹球等。如图 4-16 所示。

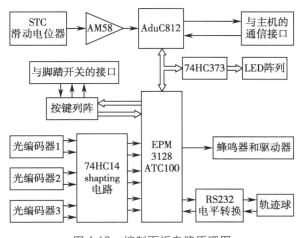

图 4-16 控制面板电路原理图

1. 单片机(AduC812) 内部集成了 8K Flash ROM、UART 和 8-CH 12 位 A/D。AduC812 的核心是 8051,其指令集与 8051 指令集兼容,无需额外开发系统,可在线编程,采用 POFP-52 封装。

下载代码时,经过 PC 的 RS-232 端口,应用编程电缆通过 CPU 的 UART 将代码写入 Flash ROM 中。运行时,UART 作为键盘与主机间的串口,波特率为 9600bps。8 通道 12 位 ADC 用作实现 STC 取样,但 A/D 结果中只有较高的 8 位才有用。由于 CPU 包含了 A/D 内部参考电压,它可以保证 A/D 转换的稳定性和精确性。

2. STC 可调电位计 由 AduC812 的 ADC 参考电压(2.5V)供电,可使用万用表在 U1 的管脚 8 处进行测量。STC 返回的信号被 STC 板上 LM358D 芯片的 D2 ~ D4 缓冲,然后接入 AduC812 的 A/D 输入管脚。

3. 光编码器 其 2 位灰度代码输出先被 U3(74HC14)处理,然后被发送到 U2(EPM3128ATC100)。此时 U2 内的计数器将计算光编码器的输出。AduC812 将读取并发送计算结果给主机。

4. 按键阵列 当按下按键时,AduC812 将读取按键数值并将它编码,然后发送编码到主机。该电路采用 I/O 交换法读取按键数值并去除按键抖动。

5. 轨迹球接口 其电压电平是 RS-232 电平,它由 P4 的管脚 1、2 供电,$V = 10.6V$,P9 的管脚 10 接地。轨迹球的数据由 P9 的管脚 9 输出,经过 RS-232 收发器和 MAX209,被发送到 EPM3128ATC100 内部的 UART 接收器。

点滴积累 ∨

1. DP-9900 型 B 超由探头板、脉冲板、整序板、波束合成板、数字板、控制面板、I/O 接口板、电源板等部分组成。
2. 数字板作为全数字超声设备中的最重要组成部分,主要对探头接收到的信息进行数字信号处理与图像形成。

学习小结

一、学习内容

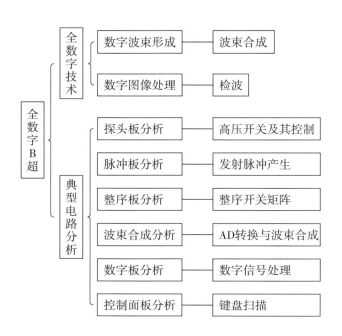

二、学习方法体会

1. 学习本章节之前应复习和了解电路基础、模拟电子技术、数字电子技术、图像处理等相关专业基础知识。

2. 本章节大部分内容需要结合上一章节对应内容学习,可更好地理解超声模拟技术与数字技术之间的差异,更好地掌握全数字 B 超的工作原理。

3. 典型电路分析要深入浅出,举一反三,培养识图和分析电路的能力,为培养职业能力打下良好基础。

4. 典型电路分析涉及一些新技术和新概念,需要通过知识链接和拓展来熟悉和掌握。

目标检测

一、单项选择题

1. 超声成像技术中,( )是控制声束方向和聚焦所需的重要手段,是 B 超前端的精髓。

    A. 滤波   B. 延时   C. 调制   D. 增益控制

2. DP-9900 型 B 超具有( )个发射/接收处理通道。

    A. 12   B. 24   C. 48   D. 128

3. 全数字 B 超数字信号处理的核心是( )。

    A. 滤波   B. 检波   C. 相关处理   D. 增益控制

4. DP-9900 型 B 超高压开关电路的主要组件是高压开关,采用的是 HV20220PJ 型( )通道模拟高压开关。

    A. 2   B. 4   C. 6   D. 8

二、多项选择题

1. DP-9900 型 B 超探头板包括( )等模块。

    A. 高压开关电路   B. 高压开关控制电路   C. 选择继电器

    D. 自检   E. 发射脉冲电路   F. 回波信号放大电路

2. DP-9900 型 B 超脉冲板包括( )等模块。

    A. 发射脉冲电路   B. 高压开关控制电路   C. 回波信号放大电路

    D. 自检   E. 高压开关电路   F. 高压开关控制电路

3. DP-9900 型 B 超波束合成板包括( )等电路。

    A. 滤波电路   B. A/D 转换   C. 发射脉冲电路

    D. 回波信号放大电路   E. 数字低通滤波电路   F. DSC FPGA 电路

4. DP-9900 型 B 超控制面板电路主要包括( )等。

    A. 单片机   B. 波束合成   C. 轨迹球

    D. 编码器   E. 背光按键   F. 滑动电位计

三、简答题

1. 请简述全数字化超声诊断系统。

2. 请简述 DP-9900 型 B 超自检模块的工作原理。

3. 请简述 DP-9900 型 B 超数字板主要组成。

（李哲旭　杨蕊）

第五章

ER-05章PPT

超声多普勒成像与彩超

学习目标 ∨

知识目标

1. 掌握多普勒成像系统的基本结构和工作原理。

2. 熟悉多普勒效应及相应技术在医学上的应用。

3. 了解多普勒成像的发展过程。

技能目标

熟练掌握超声多普勒成像技术，进一步提高超声设备原理图的分析和理解能力。

导学情景 ∨

情景描述：

目前，医疗领域内 B 超的发展方向是由黑白 B 超向彩超发展，彩超是现代影像技术的重要组成部分，其基于多普勒效应，经彩色编码后实时地将血流信息叠加在二维图像上，即形成彩色多普勒超声血流图像。彩超既具有二维超声结构图像的优点，又同时提供了血流动力学的丰富信息，在临床上被誉为"非创伤性血管造影"。那么多普勒效应测定血流速度的基本原理是什么？多普勒技术有哪些？血流信息的显示方式有哪些？彩超设备的成像系统及典型电路有哪些？

学前导语：

本章我们将带领同学们学习以下内容：多普勒效应及技术、血流信息的显示方式、多普勒成像系统及典型电路。通过这些模块的学习，进一步提高对超声设备的理解。

超声多普勒技术是研究和应用超声波经运动物体反射或散射所产生的多普勒效应的一种技术。多普勒超声诊断仪（D 型超声诊断仪）即是利用多普勒效应，结合声学、电子技术制成的超声成像系统。广泛应用于对血管、心脏、血流和胎儿心率等的检测。

第一节　多普勒效应

ER-5-1

当声源、接收器、介质之间存在相对运动时，接收器收到的超声频率与超声源的频率之间产生差异，这种现象称为多普勒效应。其变化的频差称为多普勒频移，它首先由奥地利物理学家、数学家和天文学家多普勒于 1842 年发现。

多普勒

一、多普勒效应分析

当声源和接收器的相对运动发生于两者的连线上时,多普勒效应可表现为以下几种情况。其中f_S为声源的发射频率;λ为波长;T为波源的周期;V_S为声源相对于介质的运动速度(以趋近于接收器为正,背离接收器为负);V_R为接收器相对于介质的运动速度(以趋近于声源为正,背离声源为负);C为超声在介质中的传播速度。

1. 声源和接收器相对于介质静止 如图5-1所示,即$V_R=0$,$V_S=0$。

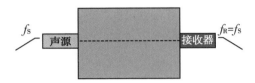

图5-1 声源和接收器静止分析示意图

此时,接收器接收波的频率f_R等于接收器在单位时间内接收到的波数,也等于行进中的波在单位时间内通过接收器所在位置的波数。即:

$$f_R = \frac{c}{\lambda}$$

又有$\lambda = cT$,则:

$$f_R = \frac{c}{cT} = \frac{1}{T} = f_S \qquad\qquad 式(5-1)$$

显然,上述情况时,多普勒频移值为零,不产生多普勒效应。

2. 声源不动,接收器以速度V_R相对于介质运动 如图5-2所示,即$V_R \neq 0$,$V_S=0$(当接收器向声源运动时,$V_R>0$)。

图5-2 声源不动、接收器运动分析示意图

此时,单位时间内处于接收处的波向右传播距离为c。同时,接收器向左移动距离为V_R,即相当于单位时间内波通过接收器的总距离为$c+V_R$。因此,单位时间内通过接收器所在处的波动数为:

$$f_R = \frac{c+V_R}{\lambda} = \frac{c+V_R}{cT} = \left(1+\frac{V_R}{c}\right)f_S \qquad\qquad 式(5-2)$$

此式表明,上述情况时,接收器所接收的波的频率是声源发射频率的$(1+V_R/c)$倍。

当接收器背向声源运动即$V_R<0$时,V_R以负值代入。此时,接收波的频率将减小。

3. 接收器静止,声源以速度V_S相对于介质运动 如图5-3所示,即$V_R=0$,$V_S \neq 0$(当声源向接收器运动时,$V_S>0$)。

图 5-3　接收器静止、声源运动分析示意图

由于波在介质中的传播速度与声源的运动无关,振动自声源发出后,它在介质中以球面波的形式向四周传播,球心位于发出该振动时声源所处的位置。当下一个振动自声源发出时,上一个声源已由原来位置向前移动了 $V_S T$,所以这一振动所形成的波球心也相应地向右移动 $V_S T$ 的距离,以此类推。这相当于通过接收器所在位置的波的波长比原来缩短了 $V_S T$。所以,单位时间内原来位于接收器位置上的波阵面虽然向前移动了距离 c,但由于实际的波长比原来缩短了 $V_S T$,所以通过接收器的波动数增加。即:

$$f_R = \frac{c}{\lambda - V_S T} = \frac{c}{c - V_S} f_S \qquad\qquad 式(5\text{-}3)$$

上式表明,接收器所接收到的波的频率比声源的发射频率增加。

如果声源背向接收器运动,即 $V_S < 0$,即以负值代入。此时,接收波的频率将减小。

4. 声源与接收器同时相对于介质运动　如图 5-4 所示,即 $V_R \neq 0$,$V_S \neq 0$。

图 5-4　声源与接收器同时运动分析示意图

此时,引起接收器接收波频率改变的因素有两个:一是声源相对于介质的运动使波长缩短;二是接收器相对于介质的运动使波在单位时间内通过接收器的总距离增加。综合以上两个因素,可求出单位时间内通过接收器的波动数,即接收器接收的频率:

$$f_R = \frac{c + V_R}{c - V_S} f_S \qquad\qquad 式(5\text{-}4)$$

若声源与接收器两者相互接近,则式中分子增大,分母减小,所接收到的频率增加;若两者相互背离,则频率减少。

若声源与接收器相对运动方向成一定角度时,只需求得运动速度在连线上的分量,即可得到接收波的频率。

二、应用多普勒效应测定血流速度的基本原理

两块平行并列放置的压电晶体,其一作为发射换能器,另一块作为接收换能器。如图 5-5 所示。发射换能器发射出超声波,入射到血管内运动着的血液颗粒(红细胞)上,经过血液颗粒散射后被接收换能器接收。

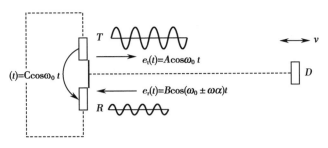

图 5-5　测定血流速度的基本原理

在医学超声诊断中,换能器(包括收、发换能器)通常静止不动,主要是介质运动。当超声波入射到血管内的血液颗粒时,由于血液颗粒的运动,此时出现第一次多普勒频移现象;被血液颗粒散射的超声波返回到接收器时,由于散射体的血液颗粒相当于超声波的声源,处于运动状态,于是出现第二次多普勒频移现象。

知识链接

红 细 胞

红细胞也称红血球,在常规化验中英文常缩写成 RBC,是血液中数量最多的一种血细胞,同时也是脊椎动物体内通过血液运送氧气的最主要媒介,同时具有免疫功能。

人类的红细胞是双面凹的圆饼状。 边缘较厚,中间较薄,就好像是一个甜甜圈一样,只是中间没有洞而已。 这种形状可以最大限度地从周围摄取氧气。 此外它还具有柔韧性,可以通过毛细血管释放氧分子,直径通常为 6~8μm。

为计算方便,作两点假设:①假定血液颗粒向着发射器和接收器运动的速度为 V;②假定超声的入射线和散射线对于血液流动方向的倾角相同,均为 θ。则:

$$f_{\mathrm{R}} = \frac{c+V\cos\theta}{c-V\cos\theta} f_{\mathrm{S}} \tag{式(5-5)}$$

多普勒频移为:

$$f_{\mathrm{D}} = f_{\mathrm{R}} - f_{\mathrm{S}} = \frac{2V\cos\theta}{c-V\cos\theta} f_{\mathrm{S}} \approx \frac{2V\cos\theta}{c} f_{\mathrm{S}} \tag{式(5-6)}$$

上式表明,多普勒频移与血液颗粒的流动速度 V 有关。只要测得多普勒频移就可以求得相应的血液流动速度,这是多普勒技术测量血流的基本公式。从中可以看出,通过测量接收信号的多普勒频移,就可以估算出人体内运动组织或血流的速度,从而达到了非侵入性检测体内生理状况的目的。

点滴积累 ∨

1. 多普勒效应是一种物理现象,是一种波源和观察者相向运动时接收频率变高,相背运动时接收频率变低的现象。

2. 通过检测探头发射与接收超声波频率的变化,根据多普勒方程,最终获得人体内血流速度的信息。

3. 由多普勒方程可知，频移可由多种因素引起。比如探头发射超声波的频率，超声波与血流方向的夹角，血流速度。

第二节　超声多普勒技术

一、多普勒技术的医学应用

20世纪50年代，首先利用超声多普勒原理的是"电子流量计"系统。该系统虽然不是专为医学研制，但可检测人体血流。20世纪60年代中期，利用90°相位(即正交相位)检测方案，研制出超声多普勒检测流动方向系统，该系统利用一对相位探测器来测定多普勒频移频率。散射后信号将与90°信息方式的参考频率作比较，最后的多普勒频移信号也具有90°的成分，向着换能器流的信号将会超过另一个90°相位，利用过零概念，作出方向判断。当流动方向相反时，其相位关系也发生反转，这就构成了测定流向型过零式频率计。

20世纪70年代后，多普勒系统进入到实用阶段，可分为三代：

1. **连续波多普勒系统**　由振荡器发出一定频率的高频连续振荡电信号，送至双片换能器中的一片，被激励的晶片发出连续超声，遇到活动目标如红细胞反射回来，此时回声已是频率发生改变的连续超声，经双片探头的另一片接收后并转为电信号，此信号与本机信号(高频振荡器产生的)混频后，经高频放大器放大，然后解调取出差频信号，此差频信号含有活动目标的速度信息。由于处理和显示方式不同，可分为监听式、相位式、指向式等类型。但此系统难于鉴别器官组织的位置，即不能测距。

2. **脉冲多普勒系统**　该系统是为克服连续波系统的缺点而发展起来的。利用多普勒技术与脉冲回波技术的结合，可以获得选定距离内的多普勒信息。发射脉冲由连续波振荡信号经门控制电路产生，接收电路中也附加一个电子门，以便在预定的时间间隔里把返回的信号变成多普勒信号。原则上，脉冲多普勒可检测心脏或大血管内的流动信号，并消除附近其他血管或运动结构的掩蔽效应。为了克服脉冲多普勒测速中来自重复频率所引起的模糊效应，采用把发射脉冲信号随机编码的技术，并使接收器接收的信号与所显示的发射信号类型相关，而后作频谱分析。随后又出现了采用随机噪声脉冲取代伪随机脉冲的装置，使脉冲多普勒的检测能力得到进一步提高。

3. **彩色多普勒血流显像系统(彩超)**　这是20世纪80年代在多普勒诊断领域中的一大进展，可在B型和M型超声心动图的基础上同时显示血流方向和相对速度，提供心脏和血管内血流的时间和空间信息。它如同X射线心血管造影术，提供给人直观循环的血流图像，被誉为无创性心血管造影术。该系统还有其他许多名称，如：实时二维多普勒超声心动图、多普勒血流测绘、彩色编码多普勒、多普勒彩色血流图等。但从性能和效果出发，"多普勒彩色血流显像"更恰当一些，也常有"彩色多普勒"或"彩超"之简称。

随着科学技术的发展，现代超声多普勒成像系统已经把连续波多普勒系统、脉冲波多普勒系统与彩色多普勒血流系统合为一体，也就是说在一台彩超上涵盖了多种成像模式，有利于彩超在临床中的广泛应用。

超声多普勒系统对于人体内活动目标,如血流、活动较大的器官的检测有独特的功能,是一种很有发展前途的医学检测方法。近年来,利用微型电子计算机、数字信号处理技术、图像处理技术等相结合制成的各种系统,可以用来测定血流速度、血流容积流量和加速度、动脉指数、血管管径,判断生理上的供氧情况、闭锁能力、有无紊流、血管粥样硬化等,以提供有价值的信息。

近年,超声多普勒系统已广泛应用于临床诊断。例如心脏及大血管系统、消化系统、泌尿生殖系统、浅表器官(眼、甲状腺和乳房等)、外围血管以及颅内血管等多种疾病的诊断。

二、多普勒频移的解调原理

超声多普勒诊断仪接收器接收到的回波信号除有运动目标产生的多普勒频移信号外,还有静止目标或慢速运动目标产生的信号。这些不需要的波称为杂波(clutter)。从复杂的回波信号中提取多普勒频移信号的过程称为多普勒频移解调。

知识链接

解　调

解调(demodulation)是从携带消息的已调信号中恢复消息的过程。在各种信息传输或处理系统中,发送端用所欲传送的消息对载波进行调制,产生携带这一消息的信号;接收端必须恢复所传送的消息并加以利用,这是解调。

解调可分为正弦波解调(或称为连续波解调)和脉冲波解调。其中,正弦波解调分为幅度解调、频率解调和相位解调。此外还有一些变种:单边带信号解调、残留边带信号解调等。脉冲波解调分为脉冲幅度解调、脉冲相位解调、脉冲宽度解调和脉冲编码解调等。

由于血流的速度远小于发射波声速,且回波中杂波分量的幅度通常比有用的多普勒频移信号大得多,所以要求解调器既能检出频率在发射频率百分之一以下的多普勒频移信号,还要能检出被杂波所掩盖的多普勒频移信号。完成这一任务的方法很多,非定向解调中有相干解调和非相干解调;定向解调中有单边带滤波法、外差法和正交相位解调法等。下面简要介绍几种主要的解调方法:

1. **非定向型解调**　非定向是指血流方向(顺向或逆向)不能确定,这类多普勒系统称为非定向型多普勒系统。

(1)相干解调:由于多普勒频移比超声发射频率要小得多,所以较方便的检测方法是将回波信号的频率与发射波频率进行比较,产生差拍。由于杂波与发射波的频率相同、相位关系固定,所以杂波对差拍输出只贡献一个直流电平,而有用的多普勒频移信号经处理后可被解调出来。这种采用发射信号作为参考信号,将它与被接收信号在相敏检测器中进行比较的过程称为相干解调,或称为相敏检测。

相干解调过程中,目标向着或离开换能器运动(定向运动)引起的正或负的多普

ER-5-2

相敏检测器

勒差频,即上边带或下边带,都由于解调而移入基带的相同区域中,这就损失了方向信息,所以称为非定向性解调。

（2）非相干解调:这种解调方式是以杂波成分作为参考波,并与多普勒频移后的回波进行比较。因为这种方法提供相位和频率参考源是回波本身,所以称为非相干解调。

只要杂波的幅度远大于血流回波的幅度,那么混合的被接收信号实质上是由多普勒频移对杂波作了幅度和相位的调制。这样,就可以利用一般的整流、滤波电路滤除载波,检出多普勒频移分量。

因为发射换能器与接收换能器之间的泄漏信号是杂波的主要成分,所以这是参考信号的主要来源。由于参考信号中还有慢速运动目标的回波,因此多普勒差频波形能反映血流对于周围介质的速度,而相干解调中获得的血流是相对于换能器的绝对速度。

2. 定向型解调　由于在多普勒信号中,不仅包含有目标运动速度大小的信息,同时也包含方向的信息。定向型多普勒系统除了能检测血流速度以外,还能确定血流的方向(顺流或逆流),这对心血管等的检测十分重要。定向型解调主要有单边带解调法及正交相位解调法等。

（1）单边带解调法:即用两个高精度的射频滤波器将多普勒上、下边带分离,一个作高通滤波器,一个作低通滤波器。分别只让超声回波中的多普勒上、下边带通过并在独立的通道中解调,最后得到正向和逆向的多普勒信号。这是一种直接的定向型解调法。

该方法的缺点是要求滤波器必须精密度高,稳定性高,品质因数高,这样才能有效地通过一个边带,而阻断另一个边带,并且边带的频率能延伸到比载波频率小 4～5 个数量级。另外,还要求采用高稳定性的晶体主振器以保证它的发射频率不至于漂移到任意一个滤波器频带中去,保证顺流与逆流通道之间不致引起交叉干扰。

（2）正交相位解调法:这是另一种方向检测技术。它将接收信号加到两个通道中,以正交的两个参考信号(频率相同、相位相差 90°)进行相干检测。

接收信号经放大后分两路进入两个相干解调通道:一个通道的参考波取自主控振荡器,称为直接通道;另一个通道的参考波取自主控振荡器输出经 90°移相,称为正交通道。两个通道的输出混合后,得到"方向性"的信息。

点滴积累　▽

1. 现代的彩色多普勒血流显像系统（彩超）是继连续波和脉冲式多普勒频谱显示之后的多普勒系统,是一种应用广泛的医学检测方法。

2. 多普勒频移解调是从复杂的回波信号中提取多普勒频移信号的过程。具有定向型解调的多普勒系统不仅能检测血流速度,还能确定血流方向。故其在心血管等的检测方面优于非定向型解调的多普勒系统。

第三节　多普勒频移信号的显示

多普勒频移信号的显示有多种方法,常用的为振幅显示、频谱显示和彩色显示。

一、振幅显示

即幅度-频率显示,如图5-6所示。横坐标用频率标定,从负最大频移值到正最大频移值;纵坐标代表不同频移的回声强度,以对数形式表示(采样区内红细胞的速度不同,且具有相同速度的红细胞数目也不同,因而不同频移的回声强度不同)。它可以用来研究某一时刻血流速度的详细分布,帮助确定采样区的位置,协助判断异常血流的起源。

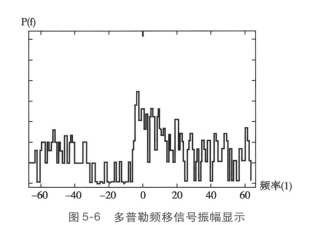

图5-6　多普勒频移信号振幅显示

二、频谱显示

即频率-时间显示,如图5-7所示。

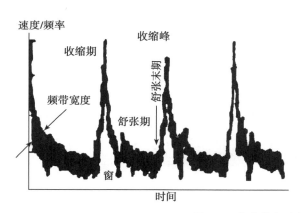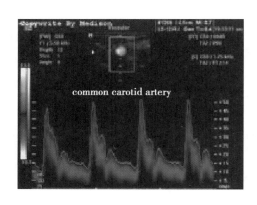

图5-7　多普勒频移信号频谱显示

频谱显示包含以下信息:

1. 频移时间　显示血流持续的时间,以横坐标的数值表示,单位为秒(s)。

2. 频移差值　显示血流速度,以纵坐标的数值表示,代表血流速度的大小,单位为米/秒(m/s)或千赫兹(kHz)。

3. 频移方向　显示血流方向,以频谱中间的零位基线加以区分。基线以上的频移信号为正值,表示血流方向朝向探头;基线以下的频移信号为负值,表示血流方向背离探头。

4. 频谱强度　显示采样区内同速红细胞数量的多少,以频谱的亮度表示。速度相同的红细胞数量越多,回波信号的强度就越大,频谱的灰阶则越高;相反,速度相同的红细胞数量越少,回波信号的强度就越低,频谱的灰阶则越低。

5. 频谱离散度　显示血流性质,以频谱在垂直距离上的宽度加以表示,代表某一瞬间采样区内红细胞速度分布范围的大小。若速度分布范围大,则频谱增宽;若速度分布范围小,则频谱变窄。层流状态时,平坦形速度分布的速度梯度小,呈空窗型,故频谱较窄;抛物线形速度分布的速度梯度大,故频谱较宽;湍流状态时,速度梯度更大,频谱则更宽。当频谱增宽至整个频谱高度时,称为频谱充填。

频谱显示实际上是多普勒信号振幅、频率和时间三者之间相互关系的显示,准确明了地显示了多普勒信号的全部信息,是反映取样部位血流动力学变化的较为理想的方法。在显示屏上,上方常显示 M 型(监视采样区位置),占显示屏的 30%;中间是多普勒频谱,占显示屏的 60%;下方为心电图,占显示屏的 10%。另外,左方是频谱记录时的各种条件,有最大采样深度、最大显示频率、每格频移值、壁滤波值、动态范围、探头频率等。M 型、频谱和心电图在各个心动周期都是对应的,便于比较。

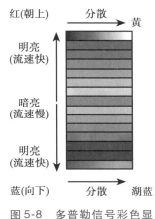

图 5-8　多普勒信号彩色显示原理图

三、彩色显示

即在 B 型超声图的基础上,用不同的色彩表示血流方向及其相对速度等动态信息。红细胞的动态信息主要由速度、方向和分散三个因素组成。常用红色和蓝色表示血流方向,朝向探头运动的红细胞用红色表示,离开探头运动的红细胞用蓝色表示,即正红负蓝;用显示的亮度来表示速度的快慢,即流速越快的血流色彩越明亮,反之越暗淡;用绿色表示分散(血流的紊乱情况),根据彩色三基色原理,正向血流紊乱接近黄色,负向血流紊乱接近青色。

图 5-8(见彩图 1)为多普勒信号彩色显示原理图。应当注意的是,即使是同一血流,由于探头所放位置不同,有时用红色表示,有时用蓝色表示。

点滴积累 ▽

1. 彩色显示时,常用红色和蓝色表示血流方向,用显示的亮度来表示速度的快慢。

2. 频谱显示时,横轴代表血流持续的时间,纵轴代表血流速度。以频谱中间的零位基线加以区分,基线以上的频移信号为正值,表示血流方向朝向探头;基线以下的频移信号为负值,表示血流方向背离探头。

第四节　多普勒成像系统

多普勒成像在发展过程中,出现了多种成像系统,现简单介绍其中主要的几种。

一、连续波多普勒成像系统

连续波多普勒成像系统的基本结构框图如图5-9所示。

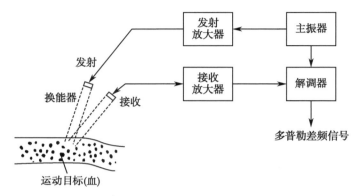

图 5-9　连续波式多普勒系统的基本结构框图

主振器为连续波正弦振荡电路,产生与发射换能器谐振频率相同的频率信号,以激励发射换能器产生超声束。活动目标反射和散射回来的回波信号(已包含那些位于两个换能器的波束叠合区中运动目标贡献出的多普勒频移信号),经低噪声的回波接收放大器放大,在解调器中加以检测,提取出多普勒频移信号f_D,再经低通滤波器滤出纯的多普勒频移信号f_d,经放大和进一步处理后,最后显示(或记录)结果。

连续波多普勒成像仪无纵向分辨能力(距离分辨能力)。如有两条不同深度但平行的血管,并均在超声束的照射之中,则二维图像无法区分它们的深度。脉冲式多普勒成像仪可解决这个问题。

二、脉冲式多普勒成像系统

脉冲式多普勒成像系统结合了脉冲回波系统的距离鉴别能力与连续波式速度鉴别能力的优点,因而应用更为广泛。其基本结构框图如图5-10所示。

脉冲多普勒成像系统除能获得多普勒信号以外,还可测出回波的时间与波束方向,据此定出运动目标的位置。这些信息是成像中所必须的:它所提供的距离信息,可以测定血管中某点的流速。

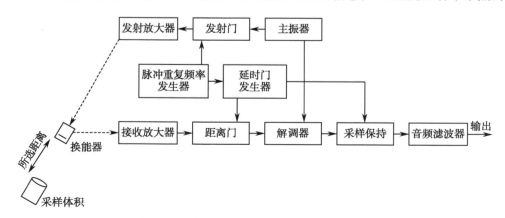

图 5-10　脉冲多普勒成像系统基本结构框图

但脉冲多普勒系统由于其最大显示频率受脉冲重复频率的限制,在检测高速血流时容易出现混叠现象。

脉冲多普勒成像系统发展十分迅速,种类繁多。主要有:距离选通式、定向式、显像式、随机噪声式等。

三、彩色多普勒血流成像系统

彩色多普勒血流成像(CDFI)是利用超声多普勒效应对心脏和血管进行探测的最新技术。它是根据多普勒效应和频移规律在超声显像和超声心动图的基础上,利用运动目标指示器原理(moving target indication,MTI)计算出血液中红细胞的运动状态,根据红细胞的移动方向、速度、分散情况调配红、绿、蓝三基色及其亮度,然后重叠显示在传统的 B 超图像上。它可以显示出血流方向和相对速度,提供心脏和大小血管内血流的时间和空间信息,从而定性了解血流特征(层流、湍流、涡流);还可显示出心脏某一断面处的异常血流分布情况和测量血流束的面积、轮廓、长度、宽度,把血流信息显示在 B 型或 M 型图像上。

1. **MTI 法多普勒测量基本原理** 原理如图 5-11 所示。探头发射一次超声波,从心脏的壁层及红细胞反射一次回波,当探头接收到两个回波后探头再发射下一个超声波。由于红细胞运动速度很快,因此回波的位置和第一次不一样。若将第一次和第二次所接收到的回波相减,即形成第三种波形。心脏壁层由于几乎没有移动,从壁层反射的回波几乎相同,所以相减之后它们的波形相消;红细胞快速运动,其回波位置不断变化,相减之后产生运动信息。如果朝同一方向多次发射超声波,且沿着回波的每一个点进行检测,即可得到不同距离上的目标运动速度,获得红细胞的运动信息。当多次反复上述发射时,获得的动态信息就更加准确。

2. **CDFI 工作原理** 图 5-12 为 CDFI 工作原理框图。

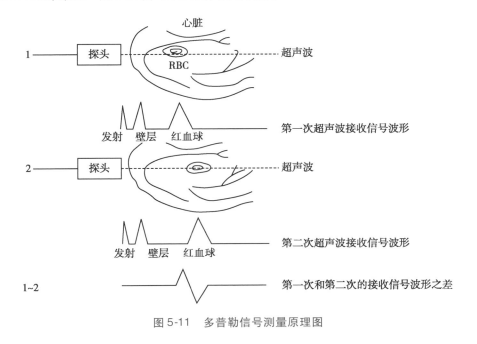

图 5-11 多普勒信号测量原理图

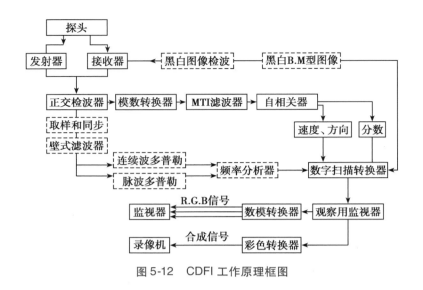

图 5-12　CDFI 工作原理框图

　　CDFI 以脉冲超声成像为基础,在超声波发射与接收过程中,系统首先产生差为 90°的两个正交信号,分别与多普勒血流信号相乘,其乘积经 A/D 转换器变为数字信号,经梳形滤波器滤波,去掉血管壁、瓣膜等产生的低频分量后,送入自相关器做自相关检验。由于每次取样包含了许多红细胞所产生的多普勒血流信息,因此经自相关检验后得到的是多个血流速度的混合信号。将自相关检测结果送入速度计算器和方差计算器求得平均速度,连同经傅里叶变换处理后的血流频谱信息及二维图像信息一起存放到数字扫描转换器(DSC)中。最后,根据血流的方向和速度的大小,由彩色处理器对血流资料作伪彩色编码,送彩色显示器显示,从而完成彩色多普勒血流成像。

点滴积累 ⋁

1. 连续波多普勒成像系统无纵向分辨能力,而脉冲式多普勒成像系统结合了脉冲回波系统的距离鉴别能力与连续波式速度鉴别能力的优点,应用则更为广泛。
2. 彩色多普勒血流成像系统是以脉冲超声成像为基础,利用超声多普勒效应对心脏和血管进行探测的最新技术。

第五节　彩超典型电路分析

　　图 5-13 为 DC-6 型彩超的整机电原理框图。该机是一款全身应用型全数字彩色多普勒超声诊断系统,是中国第一台拥有完全自主知识产权的台式彩超。该系统凝集了诸如多信号并行处理技术、相位增强谐波技术、自适应彩色伪差去除技术等前沿的图像处理技术。

　　系统由探头模块、发射模块、接收模块、连续波模块、波束合成模块、B/M 型信号处理模块、彩色血流信号处理模块、多普勒信号处理模块、DSC 模块、CPU 系统、ECG 心电模块、输入输出模块等组成。

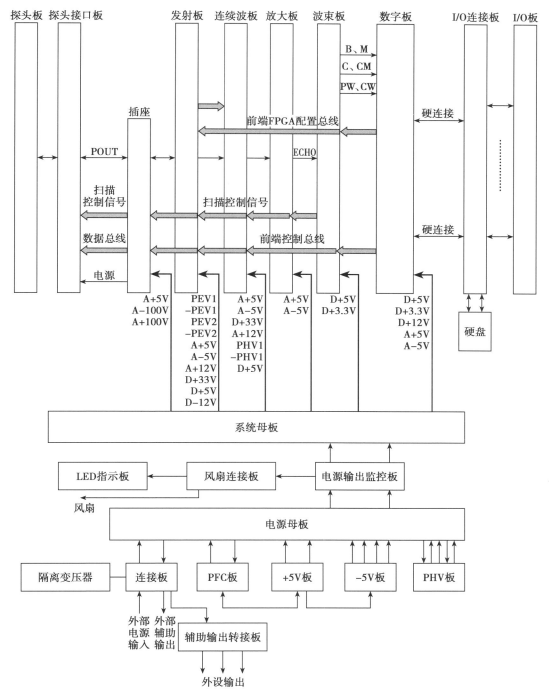

图 5-13　DC-6 型彩超系统原理框图

一、探头板分析

探头板原理框图如图 5-14 所示。

探头板实现探头的切换和探头 ID 选择。探头切换信号控制继电器切换探头阵元,ID 码读取电路与探头切换电路相互独立,可独立读出探头的 ID 码。

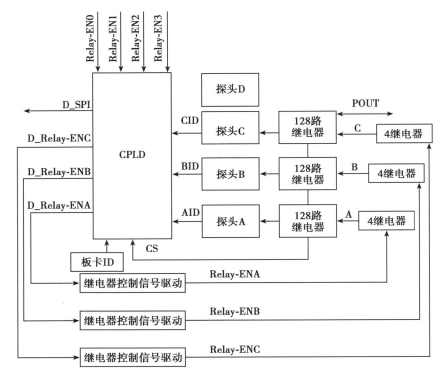

图 5-14　探头板原理框图

对于 A、B、C、D 探头,分别用 64 个双刀双掷继电器来控制其工作状态。我们以 A 探头继电器驱动电路为例说明探头选择的工作原理。

探头选择控制信号 D_Relay-ENA 经 245 驱动后获取 D_Relay-ENA 四路信号,此四路信号分别经 4 个继电器驱动电路产生 A[8:1]8 路控制信号,A[8:1]分别控制 8 个继电器,从而实现对 A 探头的选择。

探头的 ID 码由信号 CS[1:0]译码选择并读入 CPLD。系统读到某一探头的 ID 码,则通过软件设置 D_Relay-ENX(X 为 A、B 或 C)信号选择相应的探头。由于系统可能同时读入多个探头的 ID 码,因此系统软件需要根据当前的检测项目选择相应的探头。

探头插拔可以自动产生中断信号以通知系统软件,因此系统软件可以得到当前探头的插拔状态,并进行相应的提示显示。

二、发射板分析

发射板原理框图如图 5-15 所示。

发射板的主要功能是形成高压发射脉冲。发射电路由两部分组成:发射时序电路及发射驱动电路。发射时序电路产生低压发射脉冲,经发射驱动电路变为高压发射脉冲驱动阵元;发射板由电源提供 4 种程控发射高压,因此可以根据系统需要组合生成不同的发射波形。

三、放大板分析

放大板原理框图如图 5-16 所示。

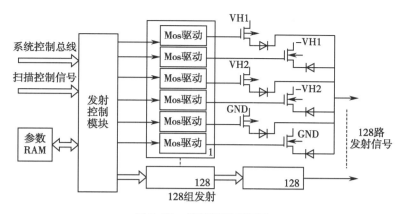

图 5-15　发射板原理框图

图 5-16　放大板原理框图

放大板实现小信号回波压控增益放大。放大板主要由高压隔离电路、通道选择电路、第一级压控增益放大和第二级固定增益放大电路组成。通道选择逻辑控制信号来自波束板,这些信号控制接收通道的开关。第一级压控增益放大电路由 AD8332 及其外围电路构成,其中 AD8332 为双通道压控增益放大器,增益电压由波束板经 D/A 转换得到,其有效范围是 0.04～1V;第二级固定增益放大电路由 AD8132 及其外围电路组成。

四、波束板分析

波束板原理框图如图 5-17 所示。

波束板包括波束合成模块、信号处理 FPGA 模块、信号处理 DSP 模块三大部分。主要完成 A/D 采样、波束合成、射频信号处理、多普勒信号处理、血流信号处理、视频信号处理、扫描控制信号产生等功能。

1. 波束合成　由系统母板送来的 64 路差分模拟信号,要经过低通滤波以防止 A/D 采样后频谱混叠,截止频率是 15MHz。防混叠滤波后通过 8 片高速 AD 进行采样,采样后的数据送到两片 FPGA U46、U65 进行波束合成。

2. 信号处理　波束合成后的数据送到 FPGA U4 进行黑白信号处理。同时波束合成的数据还要送到 FPGA U59 进行正交解调部分彩色血流信号处理和部分多普勒信号信理,处理后的数据一部分送到 FPGA U83 进行剩余部分的彩色血流信号处理,另一部分送到 DSP U78 进行剩余部分的多普勒信号处理。处理后的黑白信号、彩色血流信号、多普勒信号通过系统母板送到数字板进行后续部分的处理。

五、数字板分析

数字板主要由电影回放模块(Cine)、扫描变换模块(DSC)、后端显示模块(Display)、数据采集模

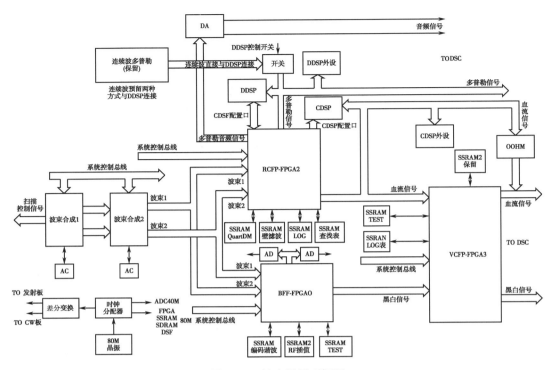

图 5-17 波束板原理框图

块(Capture)和 CPU 系统五大模块组成。其功能框图如图 5-18 所示。

电影回放 Cine 模块、扫描变换 DSC 模块、3D 数据采集和后端显示模块实现超声图像的后处理功能,采用 FPGA 实现。系统 CPU 采用 MCF5474,完成对各功能模块和整个系统的控制。各模块的功能描述如下:

1. Cine 模块 实现回波数据的预处理及各种模式数据的电影存储及回放功能,电影存储采用 DDR 内存条实现。电影回放和扫描变换都可分为并行的 4 个数据通路:二维图像、M 图像、Doppler 图像和 EGC 波形。

2. DSC 模块 实现回波数据格式向 VGA 数据格式的转变。

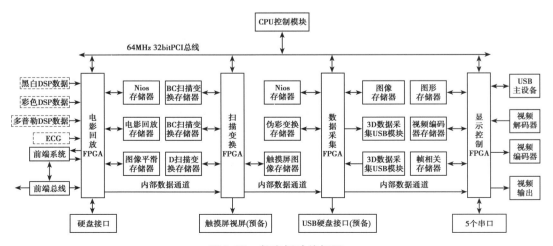

图 5-18 数字板功能框图

3. **Capture 模块**　通过上行 USB 接口向 PC 平台传送原始图像数据;通过下行 USB 接口从 PC 获取经过计算的 3D 显示数据存放显示 RAM;实现 USB 接口硬盘(保留)。

4. **Display 模块**　进行图形、图像的融合处理,提供主 CPU 对图形存储器的控制。接口图形存储器可由 CPU 直接访问,提供视频输入、输出的接口控制。

5. **CPU 系统**　CPU 系统是整机的控制核心,包括硬件系统和软件系统两个部分。硬件设计为系统软件完成各种功能提供硬件支持,软件控制 CPU 实现对各个硬件模块的控制。CPU 系统主要有两个功能:图像显示及测量和人机交互功能。主要功能有:①同其他 MCU 或 DSP 通信配合,对硬件各模块进行配置、初始化、监测、控制等;②实现系统 FPGA、DSP 的初始化配置;③系统控制:对完成各部分系统功能的 FPGA 参数进行控制,并负责管理系统控制器,实现对各单片机的在线升级。

六、系统母板分析

如图 5-19 所示,系统母板作为硬件系统的平台,提供各模块的电源通路及信号通路。系统母板 I/O 信号连接图如图 5-20 所示。

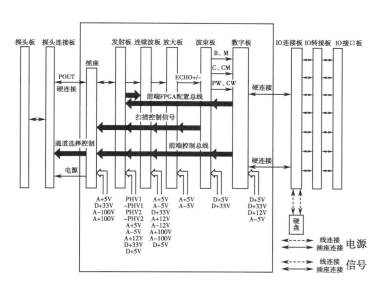

图 5-19　系统母板

七、连续波(CW)板分析

CW 板的总体结构框图如图 5-21 所示,主要分为四个部分:发射部分、接收部分、电源部分及控制部分。下面就前两部分进行简要说明。

1. **发射部分**　CW 板的发射部分信号流程如图 5-22 所示。

2. **接收部分**　CW 板的接收部分信号流程图如图 5-23 所示。

高压隔离电路主要用于保护接收电路,虽然在接收电路前端有一个继电器与探头隔离,但是一旦继电器控制发生错误,高压很可能通过继电器直接加到接收电路前端,因此需要加高压隔离进行保护。

带通滤波器部分的主要作用是滤除解调后信号中的极低频率分量以及进一步滤除和频分量。

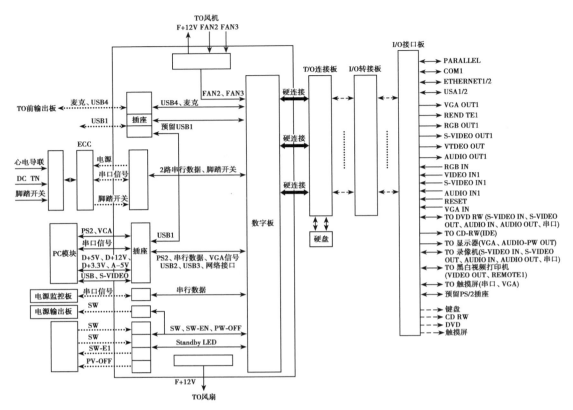

图 5-20　系统母板 I/O 信号连接图

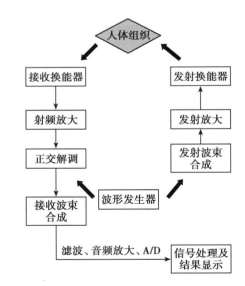

图 5-21　CW 板总体结构框图

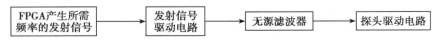

图 5-22　CW 板发射部分信号流程图

图 5-23 CW 板接收部分信号流程图

由两级有源高通滤波和四级有源低通滤波组成。

八、其他模块分析

1. 内置 PC 模块 如图 5-24 所示。内置 PC 模块主要进行 3D 和宽景（iScape）数据的后台处理。通过 USB2.0 接口将图像数据从超声系统传送到 PC 系统,进行进一步分析,如三维成像。图中,虚线代表控制流,实线代表数据流,主 CPU 控制通过串口和内置 PC 进行通信,内置 PC 启动 PC 系统中的 USB2.0 主控制器和超声系统中的 USB2.0 服从设备。

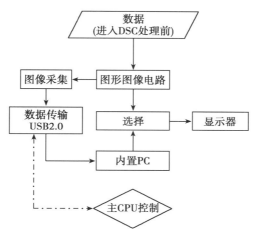

图 5-24 PC 模块功能框图

鉴于工控 PC 在可靠性、信号接口方式、电源种类、功耗等方面的优点,内置 PC 选用工控 PC 来实现。内置 PC 模块的主要组成部分有:PC 载板、工控板、内存条、硬盘和散热风扇等。

知识链接

工控 PC

工控 PC（industrial personal computer, IPC）是一种加固的增强型个人计算机。它可以作为工业控制器在工业环境中可靠运行。由于其性能可靠、软件丰富、价格低廉,应用日趋广泛。目前,IPC 已被广泛应用于通信、工业控制现场、路桥收费、医疗、环保及人们生活的各个方面。

PC 载板的主要功能有:通过两路 USB2.0 接口完成与数字板之间的数据传输;通过串口与数字板 5474 进行通信;S-VIDEO 接口用于维护模式显示;提供 USB 和千兆以太网络接口与 IO-BOX 射线连接;支持 SATA 接口的硬盘做 3D 系统数据存储;使用 CPLD 实现系统电源管理;从母板获取 12、5、3.3V 电源。如图 5-25 所示。

2. I/O 背板模块　I/O 背板模块主要由 I/O 连接板、I/O 转接板、I/O 接口板三块单板组成。三块单板间的连接关系为:①I/O 连接板一端直接与数字板连接,另一端与 I/O 转接板连接,同时提供一个标准 40PIN IDE 硬盘接口及 4PIN 电源接口,预留硬盘散热风扇电源插座;②I/O 转接板一端与 I/O 连接板连接,另一端与 I/O 接口板连接,主要起延长板的作用;③I/O 接口板与 I/O 转接板连接,同时,系统主要的输入输出接口、电源均由 I/O 接口板提供,根据整机的需求,I/O 接口板上的输入输出接口主要分为内部 I/O(用户不可见)和外部 I/O(用户可见)两类。I/O 背板模块示意框图如图 5-26 所示。

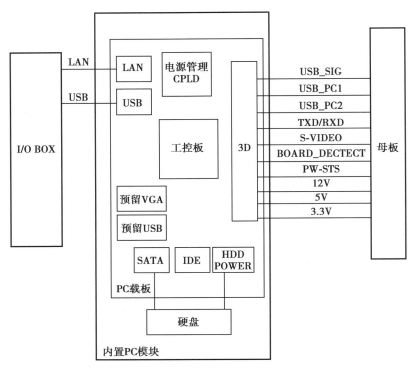

图 5-25　PC 载板接口示意框图

3. 心电模块　心电模块主要用于心电信号检测与显示心电波形,以作为超声图像的参考,并同步触发当前实时显示的二维图像和彩色血流图像。心电信号经过放大、滤波、采样后,通过 RS232 串口送入 DSC 模块,同时进行 R 波检测,检测到的心电触发信号通过中断发送到系统控制器进行控制,启动扫描发射。心电模块和主 CPU 系统通过 RS232 串口通信,可外接心电输入。图 5-27 为心电板原理框图。

4. 键盘模块　键盘板实现按键扫描、指示灯控制、蜂鸣器控制、接收处理编码器数据、STC 数据、PS/2 数据并通过串口与主机通信。键盘板由主控制面板、斜面控制板、编码器控制板、照明灯控制板等板卡组成,其总体框图如图 5-28 所示。

其中主控制面板的原理框图如图 5-29 所示。

键盘板是整机系统与外界进行信息交换的重要组成部分,键盘板按功能可分为以下几部分:CPU 部分电路、直流电压变换电路、按键控制电路、轨迹球控制电路、编码器控制电路、LED 驱动控

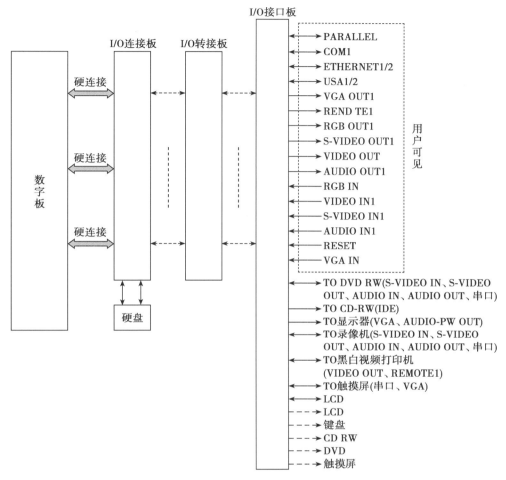

图 5-26　I／O 背板模块示意框图

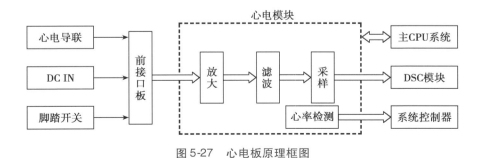

图 5-27　心电板原理框图

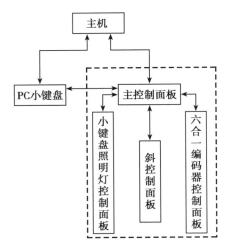

图 5-28 键盘板总体框图

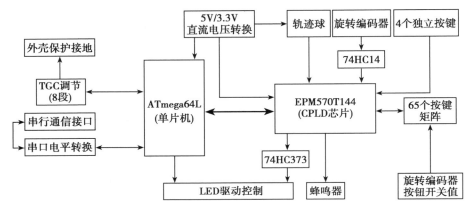

图 5-29 主控制面板的原理框图

制电路、STC A/D 采样电路。

CPU 部分主要包括一个单片机芯片(Atmega64L)及其外围电路,是键盘板的核心部分,用来协调处理各种信息;直流电压部分用来提供键盘板上需要的不同电平;按键控制电路是指按键处理的硬件部分,主要指 CPLD 及其外围电路;轨迹球控制电路、编码器控制电路用来将外界的机械动作转换为单片机可以识别的信号,包括轨迹球、编码器、波形整形电路和硬件处理电路等;LED 控制电路用来指示各种状态的 LED;STC A/D 采样电路包括滑动电位器和放大器以及 AD 采样电路,主要是将滑动电位器返回的模拟信号转换成单片机可以接受的数字信号。

知识链接

复杂可编程逻辑器件

CPLD(complex programmable logic device)即复杂可编程逻辑器件。是一种用户根据各自需要而自行构造逻辑功能的数字集成电路。它具有编程灵活、集成度高、设计开发周期短、适用范围宽、开发工具先进、设计制造成本低、对设计者的硬件经验要求低、标准产品无需测试、保密性强、价格大众化等特点,可实现较大规模的电路设计,因此被广泛应用于产品的原形设计和产品生产之中。

点滴积累 ∨

1. DC-6 型彩超系统凝集了诸如多倍信号并行处理技术、相位增强谐波技术、自适应彩色伪差去除技术等前沿的图像处理技术。

2. 系统由探头模块、发射模块、接收模块、连续波模块、波束合成模块、B/M 型信号处理模块、彩色血流信号处理模块、多普勒信号处理模块、DSC 模块、CPU 系统、ECG 心电模块、输入输出模块等组成。

学习小结

一、学习内容

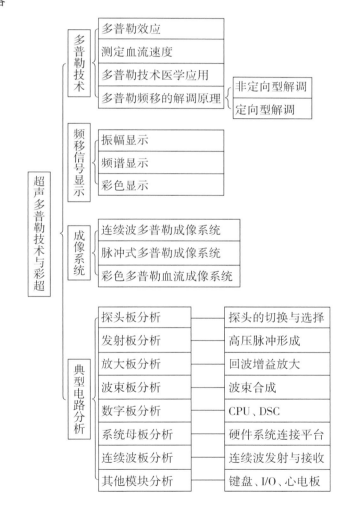

二、学习方法体会

1. 本章节内容有一定的深度和难度,需要结合前面章节的内容共同学习。

2. 多普勒效应在日常生活中也可体会到,如火车由远及近再到渐渐远去的过程。如果仔细辨别其运行声音的变化,就能体会到多普勒效应的存在,在学习过程中要注意理论联系实际。

3. 彩超是目前运用最广泛的医学超声仪器,对其基本结构和工作原理的熟悉和掌握非常重要。要通过不同的途径多查找一些相关资料,以便提高学习效果。

4. 由于彩超的电路比较复杂,模块繁多,学习典型电路分析要认真仔细,注意各模块间的因果关系,通过各模块的学习,在脑海里逐步形成整机的概念。

目标检测

一、单项选择题

1. 当声源、接收器、介质之间存在相对运动时,接收器收到的超声频率比超声源的频率(　　)

    A. 一定大　　　　　　　　　　　　B. 一定小

    C. 有差异,可能大也可能小　　　　D. 无差异,相同

2. 超声多普勒技术在多普勒效应过程中提取的是(　　)

    A. 频移信息　　　　　　　　　　　B. 硬度信息

    C. 幅度信息　　　　　　　　　　　D. 强度信息

3. 连续波多普勒系统的不足之处是(　　)

    A. 不能检测频移信号　　　　　　　B. 不能测距

    C. 不能计算出血流速度　　　　　　D. 不能应用到临床

4. 非定向型多普勒系统中,非定向是指(　　)不能确定

    A. 发射波入射方向　　　　　　　　B. 人体旋转方向

    C. 探头移动方向　　　　　　　　　D. 血液流动方向

5. 多普勒频移信号的显示有多种方法,常用的显示方法不包括(　　)

    A. 振幅显示　　　　　　　　　　　B. 频谱显示

    C. 彩色显示　　　　　　　　　　　D. 三维显示

二、多项选择题

1. DC-6 型彩超探头板实现探头的(　　)等功能

    A. 切换　　　　　　　B. ID 选择　　　　　　C. 高压脉冲产生

    D. 发射时序产生　　　E. 波束合成　　　　　　F. 信号处理

2. DC-6 型彩超发射板具有(　　)等功能

    A. 切换　　　　　　　B. ID 选择　　　　　　C. 高压脉冲产生

D. 发射时序产生　　　　　E. 波束合成　　　　　F. 信号处理

3. DC-6 型彩超波束板包括(　　　)等模块

A. 波束合成　　　　　B. 高压脉冲产生　　　　　C. 发射脉冲电路

D. 回波信号放大　　　　　E. 信号处理　　　　　F. DSC

4. DC-6 型彩超数字板主要由(　　　)等模块组成

A. 电影回放　　　　　B. DSC　　　　　C. 后端显示

D. 数据采集　　　　　E. CPU　　　　　F. 回波信号放大

三、简答题

1. 简述超声多普勒频移解调。

2. 超声多普勒频谱显示包含哪些信息。

3. 简述 CDEI 工作原理。

ER-05章习题

（李哲旭　杨蕊　刘原）

第六章

超声成像新技术

学习目标 ∨

知识目标

通过超声三维成像技术、超声造影技术、介入性超声成像技术、超声治疗、超声弹性成像技术等超声成像新技术的学习，了解和熟悉超声成像技术的发展趋势和最新动态，为拓展专业知识面、提高岗位适应度打下良好基础。

技能目标

掌握三维超声成像技术的原理和实现方法；熟悉超声造影成像技术和介入超声成像技术的基本原理；了解超声治疗、超声弹性成像技术的发展现状与特性。

导学情景 ∨

情景描述：

进入一家三级医院，大家可能会看到如下科室："四维"彩超室、介入检查室、经皮肾穿刺检查室、超声造影室等，这些科室都是做什么的呢？ 你会在碎石室、PICC 导管放置室、肝胆外科术中、神经外科术中、内镜检查室等看到彩超的身影，这些科室的超声设备又是做何用途呢？

学前导语：

带着上面的几个疑问，我们开始本章的学习，主要了解常规超声以外的超声技术以及应用领域，这些外延知识有助于同学们了解目前超声医学的最新进展和发展趋势。

随着科学技术的进步，特别是计算机技术的飞速发展，超声成像设备取得突破性的进展。近几年，国家提出精准医疗，临床科室对影像学辅助诊断的要求也越来越高，在常规超声检查领域的基础上，出现了很多成像新技术，如三维超声成像技术、超声造影、介入性超声技术、超声治疗、弹性成像等，为医学研究提供了高质量影像信息，为解决实际临床需求提供了很多解决方案。

第一节　三维超声成像技术

20 世纪 70 年代中期，人们开始探讨三维超声成像技术。自 20 世纪 80 年代后期开始，伴随计算机技术的飞速发展，三维超声成像技术得以实现，三维成像最初应用于妇科的胎儿成像，目前已用于心脏、脑、肾、前列腺、眼科、腹部肿瘤、动脉硬化及浅表器官的诊断,它所获取、存储和显示的是三维空间(体积)参数,能够更好地显示组织结构的解剖特征和空间关系,允许从任意角度观察,为医师提供非常直观的立体图像。而从二维成像到三维成像是超声诊断设备技术的一次重大突破。

一、三维超声技术的发展

三维超声的发展是伴随着图像采集方式优化而发展的,成像方式可分为五个阶段:

1. **手动采集**　采用手持探头在目标脏器表面匀速移动或扇形摆动,获取一系列二维断面图像,其成像方式是利用二维探头对目标进行逐面扫查,获得多个二维图像信息,再将二维图像信息重建为三维立体影像。此法的好处是简单、方便、廉价。但要求医师手法均匀平稳,否则重建的图像质量不好。此法的不足之处是目前仅限于表面成像,且不能进行定量的测量及不能进行动态成像,另外,由于图像获取的不稳定,很难获得理想数据供计算机处理,成像效果一般。

2. **机械驱动扫查**　将探头固定于机械臂,由马达带动探头做平行、扇形或旋转扫查,由此构成三维重组所需的数据流,但因操作复杂,现在已经很少应用。

3. **自由臂定位扫查法**　是利用电磁位置传感器进行定位的自由臂扫查法,一般将由 3 个互相垂直的线圈组成的电磁接收器固定在常规超声探头上,当探头在磁场(成像系统带有磁场发生器)中移动时,电磁接收器会输出若干个(一般为 6 个)自由度的参数,包括每帧二维图像的空间坐标(x,y,z)及图像方位(α,β,γ),这就给出了探头在磁场中的位置和方向。在这个系统中,磁场发生器的空间位置是固定的,且被称为空间参照原点。这样,综合探头接收的图像信息和位置信息,就可以进行三维重建。这种扫查法的特点是失真小,且可以进行空间定位和测量。不足之处是易受外部电磁场干扰,影响定位位置和方向的准确性。

4. **容积探头扫查**　成像原理与自由臂三维的成像原理相同,区别在于设计了专门的容积探头,提高了成像速度,可以瞬间重建,所以也称为实时三维或四维成像,它是逐个断面进行扫查,然后进行三维重建,因此仍需重建过程。其探头的内部有一个小马达,带动晶片进行摆动,逐一扫过每个层面,通过计算机强大的数据采集和处理功能,重建为立体图像,即二维图像和三维图像可以同屏实时显示。目前,容积三维技术的应用比较广泛,且为各个超声厂家所应用,因其扫查范围大,在妇产科、腹部方面有很大优势,但在心脏领域的检查方面存在局限,因为心脏是运动的脏器,通过重建方式来获得运动三维图像还存在一些技术瓶颈。

5. **二维面阵探头采集**　此种方式得益于矩阵探头的出现,这是一种用电子学的方法,采用矩阵排列换能器,由美国 Duke 大学提出,换能器由纵向、横向多线均匀切割为矩阵排列的正方形的阵元,阵元非常微小,置于探头的前端。探头虽然固定不动,但所发出的声束却能自动偏转扫查,覆盖靶目标的三维空间结构,获得

> ▶▶ **课堂互动**
>
> 　　请阐述什么是一维超声、二维超声、三维超声及四维超声。

"金字塔"形的图像数据。通过二维面阵探头采集成像技术,我们可以得到心脏的立体结构,非常直观地获得心腔内的结构,有助于诊断和医学研究。但由于肋骨的遮盖,探头大小及机器处理能力的限制,目前在成像的角度上还有限制,且成像的质量也有待提高。

二、三维超声成像原理

三维超声成像过程包含以下几个步骤:数据采集、三维重建、三维影像可视化和三维影像操作。

1. 数据采集　三维数据采集是实现三维成像的第一步,也是确保三维成像质量的关键一步。根据三维成像技术的发展过程可分为间接三维数据采集和直接三维数据采集。

（1）间接三维数据采集:以二维超声技术为基础,三维数据的采集是借助已有的二维超声成像系统完成的。即在采集二维图像数据的同时,采集与该图像有关的位置信息,再将图像与位置信息同步存入计算机,重建出三维图像。图 6-1 为间接三维数据采集示意图。

间接三维数据采集通过探头的移动来实现,根据探头移动轨迹的不同,采集方式又分为平移式、倾斜式和旋转式。

平移式采集的数据是一组等间隔的相互平行的二维图像。因此,重构三维图像比较容易。此外,在多普勒血流成像中,由于平面相互平行,故容易识别声束与血流间的夹角。因此,此类系统已被成功应用于血管成像、颈动脉血流测量等场合。

倾斜式扫描是将探头固定放在患者的皮肤表面,然后使探头绕一条与探头平行的轴摆动。由此得到

图 6-1　间接三维数据采集示意图

一系列等角度（类似扇形的）分布的二维图像。这类系统的优势是容易手持操作,扫描的视野较大。而且,因为探头摆动的有关参数已事先设计完成,因此三维图像重构的速度也较快。缺点是随着探查深度的变化,空间分辨率变差。而且,三维数据在各个方向上分辨率的不一致性也给图像重构带来麻烦。

旋转式的扫描装置是让探头围绕与探头垂直的轴旋转（一般要大于180°）,最后得到类似圆锥形的三维数据。这类系统同样存在空间分辨率不均匀的问题。此外,为了实现准确的三维重构,在数据采集过程中必须保持旋转轴位置固定不变,否则会直接影响三维重建的精度。

间接三维数据采集在采集信息时需要以平行、扇形或旋转方式改变转动探头的方向。例如在心脏检查过程中,用旋转法在每一方位采集完整心动周期的二维图像,全方位转动180°时需要积累60～90 个心动周期的二维图像,再将这1000 余帧二维图像数字化存储到锥体形数据库,经计算机重建而成三维图像。其缺陷有:①不是真正的实时,而是多个心动周期图像后处理的结果;②取样费时烦琐,成像速度缓慢;③受呼吸、心律不齐或声轴位移的干扰,常常出现伪像,影响图像的质量。

（2）直接三维数据采集:保持超声探头完全不动,直接获得三维体积的数据。比在获得二维图像的基础上实现三维图像重构更为理想。矩阵探头的出现实现了三维数据的直接获取,矩阵探头用电子学的方法控制超声束在三维空间的指向,形成三维空间的扫描束,进而获取三维空间内的回波数据,经计算机处理后形成三维影像。图 6-2 为直接三维数据采集示意图。

直接三维数据采集的出现很好地解决了间接三维成像的缺陷。矩阵探头换能器晶体片被纵向、

图 6-2　直接三维数据采集示意图

横向多线均匀切割为呈矩阵型(matrix)排列的多达 60×60＝3600 或 80×80＝6400 个微型正方形晶片。由计算机控制,使发射声束按相控阵方式沿 Y 轴进行方位转向形成二维图像,再沿 Z 轴方向扇形移动进行立体仰角转向形成金字塔形数据库。

直接三维数据采集方式采用矩阵型多方位声束快速扫描探头。由于发射时采取多条声束同时并行扫描,超大量数据快速处理,发射声束脉冲的重复频率大幅度提高,三维图像的帧频亦随之增加,无需脱机处理,成像快,失真小,免除了呼吸和位移的干扰,故能直接显示为真正的实时三维图像,应用此法检查时探头不需移动,切面的间距均匀,取样的时相和切面的方向易于控制,快速成像,实时显示组织结构的活动时相,从理论和实际应用效果看,潜力甚大,技术性能非常先进。

2. 三维重建　数据采集后进行三维重建。三维成像技术有立体几何构成法(GCS 模型)、表面轮廓提取法、体元模型法(Voxel 模型)等技术。

(1) 立体几何构成法:将人体脏器假设为多个不同形态的几何组合,需要大量的几何原形。因而对于描述人体复杂结构的三维形态并不完全适合,现已很少应用。

(2) 表面轮廓提取法:将三维超声空间中一系列坐标点相互连接,形成若干简单直线来描述脏器的轮廓,曾用于心脏表面的三维重建。该技术所用计算机内存少,运动速度较快。缺点是:①需人工对脏器的组织结构勾边,既费时又受操作者主观因素的影响;②只能重建左、右心腔结构,不能对心瓣膜和腱索等细小结构进行三维重建;③不具灰阶特征,难以显示解剖细节,故未被临床采用。

(3) 体元模型法:是目前最为理想的动态三维超声成像技术,可对结构的所有组织信息进行重建。在体元模型法中,三维物体被划分成依次排列的小立方体,每个小立方体即为一个体元。一定数目的体元按相应的空间位置排列即可构成三维立体图像。体元模型法需要具有相当高精度和速度的计算机系统。有些三维重建软件为了加快运算速度对原始数据进行隔行或隔双行抽样运算,采用模糊插值算法使图像更加平滑。

3. 三维影像可视化　三维可视化就是将三维重建的影像信息映射到二维平面显示的过程。各种可视化模式直接决定了三维超声图像的显示情况。

实现三维超声图像的显示存在一些困难:①与 CT 或磁共振图像不同,超声图像中的灰度并不具有"密度"的意义,超声图像反映的是超声波在人体中传播路径上声阻抗的变化。因此,在 CT 或磁共振图像处理中采用的方法并不能简单地沿用到超声图像的处理中;②原始三维数据的质量会直接影响图像显示的效果。由于超声图像中存在固有的噪声,图像的信噪比较低,给图像的边缘检测与分割带来了困难;③在三维超声图像数据的采集过程中,很可能在相邻的二维平面中出现缝隙。如果不采用诸如空间插值的方法,存在的缝隙将直接影响显示的质量。为了克服上述困难,科研人员提出了不少有益的方法。如借助运动的血流信息来区分血管与软组织;用各种滤波的方法减小斑点噪声等。

只有了解了三维可视化的各种模式及特点,才能在实际操作过程中选用适当的三维显示方式。三维可视化分为灰度渲染和彩色渲染两大类。

(1) 灰度渲染(gray render):这种可视化只使用灰度数据。根据不同的算法,灰度渲染有不同的显示模式:表面模式、透明模式、多平面模式、倒置模式。不同显示模式特点不同,可为医师提供目标结构的各种检查视角。

1) 表面模式(surface mode):该模式提取出感兴趣结构的表面灰阶信息,采用表面拟合的方式进行图像重组,以显示表面轮廓图像。其适用于膀胱、胆囊、子宫、胎儿等含液体空腔和被液体环绕的结构。表面三维图像清晰直观、立体感强,能够显示检查结构的外部特征,如轮廓、边缘、形态及表面光滑和细腻程度等。表面成像技术应用于人体组织结构三维成像的先决条件是检查的结构周围被无回声区包围或内部被无回声区充填。这种模式也可以用于对胎儿内部器官的表面成像。

2) 透明模式(transparent mode):该模式能淡化周围组织结构的灰阶信息,使之呈透明状态,着重显示感兴趣组织的内部结构。因为部分保留周围组织的灰阶信息,使得重建结构具有透明感和立体感,从而显示实质性脏器的空间位置关系。

3) 多平面模式(multiplanar mode):该方法对三维结构进行不同方向的剪切,生成新的平面图。一般对直角坐标系 x、y、z 轴三个平面成像。这种模式主要是用来获得冠状面(与探头表面平行的平面)的结构信息,克服二维 B 超仅能对与超声束平行的平面成像的限制。

4) 倒置模式:这种模式用于显示无回声结构,如血液或空腔,允许三维显示胎儿心血管的状况,而不显示其周边结构。与透明模式相比较,区别在于不保留周围组织的灰阶信息。

(2) 彩色渲染(color render):对三维结构进行彩色渲染,有两种模式,即单色渲染模式(pure color render mode)和玻璃体渲染模式(glass body render mode)。单色渲染模式仅使用彩色多普勒信号(速度或功率)的色彩信息,对血流的方向、范围进行三维成像。玻璃体渲染模式,联合应用透明灰度渲染与单色渲染模式,显示三维灰度结构和彩色多普勒信息,辅助医师观察血管,判断血管的走向及与周围组织的关系,并对感兴趣部位的血流灌注进行评价。

4. 三维影像操作 临床医师对三维超声的认可很大程度上与系统提供的用户界面有关。良好的人-机交互应能快速响应用户命令,保证用户方便地实现图像的旋转、大小与视角的变换,以便从一个最佳的位置上观察人体解剖结构,最好还能迅速地提取患者诊断中需要的各种参数。同时,为临床医师提供一个能参与三维图像处理与显示过程的环境也是必要的,这样的环境可以让医师根据自己的经验不断优化图像的分割与显示,以确保临床诊断的准确性。

三维影像要根据实际诊断的需要,进行各种方式的处理和操作。目前,常用的三维影像操作方法有:

(1) 多平面重建(multiplannar reformatting):多平面重建要求可对结构从不同方向进行分割,通过旋转、剪切可以在目标结构的任何选中的平面上成像,包括传统二维超声所不能得到的冠状面成像。

(2) 超声断层图像(tomographic ultrasound imaging,TUI):又称为多切片视角(multi slice view,

MSV）。这种操作通过选择切片数和切片之间的距离,像 CT 一样将目标结构显示为一系列二维切片图,实现全范围的准确成像。

（3）电子刀(electronic scalpel):在目标结构被相邻结构遮蔽的情况下,电子刀可以帮助医师在切片图像或者三维图像中移去遮蔽的结构。采用电子刀技术,可以充分显示病变范围、空间位置及表面结构,与二维超声相比有较高的敏感性和特异性。

（4）三维动态(3D cine mode):为了更好地显示目标结构的空间位置关系,我们把快速显示几个不同角度的成像图像的方式称为三维动态。运用此方法,医师和患者可在显示屏上不同方位、角度观察目标结构,并进行分析。三维动态显示可以采用表面渲染、透明渲染和玻璃体渲染等成像方法。

（5）测量(measurement):图像定量分析的基础是基本参数的测量,包括距离、面积、体积以及这些参数随时间的变化量。与二维成像系统相比,三维成像的一个重要优势是它能提供更准确的测量。例如,在二维成像系统中,直线与面积的测量都是在二维超声扫查平面中进行的,而反映脏器特征的距离或面积未必一定在超声扫查平面中。有了三维图像后,直线测量的两个端点或测量面积的平面完全可以不在原始采集的二维平面图像中,而是从三维重构图像中重新提取最佳测量平面,这将保证测量的有效性。

三、三维超声影像优势

与二维超声影像相比,三维超声影像有以下优势:

1. **图像显示直观** 采集人体结构的三维数据后,医师可通过人-机交互方式实现图像的放大、旋转及剖切,从不同角度观察脏器的切面或整体。这将极大地帮助医师全面了解病情,提高疾病诊断的准确性。

2. **精确测量结构参数** 心室容积、心内膜面积等是心血管疾病诊断的重要依据。在获得脏器的三维结构信息后,这些参数的精确测量就有了可靠的依据。

3. **准确定位病变组织** 三维超声成像可以向医师提供肿瘤(尤其是腹部肝、肾等器官)在体内的空间位置及三维形态,从而为进行体外超声治疗和超声导向介入性治疗提供依据。避免在治疗中损伤正常组织。

4. **有利于排除胎儿畸形** 对其面部、肢体、颅脑及其他部位的畸形显示直观,可以显著缩短诊疗时间,增加诊断的敏感性。

随着成像技术的发展和临床应用研究的深入,三维超声成像的空间分辨力和时间分辨力得到提高,普遍应用于临床是必然趋势。

未来三维超声技术的发展将得益于计算机和相关领域技术的快速发展。新的算法研究将进一步提高重建速度和图像质量,对检查和诊断提供更准确的依据。高速计算和大容量存储能力的提升,使得在三维超声技术的基础上增加时间维度,实现四维实时动态超声功能已不是难事。高分辨率探头的发展,有利于更好地对细微的结构成像,特别是矩阵探头的使用,也将加快四维超声技术的发展。

点滴积累 V ....

1. 三维超声成像过程包含以下几个步骤：数据采集、三维重建、三维影像可视化和三维影像
   操作。

2. 间接三维数据采集是通过探头的移动来实现，根据探头移动轨迹的不同，采集方式又分为
   平移式、倾斜式和旋转式。

3. 三维可视化就是将三维重建的影像信息映射到二维平面显示的过程。各种可视化模式直
   接决定了三维超声图像的显示情况。

第二节 超声造影成像技术

超声显像技术以它的无创、便捷、实用等诸多方面的优势，已成为所有医学影像检查中使用频度最高的一线诊断技术。然而，常规超声显像也同样存在它的局限性。在灰阶声像图上，诸多病变和正常组织的声学特性单靠组织的回声表现无法分辨它们的异同特征。在多普勒显像中，也不易显示小血管和低速血流信号。多年来超声诊断一直寻求像其他影像学技术（DSA/CT/MRI/核素等）可以借助造影增强方法获得更丰富的诊断信息。

事实上，自 1968 年 Gramiak 发现使用吲哚菁蓝染料心内注射，在超声心动图上产生"云雾"状回声，首先提出超声造影的概念之后，人们为了改善超声造影存在的局限性，提高超声诊断的能力就不断地研发可用于增强超声显像的方法。研究几乎同时从两个方面进行：一是造影剂，二是造影剂散射信号的显示。前者关注造影剂的物理特性（体积，稳定性），即在血液循环中的持续时间。后者则致力于研究血液中造影剂反射信息的提取，即微泡的成像技术。

随着分子影像学的迅速发展。特异性和功能性超声造影剂也在迅速进展，将对疾病诊断及治疗带来新的希望。被称之为超声医学的第三次革命。

一、谐波成像及超声造影成像原理

（一）谐波成像的概念

谐波成像技术是近几年发展起来的新技术。传统的超声影像设备是接收和发射频率相同的回波信号成像，称为基波成像（fundamental imaging）。基波成像采用线性声学原理，即认为人体是一种线性的传播介质，发射某一频率的声波时，从人体内部反射或散射并被探头接收的回声信号也是该频率附近的窄带信号。这种成像的方式虽然不断有新技术出现，但始终存在一定的缺陷：①频率依赖性衰减，即远场图像质量随频率增高而下降；②产生旁瓣伪像，主声束成像的同时，旁瓣亦形成图像，即伪像；③产生杂波簇，即近场声强变化较大，引起多重反射，使近场图像质量受到影响。因此，提高二维图像质量一直是工程技术领域不断研究的内容也是临床医师的迫切要求。

实际上，超声波在人体传播过程中，表现出明显的非线性。回波信号受到人体组织的非线性调制后产生基波的二次、三次等高次谐波，其中二次谐波幅值最强，用回波的二次等高次谐波成像的方法叫作谐波成像（harmonic imaging）。谐波成像是非线性声学在超声诊断方面的应用。

谐 波

谐波（harmonic wave length）是指其频率为基波的倍数的辅波或分量。根据法国数学家傅立叶（M. Fourier）分析原理证明，任何重复的波形都可以分解为含有基波频率和一系列为基波倍数的谐波的正弦波分量。每个谐波都具有不同的频率、幅度与相角。谐波可以分为偶次与奇次性，第3、5、7次编号的为奇次谐波，而2、4、6、8等为偶次谐波，如基波为50Hz时，二次谐波为100Hz，三次谐波则是150Hz。

我们可以通过图来了解一下谐波的特点。图6-3为谐波非线性变化示意图，从图中可以看出：谐波的强度随着深度的变化呈非线性变化，谐波在体表皮肤层的强度实际为零。随着深度的增加而增强，直到某个深度时因组织衰减作用超过组织的非线性参数的作用时，该点就成为下降的转折点（图中箭头所指）。在所有的深度上，组织谐波的强度都低于基波。图6-4为谐波和基波能量关系图，从图中可以看出：弱的基波几乎不产生谐波能量，而强的基波产生相对强的谐波能量。这些特点都有利于提高谐波成像的影像质量。

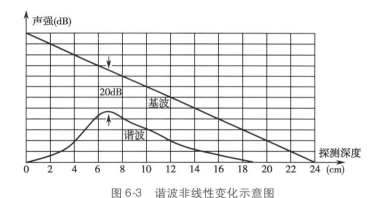

图 6-3　谐波非线性变化示意图

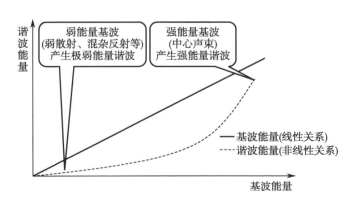

图 6-4　谐波与基波能量关系图

在谐波成像技术中又因是否使用超声造影剂而分为两种不同的成像类型，不使用造影剂的谐波成像称为组织谐波成像或自然谐波成像，而使用造影剂的则称为造影剂谐波成像或对比谐波成像。

　　临床上大约有 20%～30% 的患者由于肥胖、肋间隙狭窄、胃肠气体干扰、腹壁较厚等原因,而被称为超声显像困难患者。组织谐波成像(tissue harmonic imaging,THI)可以很好地解决该问题。

　　组织谐波成像是利用宽频探头,接收组织对发射波非线性调制而产生的高频基波信号及谐波信号,采用滤波技术去除基波信号,仅利用谐波来进行成像,在信号处理过程中常采用实时平均处理,增强较深组织的回声信号,改善图像质量,提高信噪比。

　　1. 组织谐波成像谐波分离方法　　常见的组织谐波成像技术中谐波的分离方法有两种:射频(radio frequency,RF)滤波法和脉冲反相法。

　　(1) RF 滤波法:RF 滤波法采用的是电子学上的滤波技术,利用 RF 滤波器,去除基波而仅利用谐波成像。图 6-5 所示是理想状态下以滤波为基础的基波成像和谐波成像的示意图。

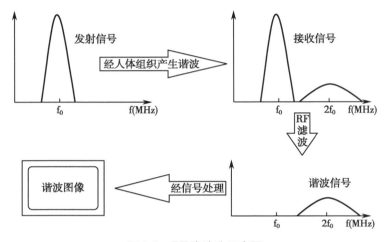

图 6-5　RF 滤波法示意图

　　实际上,超声诊断中,由于发射的是以 f_0 为中心频率的窄脉冲,因此接收回波中,基波频率成分和谐波频率成分可能存在交叉频带,如图 6-6(1)所示,利用滤波法分离谐波就存在不可避免的谐波溢漏现象,而且滤波器的通带频率范围必须与谐波频带完全匹配,仅使谐波频率通过至解调器。对发射脉冲的要求也会高得多,为了尽可能地减少谐波溢漏现象,通常需要发射脉冲足够窄且频带成分干净,如图 6-6(2)所示,这一方面降低了成像的轴向分辨率,另一方面也给发射电路的设计增加了难度。

　　(2) 脉冲反相法:脉冲反相法是近年来发展起来的一种谐波分离方法,在抑制或消除谐波溢漏

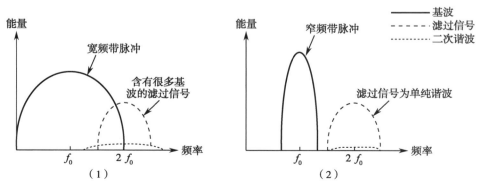

图 6-6　发射脉冲宽窄对谐波信号影响示意图

方面有很好的效果。

对于线性系统,两个相位相反的信号,对应的响应也应该是两个相位相反的信号,叠加后输出为零,而对非线性系统,结果并非如此。我们假设超声诊断系统是一个零初值非线性系统,且回波信号中的高频谐波成分仅由超声脉冲在组织中的非线性传播产生。在该系统中采用脉冲反相技术,需要发射电路分别发射两个相位相反的脉冲信号,两个发射信号在人体组织传播过程中会产生谐波信号。若换能器接收到的响应信号分别用 $\nu_+(t)$ 和 $\nu_-(t)$ 表示,则:

$$\nu_+(t) = \sum_{i=1}^{n} a_i x^i(t) \qquad \text{式}(6\text{-}1)$$

$$\nu_-(t) = \sum_{i=1}^{n} (-1)^i a_i x^i(t) \qquad \text{式}(6\text{-}2)$$

将式(6-1)与(6-2)表示的响应信号展开级数相加可得:

$$\nu(t) = \sum_{i=1}^{n} 2a_{2i} x^{2i}(t) \qquad \text{式}(6\text{-}3)$$

上式表示,换能器接收到两次响应,经合成后,基波和奇次谐波成分将全部被消除,偶次谐波成分的幅度则变为原来的两倍,显然,脉冲反相法可以有效地消除基波。

由于利用脉冲反相法进行谐波成像,每次需经过两次超声波的发射和接收,降低了成像帧频,另外,以脉冲反相技术为基础的组织谐波成像对运动特别敏感,容易产生运动伪像,对于心脏等大器官成像尤为明显,需要一些应对措施。对于眼睛等我们可以认为是静止的小器官,能忽略运动的影响,应用脉冲反相技术理论上能达到很好的效果,而且眼科对实时性要求不是很高,帧频的降低对诊断影响也不大。

2. 组织谐波成像技术　从工程技术的角度来看,组织谐波成像系统比传统超声成像系统更具先进性和复杂性,实现的难度也较大。由于来自组织的谐波能量远远小于基波能量,因此,成像技术的实现要解决以下四个主要问题。

(1)超宽大的动态范围:谐波成像时,会损失 10～20dB 的信号强度,为保持信噪比,必须设定非常宽的动态范围来接收这种相当弱的信号。

(2)足够窄的发射脉冲超声波:确保发射源在谐波频率上发射能量足够小,提高接收谐波信号的真实性和可靠性。

(3)锐利的滤波器:对于组织谐波成像来讲,谐波信号是我们最需要的成像信息,所以滤去其他信号、提取谐波信号是组织谐波成像的关键技术之一。

(4)单纯组织谐波信号提取:用超声探头所接收回来的回波信号中的谐波信号并不都是组织谐波信号,系统本身也可能产生谐波信号,即在距离探头一定距离之后所探测的谐波信号事实上是由两种来源不同的谐波信号混合而成的,一种是超声波传播之前超声源产生的溢漏谐波信号,另一种是超声波传播过程中组织非线性引起的组织谐波信号。所以抑制溢漏谐波信号,提取单纯组织谐波信号,也是一个技术难点。

3. 组织谐波影像特点

(1)组织谐波影像具有较好的对比解析度:在超声影像中,低旁瓣代表高对比解析度,谐波信号可以在成像时提供较低的旁瓣强度（如图6-7所示），而且不管声波传播经过的是否是均匀介质，都可以观察到同样的现象。因此组织谐波影像比基波影像有着更好的对比解析度，可以在诊断中给医师提供更明确的诊断信息。

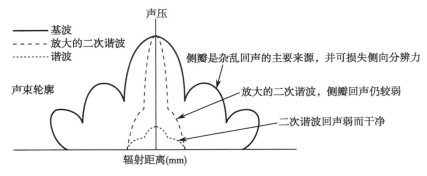

图6-7　基波、二次谐波声束比较示意图

（2）组织谐波成像有效地抑制了伪像，提高了影像的质量：超声影像中大部分伪像来源于腹壁或接近于腹壁的反射和散射信号，由于超声波传播的初期谐波能量较低（参考图6-3），决定了这些信号中含有极少的谐波能量，如果利用谐波成像，大部分近场伪像将被消除。另外，弱的基波几乎不产生谐振能量，也对消除伪像有一定的作用。

4. 对比谐波成像（contrast harmonic imaging，CHI）　是指用超声造影剂的谐波成像，是超声造影成像技术中最成熟、应用最广泛的成像技术，是通过提取造影剂的非线性谐波信号来进行成像的技术。

超声造影剂注入血管可改变组织的超声特性，其最基本的性质就是增强组织的回波能力，可在B型超声成像中提高图像的清晰度和对比度。直径<10μm的气泡可以明显增强散射信号（具有丰富的二次谐波），有效地抑制不含造影剂的组织（背景噪音）回声。利用谐波成像技术可测量体内微小血管血流，抑制不含超声造影剂的组织运动在基波上产生的杂波信号，大大提高信噪比。

（1）二次谐波成像：在应用超声造影剂成像技术中，人为抑制回波信号中的基波信号，提取二次谐波信号进行成像，是对比谐波成像常用的技术。由于微气泡可产生比组织更强的二次谐波能量，可提高含造影剂组织的信噪比，因此有效地改善了图像质量。常用的实现方法有脉冲反相法（pulse inversion harmonics，PIH）和交替移相法（alternate phasing）。脉冲反相法是通过探头发射两束形状相同、相位相反的脉冲，使接收回声中的基频成分完全抵消，只剩下谐波成分。这一技术允许使用宽频带探头，可获得更佳的轴向分辨力，增加造影剂的灵敏度。交替移相法是探头发射两束形状完全相同的脉冲，但第二个脉冲采用短暂延迟发射技术，当合成回波信号时，来自组织的线性信号因相位差极小而被删除，来自微发泡的非线性谐波信号呈明显的相位差而得以累积和保存。由于采用频域的方法处理信号还可减少运动伪像，此技术采集的信号更丰富，造影剂的敏感性和空间分辨率可更高。

（2）对比谐波成像新进展：利用数字化滤波器，检出造影剂的二次谐波信息进行成像的方法。经过一段时期的临床应用，暴露了一些潜在的缺点：造影剂用量较多，检查成本较高；采集的信息量较少,敏感性和特异性差;对各类造影剂的兼容性差等。为了解决上述问题,采用造影剂的三频段成像技术是目前最先进的造影剂成像技术。这一技术不仅提取了造影剂二次谐波信息($2f_0$),还同时提取了次谐波信息($f_0/2$)和基波信息(f_0),对三频段信息进行融合处理,所得到的图像清晰细致,尤其善于捕捉细节信息。对于造影状态下的二维图像及血流灌注的细节检查而言,该技术展现在医师面前的将是一幅清晰细致的造影剂分布图像,无异于给广大医务工作者带来了一双明察秋毫的慧眼,带来了前所未有的诊断信心。

谐波成像主要的问题是组织中谐波的产生和积累。理论和实验都证明了当超声波照射到含微气泡的液体时会产生二分之一基波频率的信号(次谐波),即发射频率为 f_0 的超声波,而接收频率为 $f_0/2$ 的回波信号。以超声造影的后散射强度和组织的后散射强度的比值来比较次谐波和二次谐波,则次谐波的比值高于二次谐波的比值,而且在一定的范围内次谐波的比值随声压增加而增加,二次谐波的比值随声压增加而减小。为此,利用次谐波成像似乎更能突出血流和组织之间的对比度。此外,因为次谐波频率低于二次谐波频率(两者相差 4 倍),它在组织中的衰减就小。当然,次谐波成像也存在着缺点,主要是空间分辨力欠佳。对于次谐波成像的研究刚刚起步,寻找最适于次谐波成像的造影剂,设计新型探头和对成像方法的研究对于能否发挥出次谐波成像的优势至关重要。

(二) 超声造影成像

利用超声造影剂的各种超声特性,已经研究出了一系列基于超声造影剂的血流灌注成像方法,包括造影剂基波成像、造影剂谐波成像(即对比谐波成像)、谐波功率多普勒成像等。超声造影成像是当前医学超声成像中的热门研究课题,超声造影剂与造影技术发展迅速,为超声造影成像的发展打下良好的基础。目前,超声造影成像在我国尚未广泛开展,但一些三甲级医院的临床应用和研究水平已与国际接轨。

(1) 超声造影成像机制:超声造影成像依赖于微气泡对超声波的反应,这种反应取决于入射声压的大小,可分为三种类型:①当入射声压小于 50kPa 时,微气泡对称性地压缩和膨胀,呈现线性背向散射,信号强度随着入射声压的增加而呈线性递增,这一反应主要用于造影剂基波显像;②当入射声压处于 50 ~ 200kPa 时,微气泡非对称性地压缩和膨胀,呈现非线性背向散射,产生共振和谐波,微气泡的共振频率取决于入射声压、微气泡直径和外壳弹性,这一反应可用于心肌灌注的造影剂谐波显像。由于毛细血管的流速仅为 0.1 ~ 0.2cm/s,而进入左室的微气泡仅有 4% ~ 5% 进入冠状动脉,因此,要获得高质量的心肌灌注图像,心肌声学造影成像必须具备特殊的显像技术;③当入射声压在 200 ~ 2000kPa 时,微气泡破裂,气体溢出,产生宽频高能信号,呈现受激声波发射,这一反应可用于心肌灌注的触发显像和失相关显像。

(2) 超声造影成像的临床应用:由于超声造影成像可提高心脏、血管显示的清晰度,提高病变组织与正常组织灌注的差异(包括肝脏、心肌等),因此,在临床中得到广泛的应用。超声造影成像对细小血管和低速血流的显示更加敏感,可动态观察肝、肾及其肿瘤的血流灌注,显著地提高了肝、肾肿瘤的检出率和诊断的准确率。超声造影成像可提高外周血管及一些位置较深血管的显示率,如肾血管、颅内血管的显示率,可以有效地诊断血管狭窄、闭塞等疾病。在心脏病变中,心肌造影超声心动图可用于诊断急性心肌梗死和评价危险区及梗死区心肌面积等。在肿瘤介入治疗中,超声造影成像有助于准确地指导治疗的部位及范围,及时评价疗效。在治疗不完全的病例中,还可以观察残存的肿瘤血管及这些血管灌注的区域,为进一步超声定位及引导介入治疗提供可靠依据。

超声造影成像也有一定的限制:①因肠气或胸廓干扰,导致传统超声检查图像效果不佳时,使用造影剂增强的效果也可能同样不佳,甚至没有效果;②心肌造影显像目前仍处于临床研究阶段,由于运动伪差、心肌灌注气泡意外的破坏和心肌组织产生的谐波是导致效果不理想的主要原因。

(3) 超声造影成像操作:超声造影成像虽然属于有创检查,但操作比较简单,基层超声医师经过培训可以胜任造影检查工作。以下是超声造影的步骤:①医师向患者解释超声造影过程,患者及家属签署知情同意书;②检查之前,先进行常规超声、彩色多普勒超声检查;③将 5 ~ 10ml 生理盐水溶入造影剂瓶中,配成造影剂溶液(此溶液 6 小时以内是稳定的);④将造影剂溶液注入肘正中静脉,可以重复给药(两次给药间隔至少为 15 分钟);⑤将超声诊断仪设置在造影专用的模式下,调整相关参数。对造影过程全程录像,了解病变血流灌注情况。

(4) 超声造影成像设备:较早推出的超声诊断仪的造影功能比较简单,一般主要是灰阶造影剂成像,没有造影剂的彩色能量显示和定量数据分析功能,主要通过超声造影前后图像的变化对病灶进行定性判断。根据应用部位分为常规造影剂成像与心脏造影剂成像。2000 年之后,各大主要超声厂家推出的支持超声造影的彩超,都可以进行造影剂的定量数据分析,通过时间强度曲线的分析,为临床和科研提供了定量的指标。

(5) 超声造影剂:是一类能显著增强超声背向散射强度的化学制剂,其主要成分是微气泡。造影剂的微气泡由两个部分组成:蛋白质、糖类、脂质或多聚化合物构成的外壳,以及由气体构成的核心。早期的超声造影剂是含二氧化碳、氧气或者空气的微气泡,由于尺寸大、不稳定等原因,临床应用有限。目前常用的是各种表面活性剂等材料包裹的微泡,内含氟碳或氟硫气体,由于氟碳或氟硫气体具有高分子量、低溶解度、低弥散度的特点,使得造影剂性质更加稳定,已广泛应用于临床中。

知识链接

造影剂的历史

1968 年,Cramiak 首先提出超声对比显影的概念,他发现使用吲哚菁蓝染料心内注射后,在超声心动图上发现了云雾状声影。 1972 年,Ziskin 研究认为该现象的机制是由于液体包裹了气体形成微泡所致,并认为造影效果取决于液体的物理化学性质。 因此,人们开始寻找各种较为理想的液体进行超声成像,例如,生理盐水、过氧化氢、右旋糖酐、山梨醇、泛影葡胺、甘露醇甚至患者的血液等都是当时的研究对象。 直到 1984 年美国的 Feinstein 发明了能成功通过肺循环并可使左心显影的人体清蛋白微球,有关超声造影的研究才重新活跃起来。

对超声造影剂的要求有以下四个方面:①安全;②可以通过肺循环;③稳定性好;④可以改变组织的声学特性。

近年来,超声造影成像技术临床应用范围与应用的深度日益增加,越来越多的超声设备都配备了造影成像的功能而且具备超声造影的分析功能。这种技术操作简便,临床意义重大,必将在广大医院中普及。

二、超声造影的应用领域

超声造影目前在临床中应用广泛,在如下领域应用成熟。

1. 心脏超声造影

(1) 检测心肌梗死区及冠心病心肌缺血区:心肌超声造影技术随着性能稳定的新型超声造影剂的出现,实现了由外周静脉注射的方式进行心肌显影,使同时观察室壁运动和心肌灌注成为可能,可以准确识别区域性的心肌灌注异常,检出心肌血流分布不均匀及无灌注区,用于心肌缺血区早期和急性心肌梗死的诊断。

(2) 测定冠状动脉血流储备:冠状动脉血流储备对冠心病患者的病情判断和溶栓或介入治疗效果的评价具有重要意义。超声造影可直接评价心肌微循环,还可以测定冠状动脉血流储备,定量地反映患者的冠状动脉储备功能。

(3) 评价心肌存活性:急性心肌梗死后存在存活心肌功能恢复的前提,而存在微循环是心肌超声造影不依赖于心肌细胞完整性及功能,可直接评价心肌微循环,存活心肌虽然有局部室壁运动异常,但由于微血管结构相对完整,保证了有效的心肌灌注,在心肌造影中常表现为正常均匀显影或部分显影;无造影剂显影则提示该区域心肌细胞坏死。

(4) 评级心脏结构的完整性:对于部分发绀型先心病,当左右室压力比较接近时,多普勒超声心动图难以清晰显示是否有分流,而辅以超声造影剂,根据微泡造影剂的流动方向则可清晰显示分流的存在。还可以用来评价心脏各腔室的完整性。

2. 肝脏超声造影　肝脏超声造影是应用最早、最多、效果最为显著的领域,这与肝脏不同于其他脏器的特殊供血方式密切相关。肝动脉与门静脉两系统的供血加之肝脏的实质背景,使肝脏成为造影增强的最好靶器官。肝脏超声造影分为动脉相、门脉向及延迟相,根据病变不同的造影特点进行鉴别诊断。除有助于鉴别肝局灶性病变的性质外,肝脏造影还能发现一些常规超声上未能发现的小病灶,在肝脏肿瘤介入治疗及疗效评估方面,超声造影也呈现其独特的优势。

3. 肾脏超声造影　肾脏超声造影的临床应用研究主要集中在三个方面:①评价肾脏的血流灌注情况,包括评价其构架血管,鉴别局灶性的损伤或血流缺失区域,诊断血栓或瘤栓等;②用于改善肾动脉狭窄时主肾动脉的显示;③应用于部分肾脏肿瘤的诊断与鉴别诊断。与肝脏肿瘤介入治疗一样,射频消融治疗肾肿瘤时超声造影也可能发挥重要作用,评价肿瘤时超声造影也可能发挥重要作用,评价肿瘤的治疗效果及检测其复发情况。

此外,超声造影尚可用于胰腺、脾、腹部外伤、妇科、浅表器官、周围血管等疾病的诊断与鉴别诊断。

点滴积累 ∨

1. 组织谐波影像特点: ①具有较好的对比解析度; ②有效地抑制了伪像; ③提高了影像的

质量。

2. 超声造影剂注入血管可改变组织的超声特性，其最基本的性质就是增强组织的回波能力，可在 B 型超声成像中提高图像的清晰度和对比度。

3. 心脏超声造影的应用：①检测心肌梗死区及冠心病心肌缺血区；②测定冠状动脉血流储备；③评价心肌存活性；④评级心脏结构的完整性。

第三节　介入性超声成像技术

介入性超声(interventional ultrasound)是 1983 年在哥本哈根世界介入性超声学术会议上提出的。介入性超声成像是在超声显像基础上，应用超声显像仪通过侵入性方法达到诊断和治疗的目的。可在实时超声引导下完成各种穿刺活检、X 射线造影、抽吸、插管、局部注射药物等。伴随着各种导管、穿刺针、活检针及活检技术的不断改进和发展，介入性超声使超声导向细胞学诊断提高到组织病理学诊断的水平。由此，将介入性超声学推向了"影像和病理相结合，诊断与治疗相结合"的新阶段，为促进现代临床医学的发展，发挥了不可替代的重要作用。介入性超声已经成为微创治疗最重要的支撑技术之一，临床发展迅速，应用广泛，并以此为基础，不断衍生出诸多全新的诊断和治疗技术。

现主要应用的领域有超声引导下穿刺活检、经皮穿刺造影、经皮穿刺引流、手术中超声、腔内超声(经直肠、经阴道、经食管、血管内超声)等。目前临床开展的有膀胱镜、直肠镜、阴道镜、十二指肠镜、腹腔镜等超声内镜检查。

一、介入超声的发展

早在 100 多年前，医学家们就萌生了在活体内直接摄取病变或病理学诊断的愿望。1853 年 Paged 准确描述了乳腺癌的针吸细胞学形态；1880 年 Ehrich 首次进行了经皮肝穿刺活检。但是在超声成像问世以前，由于穿刺具有很大的盲目性，其风险是这一技术难以临床推广。随着超声成像技术的不断成熟，人们就自然想到使用超声定位进行活检。1861 年 Berlyne 最早用 A 型超声探伤仪和普通单声束探头导向对尸体肾脏进行定位穿刺。20 世纪 70 年代 B 型超声导向技术迅速发展。1972 年 Goldberg 和 Holm 几乎同时研制出带有中心空的穿刺探头，成功地在声像图上同时显示病灶和针尖，实现了预先选择安全的穿刺途径并监视和引导穿刺针准确到达"靶目标"的夙愿，从根本上改变了传统方法穿刺的盲目性，提高了穿刺的安全性和准确性。20 世纪 80 年代以后，实时超声导向等穿刺技术被广泛用于医疗实践，并对临床医学产生了重要影响。

早期的介入性超声通常是在超声引导下的各种穿刺诊断和引流等技术。随着不断发展的超声新技术的应用，适用于不同临床专业的探头不断改进并研发出来，介入性超声的应用迅速扩大，向更加广泛的领域拓展，包括术中超声、腔内超声、微泡超声造影、肿瘤的热消融和化学消融以及高强度聚焦超声治疗等范畴。近年来，各种微创诊断与治疗技术的不断创新和进展对介入性超声技术的迅速发展起到了巨大的推动作用。介入性超声与临床外科系统相互渗透、促进和依从，造成超声影像与病理、诊断和治疗相结合,甚至改变不少疾病的诊断和治疗模式,催生出许多全新的诊断和治疗技术。

1. 声导向活检和抽吸为病理学和分子生物学最新成果的临床应用提供了基础条件。DNA 检测、超微结构观察、流式细胞计测定等现代医学生物学高新技术的结合,利用介入超声提供的少量标本能够获取非常有价值的诊断信息,不仅显著提高了疾病的诊断和鉴别诊断水平,而且对选择治疗、评价疗效都具有重要价值。

2. 提高了全身器官组织微小血管的显示能力,为活体组织的实时血流灌注和血流动力学研究提供了全新的技术手段,极大地弥补了常规彩色多普勒血流成像的不足。微泡造影谐波成像技术被视为超声医学发展新的里程碑,在某些肝脏肿物的诊断上,敏感性和特异性可以和 CT 相媲美。超声造影引导对肝脏肿瘤血管增强区域的穿刺活检病理诊断,可称为鉴别肝良、恶性占位病变的金标准,国际应用广泛。

3. 腔内超声将专门制作的特殊探头插入体腔,突破了传统经体表超声检查无法逾越的某些限制,消除了不少盲区和死角,加之使用高频探头扫查,显著提高了图像分辨率,因而更能获得全面而准确的诊断信息,将超声诊断推向新水平。弥补了对妇科穿刺、生殖医学等领域的介入需求。

4. 术中超声能够检出术前各种影像学手段未能发现的微小病灶或发现肉眼难以看到和触及的肿物,鉴别病变性质,了解肿瘤是否侵犯血管,从而进一步补充或修正术前诊断,甚至改变手术方式和治疗计划。术中超声还可以实时引导多种介入性操作或手术步骤,在手术方案的选择和优化、手术操作的监控、并发症的预防和治疗效果的评价等方面发挥其他影像技术不可替代的作用。

5. 多影像融合介入导航系统是将 CT/MR/US 的三维容积数据信息输入超声设备中,通过磁定位装置,在监视器上同时实时显示超声和 CT/MR/超声造影的同一切面图像。由于采用了高精度的磁定位系统,操作者随意移动探头更换切面时,CT/MR/超声造影的图像都会实时与之联动。这一技术使超声引导下的 RFA 治疗技术得到巨大的提高,病灶显示更准确,诊断更充分,治疗更安全,操作更简便。此技术的广泛应用不仅可以解决超声检查治疗过程中的实际问题,同时为前景广阔的超声介入治疗领域的发展提供了全新的思维。

目前,以超声定位、监控和治疗为一体的高强度聚焦超声技术在肿瘤治疗的临床应用研究中已经获得不少进展。在非肿瘤治疗方面(如前列腺增生和输卵管妊娠等),均值得进一步深入研究。

二、超声引导穿刺技术

穿刺技术是指将穿刺针刺入体腔抽取分泌物做化验,向体腔注入气体或造影剂做造影检查,或向体腔内注入药物等方式的一种诊疗技术。由于其直观、简捷、微创等优点,在现代的医学诊断和治疗中得到广泛应用。特别是随着超声成像技术的发展,超声引导下穿刺技术得到更加广泛的应用。

1. **超声引导**　超声作为穿刺定位的影像设备,早在 20 世纪 60 年代就有应用实例。但当时由于超声成像技术的落后,其定位作用有限。20 世纪 70 年代实时 B 超的出现,使得超声引导下的穿

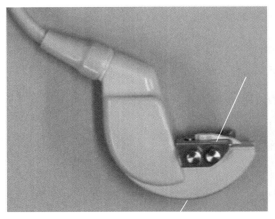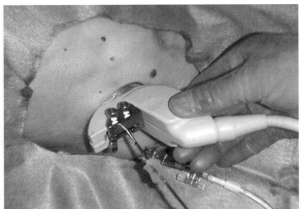

图 6-8　介入专用探头示意图

刺技术得到迅速的发展和广泛的应用。目前全数字化彩色多普勒超声仪器均采用全程聚焦,改进了性能,使不同深度的声束度减小,图像分辨率得到了显著的提高,特别是最近研发的超声穿刺导航、双探头激活辅助穿刺、二维彩色双幅同屏显示等技术,使得穿刺的准确性显著提高。

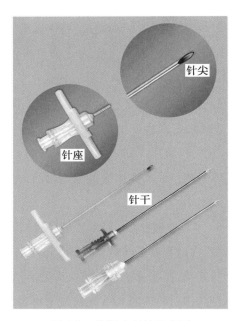

图 6-9　普通穿刺针示意图

现代穿刺技术中依赖的超声仪器多配有专用的穿刺探头和导向器,操作简单方便,直观性好,能实时显示病灶位置和穿刺针移动轨迹,且仪器中设有穿刺引导线,使穿刺引导定位安全、可靠、准确。介入专用探头示意图,如图 6-8 所示。

2. 穿刺针　穿刺针是一种特殊的针具,其结构一般可分为针尖、针干和针座,如图 6-9 所示。目前自动穿刺活检枪也应用于临床,如图 6-10 所示。据不同的形状和临床用途可分为很多种,如根据形状可分为普通穿刺针、多孔穿刺针等;根据临床用途可分为骨髓穿刺针、肝穿刺针、甲状腺穿刺针等。

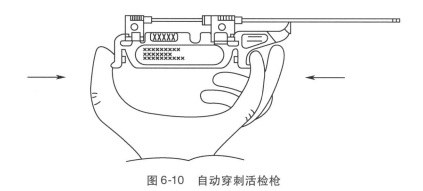

图 6-10　自动穿刺活检枪

三、血管内超声

当前,血管内超声(intravascular ultrasound,IVUS)在冠心病诊断与治疗中发挥着非常重要的作用。近年来,出现许多新技术,极大地丰富了IVUS的临床应用。

1. 血管内超声三维重建　IVUS三维重建是近年来IVUS成像技术的研究热点,它利用IVUS实时地呈现血管横断面图像的特点,使超声探头在血管腔内轴向移动,扫描出一串连续的血管断面图像,从而重建出一段血管的三维形态。这样获得的血管腔及管壁的立体信息能更好地反映血管的真实形态,为冠心病的诊治提供更可靠的依据。

IVUS仅能提供探头处血管的横断面图像,单个截面不能精确地代表整个病变斑块。对整个血管节段的全面评价有助于减少潜在错误的发生。血管三维重建技术能提供血管和粥样硬化斑块复杂的纵向结构信息,很好地评价介入治疗前后血管变化。IVUS三维重建可分为4个基本步骤:①图像的获得;②图像数据化和节段化;③三维重建;④显示和分析。

其中最重要的是正确获得横截面的二维影像序列,一般是用恒速马达按一定速度(一般1mm/s)回撤探头获得。影像的显示方式也分为三种:①柱状显示模式,可以直接观察管腔表面;②矢状显示模式,可以直接估计管腔是否阻塞以及动脉壁的病理变化;③管腔显示模式,可以连续分析整个节段的管腔情况。

2. 血管内超声的前视功能　目前的IVUS仅能显示探头处横断面的图像,对于严重狭窄和闭塞的病变,若超声探头无法通过,则检查无法完成。采用直径为4mm的实时三维前视IVUS导管,根据需要能沿血管轴向远端"看到"数厘米深度的影像,以显示不稳定斑块,故IVUS前视是可能的,并且能更方便全面地显示血管壁的结构。二维前视的IVUS导管可以"看到"迂曲的病变血管或完全闭塞的血管远段且能应用多普勒原理对其进行测量。

3. 血管内超声弹性图　近10年来,在IVUS基础上发展起来的血管内超声弹性图(IVUS elastography)可用于斑块力学特性的评价,是通过检测冠脉内斑块的机械学特性来评估其性质的一种技术。组织对机械性刺激的反应取决于其机械学特性,不同组织对机械刺激的反应不同,坚硬的组织(如钙化和纤维组织)受压和被牵拉的程度小于柔软的组织(如脂质),由此判断斑块的组成成分。张力增高的区域表明组织产生压缩,组织脆性增加,如存在脂质核或巨噬细胞浸润时。相比而言,张力很小的组织表明组织稳定,如纤维帽。斑块内巨噬细胞浸润与张力成正比,而平滑肌细胞和纤维帽厚度成反比。研究显示,不稳定斑块的张力可由体部的1%上升至肩部的2%,钙化斑块的张力值为0~0.2%,置入支架处斑块的张力值更低。

IVUS弹性图是将IVUS图像和射频测量结果相结合的新技术,能够测定紧张度增加而倾向破裂的区域,利用IVUS导管收集不同压力作用下冠脉血管壁和斑块的射频回波信号,经局部置换建立反映组织受牵拉情况的横断面弹性图,从而区分不同的斑块成分。此技术改变了标准IVUS区分脂质斑块和纤维斑块较困难的缺点。血管内弹性图是评价斑块组成和易损性的独特工具,为临床上识别易损斑块提供新的技术方法,如图6-11(彩图2)所示。

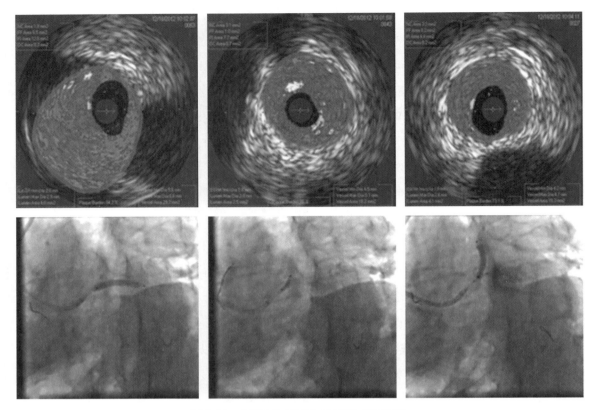

图 6-11 IVUS 临床图片及 DSA 造影对比

点滴积累 ╲╱

1. 介入性超声成像是在超声显像基础上，应用超声显像仪通过侵入性方法达到诊断和治疗的目的。

2. 多影像融合介入导航系统是将 CT/MR/US 的三维容积数据信息输入超声设备中，通过磁定位装置，在监视器上同时实时显示超声和 CT/MR/超声造影的同一切面图像。

3. 超声引导穿刺技术是指将穿刺针刺入体腔抽取分泌物做化验，向体腔注入气体或造影剂做造影检查，或向体腔内注入药物等方式的一种诊疗技术。

第四节　超声治疗技术

超声医学分为超声诊断和超声治疗两个方面。超声成像作为一种便捷而又安全的医学成像方式，已广泛地应用于临床，但是在诊断医学范畴内居多，实际上，超声医学在治疗领域也有所应用，被称为超声疗法。超声疗法是超声医学的重要组成部分，是指应用超声能量作用于人体病变部位，产生相应的作用，改变机体的功能与组织状态，以达到治疗疾病为主要目的的方法，虽然有关超声波治疗的方法与种类很多，但从使用的剂量来分一般可分为几类：低强度超声治疗、中强度超声治疗、高强度超声治疗、超声电疗法等。

1. 低强度超声治疗　所谓低强度一般是指输出强度小于 $3\mathrm{W/cm^2}$，对人体组织不构成不可逆损害的治疗。所谓高强度是指输出强度在 $3W/cm^2$ 至数千 W/cm^2 范围,对人体组织产生不可逆损害的治疗,也可称为有损伤治疗。非损伤超声疗法包括理疗超声治疗、超声降脂、超声溶栓、超声洁齿、超声药物透入等。

2. 中强度超声治疗 也简称聚焦超声治疗仪(focused ultrasound,FU),采用超声频率为 $0.8 \sim 4MHz$,最大声功率为 $3 \sim 100W/cm^2$,因仪器的用途不同而异。FU 治疗仪适用于治疗表浅组织的病变,目前主要用于妇科和皮肤科,乳腺专用或前列腺专用的超声治疗仪目前也处于试用阶段。其原理是利用超声波在人体软组织有良好的穿透性、方向性、可聚性和能量可累积的特点,通过一定剂量的超声照射表浅组织,将能量沉积到皮肤层、真皮层,利用超声的组织效应使病变组织损伤甚至凝固性坏死,并改善局部组织微循环,促进组织重建,从而达到治疗的目的。基本结构包括超声功率发生器、超声换能器两个部分,除了有输出功率调节和指示外,还配有定时器,以便调节超声的治疗剂量。

3. 高强度聚焦超声(high-intensity focused ultrasound,HIFU) 是近年来新兴的一种无创治疗肿瘤的技术,目前已经在临床上应用于肝、肾、胰腺、前列腺、骨骼、子宫等部位的肿瘤治疗。利用超声波的组织穿透性和能量沉积性,将体外发射的超声波聚焦到生物体内的病变组织,通过超声的热效应、空化效应和机械效应等治疗疾病。HIFU 治疗

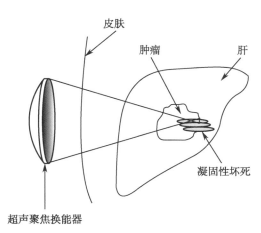

图 6-12 HIFU 治疗肿瘤的原理

的物理原理是通过一定形式的超声聚焦换能器,将超声能量聚焦于靶组织,在 1 秒内使靶组织迅速升温至 $60℃$ 以上,导致其蛋白变性,使靶组织发生不可逆的凝固性坏死,其显著的特点是对靶组织起到直接杀伤作用而不损伤周围正常组织,从而达到无创治疗的目的。原理如图 6-12 所示。

HIFU 疗法的一个重要特点是避免或降低了对体内测温的要求。有关的离体实验、动物实验及人体实验研究显示,HIFU 治癌疗法具有定位准、效率高、效果好、创伤小的优点,在泌尿外科治疗良性前列腺增生方面已获得重要应用。

另外,超声疗法还有如下应用:

1. 超声药物渗透疗法 超声激活血卟啉疗法中的血卟啉是从血清中提取的一种光敏物质,如血卟啉注入生物组织中且被光激活,将对组织具有杀伤作用。20 世纪 70 年代以来,国际上采用激光激活血卟啉治疗皮肤癌取得成功,已推广到临床应用,但由于激光对人体组织穿透力极差,故该疗法很难进一步推广。20 世纪 80 年代末,研究者发现用超声可以代替激光激活血卟啉,从而为利用该法治疗人体深部肿瘤带来一定的希望。目前有关超声激活血卟啉的机制及其临床应用治疗人体肿瘤的研究工作仍在进行中。

2. 超声碎石 超声碎石主要是利用聚焦的有相当高强度的声波的空化作用以及机械效应使体内结石碎裂,从而自行排出体外。20 世纪 60 年代科学家即发现,20kHz 的超声波通过变幅杆直接作用到结石上,可使结石解裂、穿孔、分层剥落或完全碎裂。目前,超声粉碎肾结石和膀胱结石已在临

床有较多的应用。超声碎石可使患者免受切开肾脏等手术之苦,在超声波体外碎石技术的基础上,发展了接触式超声碎石疗法。这种方法需与内镜技术相结合,把声头(置于鞘管内)通过人体管腔(如输尿管、胆管)与体内结石接触,发射超声波,击碎结石,碎石颗粒由吸引器吸除或自然排出,适用于膀胱结石、输尿管结石、肾盂和肾结石。但技术上要求高,操作不便,患者痛苦较大。冲击波的特点是发射时间短、能量高、频谱宽。自液电式体外冲击波碎石机成功推广后,国际市场上相继出现了一些新型碎石机,它们以不同的原理构成机械波源,如微爆炸式冲击波源、电磁式冲击波源及压电式脉冲超声波源等。压电式脉冲超声波源通常是由数百乃至上千个 PZT 压电振子组成,它们镶嵌在一个抛物面内表面上,构成一组凹面阵。根据反压电效应原理,这些阵元受到电脉冲同步共振激发而发射脉冲超声,由于非线性效应,这些脉冲超声在水介质中传播到焦点处时,已畸变成锯齿形冲击波,并在焦点处汇聚增强,足以使结石破坏。

3. 超声电疗法　又称为超声电复合疗法,它是用超声波和电疗两种不同的物理因子同时进行治疗的方法。它有两种物理因子治疗"叠加"的作用,较单一治疗效果好。

点滴积累　∨

1. 低强度一般是指输出强度小于 $3W/cm^2$,对人体组织不构成不可逆损害的治疗。所谓高强度是指输出强度在 $3W/cm^2$ 至数千 W/cm^2 范围,对人体组织产生不可逆损害的治疗,也可称为有损伤治疗。

2. 碎石主要是利用聚焦的有相当高强度的声波的空化作用以及机械效应使体内结石碎裂,从而自行排出体外。

第五节　弹性成像技术

传统 B 型超声扫描法是把各组织界面反射的声波阻抗差通过图像反映出来,但在实际临床上经常出现在病理上有良恶性区别的病灶组织声阻抗完全相同的现象,此时用基本的超声诊断技术很难进行鉴别。自 20 世纪 90 年代以来,越来越多的国内外超声专家提出了是否可以根据组织的不同特性(如病理特性硬度)来进行成像的设想,进行了各种各样的研究试验并取得了不少成果,即实时组织弹性成像技术,该技术为超声领域开辟了新的诊断方法,是继二维灰阶超声、彩色多普勒超声、三维超声、超声造影后的又一种超声检查技术,目前,已经广泛应用于乳腺、前列腺、甲状腺等小器官检查,肝脏的弹性成像扫查也逐步应用于临床试验。可以说,弹性成像技术大大提高了临床病变性质的诊断准确性,减少了人为主观性。

一、超声弹性成像发展简史

超声弹性成像最早于 1989 年在得克萨斯大学休斯敦医学院的实验室由 Ophir 带领着他的团队开始研发,1991 年该团队提出超声弹性成像可以对组织的弹性模量分布进行定量估计和成像。2002 年日本 Hitachi 公司首先推出以外力压迫作为激励方式的超声弹性成像仪器,并首先在临床推广应用。其后,又有多种原理的弹性成像技术推上临床,如采用剪切波速度测量的瞬时弹性成像技术,采用声辐射力成像的 ARFI 技术,以及最近进入中国市场的基于马赫锥原理的剪切波技术等。

二、超声弹性成像基本原理

超声弹性成像的基本原理是对组织施加一个内部(包括自身的)或外部的动态或者静态/准静态的激励。在弹性力学、生物力学等物理规律作用下,组织将产生一个响应,例如位移、应变、速度的分布产生一定改变。利用超声成像方法,结合数学信号处理或数学图像处理的技术,可以估计出组织内部的相应情况,从而间接或直接反映组织内部的弹性模量等力学属性的差异。

压迫性弹性成像多采用静态/准静态的组织激励方法,也可称为静态应变弹性成像(RTE),是利用探头或者一个探头-挤压板装置,沿着探头的纵向(轴向)压缩组织,给组织施加一个微小的作用力,由于各种不同组织(包括正常和病理组织)的弹性系数(应力/应变)不同,在加外力或交变振动后其应变(主要为形态改变)也不同,收集被测体某时间段内的各个信号片段,利用复合互相关方法(combined autocorrelation method,CAM)对压迫前后反射的回波信号进行分析,估计组织内部不同位置的位移,从而计算出变形程度,再以灰阶或彩色编码成像。

目前,已研制成的超声弹性成像仪以原有的超声彩色成像仪为基础,在设备内部设置可调的弹性成像感兴趣区(range of interesting,ROI),比较加压过程中 ROI 内病变组织与周围正常组织之间的弹性(即硬度)差异。压迫性弹性成像所反映的并不是被测体的硬度绝对值,而是与周围组织相比较的硬度相对值。由于手法加压法人为影响因素较多,产生的应变与位移可因施加压力的大小不同而不同,也可因压、放的频率快慢而不同。

早在 20 世纪 90 年代,美国著名教授 T. A. Krouskop 研究表明乳腺和前列腺等脏器内不同的组织成分其弹性系数大不相同。如图 6-13 所示,与乳腺组织相比,脂肪、乳腺纤维化、非浸润性癌以及浸润性癌(硬癌)的弹性系数各不相同。由此可见,正常组织和良性病变组织的弹性系数低,即硬度小(软);恶性病变组织的弹性系数高,即硬度大。

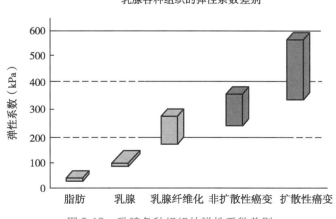

图 6-13　乳腺各种组织的弹性系数差别

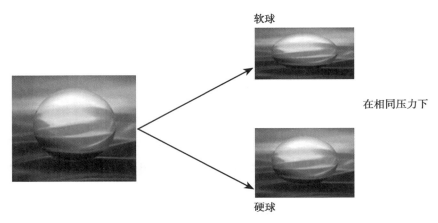

图 6-14 弹性成像实验示意图

在受到一定压力的情况下,弹性系数小的软球变形程度大,反之弹性系数大的硬球则变形程度小,如图 6-14 所示。

根据以上病理研究基础,日立技术研究人员设想:如果把性质不同的两种组织想象成两个球,那么不同组织在受到一定压力的情况下,变形程度就各不相同;如果把这些变形程度的信息情报收集后用图像模式显示出来,那样将给临床医师带来更多不同于以往超声诊断设备所能提供的组织信息情报。经过多年的研究,一种新的超声诊断技术诞生了,开辟了超声新领域。弹性成像原理示意图请见图 6-15 所示。

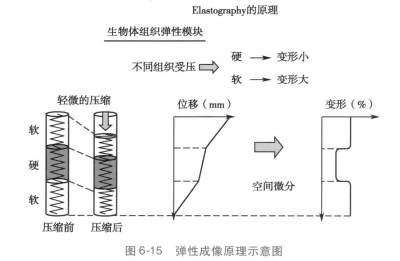

图 6-15 弹性成像原理示意图

三、压力式超声弹性成像的操作方法

探头进行扫描时,进行加压和减压操作,根据压迫前后接受的超声波信号变化,计算出不同组织的弹性差别,把弹性差别用不同的颜色来进行编码,半透明的覆盖于二维图像上,即完成了实时组织弹性图的扫描。探头加压示意图及彩色编码示意图见图 6-16(彩图 3)所示,操作方法示意图见图 6-17(彩图 4)。

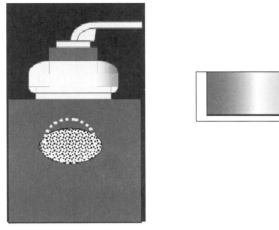

图 6-16 探头加压示意图及彩色编码图

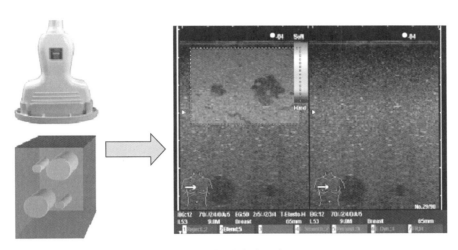

图 6-17 操作方法示意图

四、其他模式的弹性成像技术介绍

目前在主流超声市场上,除了静态应变弹性成像外,还有两种以其他原理呈现的弹性成像技术:

第一种是声脉冲力弹性成像。人体组织在受到一定能量的脉冲声波冲击后,除了主要产生纵向的组织应变外,还在横向上产生应变并引发剪切波。研究证明,剪切波的速度和弹性模量有一定的相关性。公式 $E \approx 3\rho c^2$,其中 E 为杨氏模量,c 为剪切波传播速度,ρ 为组织密度。由于各软组织间密度相差不大,约为 1000kg/m^3,因此可以定量得到组织的弹性模量。

声脉冲弹性成像按其发射方式可以分为单脉冲和多脉冲两类。单脉冲的主要工作原理是探头发射一个高能脉冲,聚焦到人体组织内部,受其激励组织产生横向的剪切波并快速传播,系统随即发出追踪脉冲,追踪较小范围内剪切波的传播并计算出其速度 V_s。多脉冲的发射原理如下:其改变了单个强脉冲的发射方式,将多个(3~9个)中低强度的脉冲沿声束方向快速发射并叠加,因其发射速度是以极快的超音速方式,所以在目标组织内形成了"马赫锥效应",剪切波源以面的形式向两侧扩散。剪切波传播速度很快,大约 1~10m/s,传统的超声难以捕捉,且剪切波在组织内很快衰减,研发公司改良了传统的超声发射方式,使得超声帧频较之传统快 100 倍以上,可以捕捉到快速传输的剪切波信号,并得以成像。

第二种是瞬时弹性成像技术,目前专用于肝纤维化的无创检测,主要原理是探头发射一个低频的推进脉冲,形成剪切波并透过皮肤传达到肝组织,随机探头发射出追踪脉冲,测量肝组织 5cm 以内剪切波的传播速度,并估算出弹性模量,剪切波的传播速度与肝纤维化的程度成正相关。

点滴积累 V

1. 探头进行扫描时,进行加压和减压操作,根据压迫前后接受的超声波信号变化,计算出不同组织的弹性差别,把弹性差别用不同的颜色来进行编码,半透明的覆盖于二维图像上,即完成了实时组织弹性图的扫描。
2. 声脉冲弹性成像按其发射方式可以分别单脉冲和多脉冲两类。

学习小结

一、学习内容

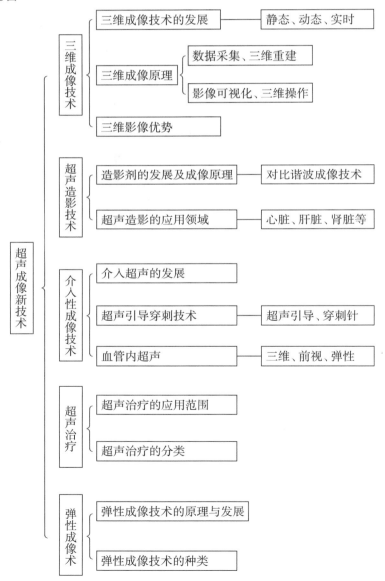

二、学习方法体会

> 1. 本章节主要是为了拓宽学生知识面而编写,要求学生多关注超声成像新技术,提高专业素质。
>
> 2. 三维超声成像是目前最热门的超声成像技术,应认真学习其基本概念和技术要点,为今后的职业发展打下良好基础。
>
> 3. 超声影像新技术方面还有很多最新发展,请积极查阅相关资料,不断拓展专业知识,适应行业技术的发展。

目标检测

一、单项选择题

1. 实时三维(或四维成像)采用(　　)探头

    A. 线阵

    B. 凸阵

    C. 相控阵

    D. 容积

2. (　　)是三维超声成像的第二步

    A. 彩色渲染

    B. 三维重建

    C. 三维影像可视化

    D. 数据采集

3. 三维空间参数能更好地显示组织结构的(　　)关系

    A. 解剖特征和空间

    B. 解剖和空间

    C. 解剖和时间

    D. 解剖特征和时间

4. 间接三维数据采集通过探头的移动来实现,根据探头移动轨迹的不同,采集方式又分为平移式、倾斜式和(　　)

    A. 旋转式

    B. 螺旋式

    C. 纵向螺旋式

    D. 纵向旋转式

5. 三维重建成像技术有立体几何构成法、(　　)、体元模型法等技术

    A. 轮廓提取法

    B. 表面提取法

    C. 平面提取法

    D. 表面轮廓提取法

6. 灰度渲染的表面模式提取出(　　)的表面灰阶信息,采用表面拟合的方式进行图像重组,以显示表面轮廓图像

    A. 表面结构

    B. 感兴趣结构

    C. 特殊结构

    D. 有用结构

7. 组织谐波成像技术中谐波的分离方法有射频滤波法和(　　)

    A. 脉冲滤波法

    B. 低频滤波法

    C. 脉冲反相法

    D. 高频滤波法

8. 对比谐波成像是指用( )的谐波成像

A. 超声造影剂

B. 二次谐波技术

C. 二氧化碳的组织

D. 谐波技术

9. 超声引导是指( )作为穿刺定位的影像设备

A. B超

B. 超声

C. CT

D. 彩超

10. 低强度超声治疗一般是指输出强度小于( ),对人体组织不构成不可逆损害的治疗

A. $1W/cm^2$

B. $2W/cm^2$

C. $3W/cm^2$

D. $4W/cm^2$

二、多项选择题

1. 三维成像最初应用于妇科的胎儿成像,目前已用于( )、腹部肿瘤等成像

A. 心脏

B. 脑

C. 肾

D. 眼科

2. 矩阵排列换能器由( )多线均匀切割为矩阵排列的正方形的阵元

A. 纵向

B. 纵切向

C. 横向

D. 横切向

3. 根据三维成像技术的发展过程可分为( )三维数据采集和( )三维数据采集

A. 间接

B. 直接

C. 三维重建

D. 三维影像

4. 灰度渲染的表面模式适用于( )等含液体空腔和被液体环绕的结构

A. 膀胱

B. 胆囊

C. 子宫

D. 胎儿

5. 三维动态显示可以采用( )等成像方法

A. 表面渲染

B. 多平面模式

C. 玻璃体渲染模式

D. 透明渲染

6. 对超声造影剂的要求有以下哪几个方面( )

A. 安全

B. 可以通过肺循环

C. 稳定性好

D. 可以改变组织的声学特性

7. 组织谐波影像特点有( )

A. 具有较好的对比解析度

B. 有效地抑制了伪像

C. 提高了影像的质量

D. 增强组织的回波能力

8. 介入性超声的应用领域包括( )、肿瘤的热消融和化学消融以及高强度聚焦超声治疗等范畴

A. 术中超声

B. 血流灌注

C. 腔内超声　　　　　　　　　　　D. 微泡超声造影

9. 血管内超声三维重建可分为以下基本步骤:(　　　)、显示和分析

　　A. 图像的获得　　　　　　　　　B. 图像数据化和节段化

　　C. 三维重建　　　　　　　　　　D. 数据采集

10. 非损伤超声疗法包括(　　　)、超声药物透入等

　　A. 理疗超声治疗　　　　　　　　B. 超声降脂

　　C. 超声洁齿　　　　　　　　　　D. 超声溶栓

三、简答题

1. 简述三维超声图像的显示困难。

2. 简述三维重建表面轮廓提取法缺点。

3. 简述与二维超声影像相比,三维超声影像的优势。

4. 简述谐波成像技术存在的缺陷。

（王锐　张智强）

第七章

超声诊断仪器的质量控制与检测

学习目标 V

知识目标

1. 掌握超声诊断仪器各质量控制参数的检测方法。

2. 熟悉超声诊断仪器质量控制的基本概念。

3. 了解超声诊断仪器质量参数的分类。

技能目标

熟练掌握超声诊断仪器质量控制参数的基本概念与检测方法，具备对超声诊断仪器质量控制的能力。

导学情景 V

情景描述：

目前，随着超声诊断仪器在医疗机构中的应用越来越广泛，其质量保证和质量控制变得越来越重要。如何使设备在临床使用中始终保持性能的最优性？影响设备性能和质量的主要参数有哪些？超声诊断仪器性能检测的相关标准和检测装置有哪些？……

学前导语：

本章我们将带领同学们进入以下几个模块：从整体上理解超声质量保证与质量控制的定义，理解质量控制的目的和意义；了解影响超声诊断仪器质量的主要因素，包括性能参数和操作参数；了解目前使用的超声诊断仪器的国家标准、行业标准、国外标准以及相关计量检定规程及校准规范；通过从总体上把握超声诊断仪器检测装置的分类，了解目前质量控制所使用的检测装置，包括灰阶图像参数检测装置、血流参数检测装置及安全参数检测装置。

超声诊断仪器作为与人类健康乃至生命密切相关的特殊仪器，其质量控制是非常重要的环节。

第一节　超声诊断仪器的质量控制

一、质量控制概述

随着各类医学成像技术飞速发展，医学影像设备在医疗机构里扮演着越来越重要的角色，其质量保证和质量控制也显得越来越重要。虽然与 X 射线机、CT 等其他医学影像设备相比，超声诊断仪器具有结构简单、操作方便、无电离辐射等特点,但随着超声成像技术越来越成熟,其在临床中应用越来越广泛,其质量保证和质量控制成为非常重要的环节。

质量保证与质量控制常常会被相提并论,但质量保证比质量控制涵盖的内容更多。因为质量保证不仅包括技术层面的参数检测,还包括管理层面的含义,如采购的规范、质量保证制度建设、检测记录的管理等。质量控制则主要是指在仪器设备安装调试结束以后在日常临床使用期间所进行的定期规范检查,使仪器设备的诸多重要性能处于最优状态,及早发现仪器设备运行过程中细微的质量问题,及时维护和修理,降低因质量问题影响医疗服务的可能性。与设备的预防性维护和定期维修不同,质量控制是在仪器设备生产厂家的安全检查及定期保养之外的一系列规范的检测,着重点在于临床应用的最优性。质量保证与质量控制能够提高仪器设备的使用价值,最主要的目的是为患者提供最佳的医疗服务。

二、影响超声诊断仪器质量的主要因素

影响超声诊断仪器质量的因素有很多,除了表征仪器性能的关键参数以外,还有一些可在操作面板上进行调节的操作参数。当然,性能参数与操作参数的划分没有严格的界限,有很多是相互交集的,在这里只是为了便于阐述而划分。性能参数与操作参数的正确调节,是保证仪器保持最佳状态、提供正确诊断信息的基础。

(一) 性能参数

本章阐述的个别性能参数与第二章内容有重复,在这里主要探讨影响参数的因素。

1. 盲区 盲区是指超声诊断仪器(主要是 B 超)可以识别的最近回波目标深度。盲区小有利于检查出接近体表的病灶,这一性能主要受探头的构造参数与发射脉冲放大电路的特性影响。可以通过调节发射脉冲幅度或发射脉冲放大电路时间常数等来影响盲区大小。

2. 最大探测深度 最大探测深度是指超声诊断仪器在图像正常显示允许的最大灵敏度和最大亮度条件下,能观测到的最大深度。该值越大,表明仪器具有更大的检查范围。影响这一性能的因素有以下几种原因。

(1) 换能器灵敏度:换能器在发射和接收超声波的过程中,灵敏度越高,探测深度越大。灵敏度主要取决于振元的转换性能和匹配层的匹配状况。

(2) 发射功率:提高换能器的声功率可提高探测深度,提高声功率可以通过增大发射电压来实现。但必须限制声功率在安全剂量阈值内,即声强应不大于 $10mW/cm^2$。

(3) 接收放大器增益:提高接收放大器增益可提高探测深度。但是放大器增益的提高,使得在放大弱信号的同时,也放大了系统噪声信号,所以增益也要适中。

(4) 工作频率:生物体内组织的声衰减系数与频率成反比。频率越低,衰减越小,探测深度越大,但分辨力变差了。相反,频率越高,探测深度越小,但分辨力变好了。为了提高整机的工作性能,一般采用动态滤波技术来兼顾分辨力和探测深度的合理应用。

3. 纵向分辨力 纵向分辨力(也称为轴向分辨力)是指在图像显示中能够分辨纵向两个回波目标的最小距离。该值越小,声像图上纵向界面的层理越清晰。实际中纵向分辨力可达到 2~3 个波

长数值。纵向分辨力与超声脉冲的有效脉宽(持续时间)有关。脉冲越窄,纵向分辨力越好。为了提高这一特性,目前换能器普遍采用多层最佳阻抗匹配技术,同时在改善这一特性中,为了保证脉冲前沿陡峭,在接收放大器中各厂家都采用了最好的动态跟踪滤波器。

4. **横向分辨力**　横向分辨力(也称为侧向分辨力)是指在超声束的扫查平面内,垂直于声束轴线的方向上能够区分两个回波目标的最小距离。该值越小,声像图横向界面的层理越清晰。横向分辨力与声束宽度有关,声束越窄,横向分辨力越好。声束宽度与振元直径与工作频率有关,常采用声透镜、可变孔径技术、分段动态聚焦等方法可提高横向分辨力。另外,横向分辨力还与系统动态范围、显示器亮度以及介质衰减系数等有关,所以在测量横向分辨力时,一定要将超声诊断仪器的相应参数调到最佳状况。

5. **几何位置示值误差**　是指超声诊断仪器显示和测量实际目标尺寸和距离的准确度。在实际应用中主要测量纵向几何位置示值误差和横向几何位置示值误差。这个技术参数指测量生物体内病灶尺寸的准确度,涉及诊断与治疗的一致性。影响这一准确度的因素与声速设定和扫描规律形式有关,扇形图像的均匀性比平面线阵扫描的几何位置准确度差些。

6. **声束切片厚度**　声束切片厚度是换能器在垂直于扫描平面方向上的厚度。切片越薄,图像越清晰,反之会导致图像压缩,产生伪像。切片厚度取决于振元短轴方向的尺寸和固有频率。常用的解决方法是采用聚焦技术。

7. **对比度分辨力**　对比度分辨力是指在图像上能够检测出的回波幅度的最小差别。对比度分辨力越好,图像的层次感越强,细节信息越丰富,图像越细腻柔和。影响这一因素的原因主要取决于声信号的频宽和显示灰阶。

8. **血流参数**　除了上面的常用性能参数外,对于多普勒血流成像系统,还有一些我们要关注的参数。

(1) 多普勒频谱信号灵敏度:是指能够从频谱中检测出的最小多普勒信号。

(2) 彩色血流灵敏度:是指能够从彩色血流成像中检测出的最小彩色血流信号。

(3) 血流探测深度:是指在多普勒血流显示、测量功能中,超过该深度即不再能检出多普勒血流信号处的最大深度。多普勒血流信号可以有三种表现方式:彩色血流图像、频谱图和音频输出。

(4) 最大血流速度:是指在不计噪声影响的情况下,能够从取样容积中检测的血流最大速度。

(5) 血流速度示值误差:是指彩超从体模或试件中测得的散射(反射)体速度相对其设定值的相对误差。

(6) 血流方向识别能力:彩超辨别血流方向的能力,彩色显示中用红和蓝颜色区分,频谱显示中用相对于基线的位置表达。

(二) 操作参数

为了便于调节,获取最佳的影像,超声诊断仪器的很多参数是可以通过操作面板上的旋钮或按键进行调整。

1. **超声能量输出**　超声能量输出常通过调节能量输出控制键来实现。一般标识为能量输出键(energy output)或输出功率键(transmit power),不同厂家和型号的仪器各有不同的标示。仪器面板或显示屏幕上标注的能量输出单位并非是标准的功率单位瓦特(W),而是分贝(dB)或最大输出功率的百分比。显示屏上成像参数区都会显示这一指标。

超声诊断仪发射超声波的分贝数指的是换能器实际发射功率与换能器最大发射功率比值的常用对数再乘以10。实际发射功率总是小于或等于最大发射功率,因此仪器上分贝数总是小于或等于0。

超声波作用于生物组织,可以产生多种生物效应,有可能对人体产生伤害。因此,合理地调节超声能量输出是正确操作的最基本要求。

2. 增益　超声诊断仪探头接收的反射信号很弱小,一定要经放大器放大后才能进行信号处理与图像显示。此放大器输出信号与输入信号功率比值的常用对数值乘以10,即为增益(gain),单位为分贝(dB)。

(1) 总增益:每一台超声诊断仪都有总增益调节键,用于控制整个成像范围内的增益,同步调节各个深度、角度的增益。

成像过程中应根据实际情况调节增益,以获得最佳图像。增益过高,会将噪声信号放大而出现假象;增益过低. 则可能丢失有用的低回声信号。

(2) 深度增益补偿:超声波的强度随传播距离增加而衰减,因此深部的反射信号强度低于浅部,成像后将会产生深部暗淡、浅部明亮的效果。为了获得均匀一致的图像,必须对深部回声信号进行深度增益补偿(depth gain compensation,DGC)。超声成像的深度,本质上是超声波传播的时间,超声波发射-接收的时间越长,对应的成像位置就越深。仪器实际上按照发射-接收时间进行补偿,因此 DGC 又称时间增益补偿(time gain compensation,TGC)。深度增益补偿的调节以图像深、中、浅部强度均匀一致为准。

(3) 侧向增益补偿:由于人体组织声学特性的复杂性,即使在同一深度、不同部位的回声强度也并不相同。因此,部分仪器除了在深度方向进行补偿外,还在水平方向进行补偿,即侧向增益补偿(lateral gain compensation,LGC)。

3. 动态范围　动态范围(dynamic range,DR)是指超声诊断仪能接收处理的最高与最低回声信号比值的常用对数值乘以20,单位是分贝(dB)。相对应,在图像中表现为所包含的"最暗"至"最亮"像素的范围,动态范围越大,信号量越大,声像图所能表现的层次越丰富,但是噪声亦会增加,而信噪比并不提高。人体反射的超声信号动态范围很大,一般在 40 ~ 120dB。这就要求超声诊断仪具有较大的动态范围,目前仪器接收信号的动态范围可以达到≥180dB。调节动态范围可对重要的回声信号进行扩展显示,对非重要的信号则给以压缩或删除,既能兼顾低回声信号的提取,又能保证高回声的突出。动态范围过大时,图像较朦胧;过小时图像则显得锐利、对比度高、颗粒粗。应根据患者条件和检查目的选择适宜的动态范围,腹部脏器和小器官一般为 65 ~ 70dB,心脏和血管一般为55 ~ 60dB,成像较困难的患者可适当降低动态范围。

4. 聚焦　超声仪器中,对超声束的聚焦是提高图像质量的重要手段。目前超声仪器中,主要采用实时动态电子聚焦来实现超声波在发射与接收过程中全程聚焦。在控制面板上,发射聚焦的焦点位置和数量均可随时调节,将聚焦区域定于感兴趣深度,可获得更加理想的图像,同时设置多个聚焦区能使图像更均匀,但聚焦点设置过多会导致图像帧频下降。

5. 灰阶　B 型超声图像是以不同强度的光点反映回声信号的强弱,称作灰阶显示。由最暗到最亮可分成若干等级,称作灰阶(gray scale)。目前的超声诊断仪已经达到 64 级或 256 级灰阶,能完全满足诊断需要。显示屏的右上角或左上角显示有灰阶标尺,指示当前灰阶成像最暗到最亮的分级。适宜的灰阶设置使图像层次清晰,易于发现病变。

6. 多普勒角度　超声束与血流速度方向之间的夹角,称为多普勒角度(Doppler angle)。多普勒系统检测到的速度只是血流速度沿声束方向的分量,必须经角度校正(anglecorrection),即除以多普勒角度的余弦值后才能获得实际血流速度。考虑到余弦函数曲线在大于 60°时明显变得陡峭,随角度增大余弦值变化更明显,因角度校正不当而产生的误差也将明显增加,测量重复性降低,所以在测量血流速度时要求多普勒角度控制在 60°以内。

对于彩色多普勒血流成像,血流方向越接近垂直于声束方向,沿声束方向的血流速度分量就越小,检测到的血流多普勒频移信号就越低。因此操作过程中应尽量侧动探头,使血流方向尽可能平行于声束,以提高血流检出的敏感性。

7. 取样容积　脉冲多普勒取样容积(sample volume,或 sample gate,或 Doppler gate)大小的调整,主要指沿声束方向上的长度调整,一般具有 1 ~ 10mm 的可调范围。而宽度就是声束直径,一般不可调。取样容积大小的调节,本质上就是改变接收脉冲的持续时间,接收脉冲持续时间越长,取样容积就越大。取样容积的大小可影响检测结果,应与所检测的血管腔相适宜。取样容积过大,包含了血管壁结构甚至周围血管的血流,频谱中就会出现干扰、伪像或其他血管的血流速度信息。取样容积过小,仅能检测血管腔内某一层面的血流速度信息,所测血流速度代表性差。一般情况下,血管腔内近管壁的血流速度偏低,而管腔中心血流速度较高。

8. 壁滤波器　探头接收到的多普勒信号中除了来自血细胞的频移信号外,也包含了来自于房室壁、瓣膜或血管壁运动的低频信号,这些信号如不滤掉,将会影响检测结果。壁滤波器(wall filter)是一个高通滤波器,将低速的血管壁、心肌运动信号及干扰滤除,只保留相对速度较高的血流信息。其他成像条件不变,随着滤波频率的增高,低速信号更多地被滤除。检测高速血流时,应调高壁滤波器滤波频率,尽量滤除血管壁、心肌的低速信号。检测低速血流时,应降低壁滤波器,如壁滤波器滤波频率过高,将会把真实的低速血流信号滤除。比如检测静脉血流或动脉舒张期血流速度时,壁滤波器设置过高将会获得无血流或动脉阻力指数增高的结果。

9. 速度基线　改变彩色或脉冲频谱多普勒速度零基线(baseline)的位置,可以增大单向速度量程,从而克服混叠现象。当然,这减小了反方向的速度量程,导致反方向易发生混叠。比如脉冲多普勒频谱的零基线位置下移,正向速度量程增加,反向速度量程减小;下移至最低位置时,正向速度量程增加一倍,反向速度量程为零。

10. 速度量程　根据采样定理,彩色或脉冲多普勒可测量的最大频移(速度)是脉冲重复频率(PRF)的一半。因此,调整多普勒可测量的速度范围(scale,也称作速度量程或速度标尺),本质上就是改变脉冲重复频率。大多数仪器以"Scale"命名此键,少部分仪器以"PRF"命名此键。应根据被测血流速度的高低选择合适的速度量程。高速血流选用高量程,否则产生彩色或频谱混叠,或增加干扰信号;低速血流选用低量程,以增加血流检测的敏感性。

为了扩大多普勒可测速度范围,减少混叠的发生,一般可采取以下方法:①减少取样深度:不论是彩色取样框还是脉冲多普勒取样容积,采样部位越浅,速度量程就越大。②选择低频探头或降低多普勒频率:取样深度不变时,探头多普勒频率越低,最大可测血流速度就越高。③增大多普勒角度:在多普勒系统速度量程并没有扩大的情况下,多普勒角度增大可使沿声束方向的速度分量减少,从而可以测量更大的血流速度但并不发生混叠,这相当于增大了速度量程。④移动零基线:改变零基线位置,可以单方向增大速度量程,但却牺牲了反方向的速度量程。

11. 多普勒帧频 帧频反映了多普勒系统的时间分辨力。增大帧频的方法包括:在获得足够信息的前提下尽量减小二维灰阶图像的成像范围(深度和角度)和减小彩色取样框,尽可能减小取样深度,关闭或减少不必要的各种图像处理功能(如降低帧平均等),减少焦点数,减少多普勒扫描密度,改变速度量程等。

12. 彩色取样框 彩色多普勒二维取样框(region of interest,ROI)的调节包括大小(size)和倾斜角度(steer)两方面。在能覆盖检查目标的前提下取样框应该尽量小,对于较大范围的检测目标,取样框不应一次性覆盖,而是移动取样框分部位检查。取样框过大,可降低彩色多普勒帧频和扫线密度,导致时间分辨力和空间分辨力均受影响,从而在检查时漏掉短暂的、小范围的异常血流信号,深度方向上增大取样框,还会使多普勒速度量程降低,更易出现彩色混叠。

超声所能检查的血管,其走向往往与体表平行,成像时声束近乎垂直于血流方向,显然不利于多普勒频移信号的采集。因此,超声束的指向对于彩色多普勒成像具有重要意义。线阵探头的多普勒声束指向可以在一定范围内改变,使取样框倾斜度发生变化,缩小多普勒声束与血流方向之间的多普勒角度,以利于多普勒频移信号的采集。多普勒效应"感知"的只是沿声束方向上的血流速度分量,声束与血流越平行,多普勒角度越小,多普勒效应"感知"的速度分量就越大,检测血流的敏感性就越高。因此,对于平行于体表的血管,应尽量增大取样框倾斜角度,以增加血流显示的敏感性。然而,对于位置较深的血管,增大倾斜角度的同时也增大了超声传播距离,超声衰减也增加,反而不利于多普勒频移信号的检出,这对于高频探头尤其明显。因此,取样框倾斜角度的影响是双向的,对于浅表的血管,应尽量增大倾斜角度,对于位置较深的血管,倾斜角度不宜过大。

13. 余辉 余辉(persist/persistence)是用于调节前后连续的若干帧图像的叠加,二维灰阶成像和彩色多普勒成像都有余辉的调节。叠加越高,所获得的此前帧图像的信息量就越大,每一个像素在屏幕上的存留时间就越长,灰阶图像表现越细腻,但对运动脏器"拖尾"现象越明显;叠加越低,则当前帧的信息量所占比例越大,每一个像素在屏幕上的存留时间就越短,灰阶图像颗粒就越粗,但对运动脏器的显示有较好的跟随性。在彩色多普勒显像时,增大余辉可使低速、低流量的血流更易显示清楚。

在临床应用过程中,以上阐述的参数并不是相互独立的。为了获得最佳的成像效果,或为了达到特定目的而突出某一特别的成像效果,需要综合调节多个功能键。

点滴积累 ∨

1. 随着超声技术的日趋成熟，其质量保证和质量控制成为临床应用中非常重要的环节。

2. 影响超声仪器质量的参数主要包括性能参数与操作参数，但两者之间的划分相互交集，没有明显的界限。

3. 常见的性能参数主要包括盲区、最大探测深度、横向分辨力、纵向分辨力、几何位置示值误差、声束切片厚度、对比度分辨力以及血流参数等。

4. 常用的性能参数主要包括超声能量输出、增益、动态范围、聚焦、灰阶、多普勒角度、取样容积、壁滤波器、速度基线、速度量程、多普勒帧频以及余辉等。

第二节 超声诊断仪器相关检测标准

医用超声诊断仪器是整个医疗器械产业的重要组成部分，国内从事该类设备研制、开发、生产、销售的企业越来越多，在临床上的应用越来越广泛。为了提高医疗质量，保证医疗安全，就需要加强医用超声仪器的规范管理，对设备的质量控制和质量保证提出要求。

超声诊断仪器相关标准化组织包括全国医用电器标准化技术委员会超声设备分技术委员会和全国声学标准化技术委员会超声水声分技术委员会。前者的职责是国内医用超声产品通用标准、专用标准、产品标准的制定和修订，后者的职责是国内超声（包括医用超声）、水声领域基础标准的制定和修订。两者对口的国际标准化组织为 IEC 的 TC87：超声。另外，由国家质量监督检验检疫总局组织建立的全国声学计量技术委员会，负责声学（含超声）计量领域内国家计量技术法规的制定、修订和宣传贯彻，声学量值国内比对以及国家质量监督检验检疫总局委托的其他相关工作。本节对现有标准、规程和规范罗列一二，以供参考。同时，本节中介绍的标准、规程和规范，随时有可能被修订，请参阅最新的标准原文。

一、与医用超声诊断类直接相关的国家和行业标准

1. 基础（材料和方法研究）和安全方面的标准

（1）GB/T 7966-2009：声学 超声功率 测量辐射力天平法及性能要求；

（2）GB/T 14710-2009：医用电器环境要求及实验方法；

（3）GB/T 15214-2008：超声诊断设备可靠性实验要求和方法；

（4）GB/T 16540-1996：声学 在 0.5～15MHZ 频率范围内的超声场特性及其测量 水听器法；

（5）GB/T 20219-2006：声学 聚焦超声换能器发射场特性的定义与测量方法（idt IEC 610828：2001）；

（6）GB 9706.1-2007：医用电气设备 第 1 部分：安全通用要求；

（7）GB 9706.9-2008：医用电气设备 第 2～37 部分：超声诊断和监护设备安全专用要求；

（8）GB/T16846-2008：医用超声诊断设备声输出公布要求（idt IEC 61157：1992）；

（9）GB/T 20249-2006：声学 聚焦超声换能器发射场特性的定义与测量方法；

（10）YY/T 0163-2005：医用超声测量水听器特性和校准；

（11）YY 0299-2008：医用超声耦合剂；

（12）YY/T 0642-2008：超声　声场特性　确定医用诊断超声场热和机械指数的试验方法；

（13）YY/T 0643-2008：超声脉冲回波诊断设备性能测试方法；

ER-7-1

热指数与机械指数

（14）YY/T 0703-2008：超声实时脉冲回波系统性能试验方法；

（15）YY/T 0704-2008：超声脉冲多普勒诊断系统性能试验方法；

（16）YY/T 0748.1-2009：超声脉冲回波扫描仪　第 1 部分：校准空间测量系统和系统点扩展函数响应测量的技术方法；

（17）YY/T 1084-2007：医用超声诊断设备声输出功率的测量方法；

（18）YY/T 1088-2007：在 0.5～15MHz 频率范围内采用水听器测量与表征医用超声设备声场特性的导则（idt IEC 61220：1993）；

（19）YY/T 1089-2007：单式脉冲回波超声换能器的基本电声特性和测量方法；

（20）YY/T 1142-2003：医用超声诊断和监护设备频率特性的测试方法；

（21）YY/T 0111-2005：超声多普勒换能器技术要求和试验方法；

（22）GB/T 15261-2008：超声仿组织材料声学特性的测量方法；

（23）YY/T 0458-2003：超声多普勒仿血流体模的技术要求。

知识链接

水　听　器

水听器又称水下传声器（hydrophone），是把水下声信号转换为电信号的换能器。根据作用原理、换能原理、特性及构造等的不同，有声压、振速、无向、指向、压电、磁致伸缩、电动（动圈）等水听器之分。水听器与传声器在原理、性能上有很多相似之处，但由于传声介质的区别，水听器必须有坚固的水密结构，且须采用抗腐蚀材料的不透水电缆等。

---

2. **技术性能方面的标准**　下述标准虽对被检设备的性能参数做了要求，但是，它们通常用于被检设备的出厂检验和型式检验。

（1）GB 10152-2009 B 型超声诊断设备：该标准适用于标称频率在 2～15MHz 范围内的 B 型超声诊断设备，包括彩色多普勒超声诊断设备（彩超）中的二维灰阶成像部分，不包括血流测量成像部分。该标准不适用于眼科专业超声诊断设备和血管内超声诊断设备。该标准规定了声工作频率、探测深度、侧向分辨力、轴向分辨力、盲区、切片厚度、横向几何位置精度、纵向几何位置精度、周长和面积测量偏差、M 模式性能指标、三维重建体积计算偏差等性能要求。该标准未涉及超声彩色血流成像。

（2）YY 0767-2009 超声彩色血流成像系统：该标准适用于工作频率在 2～15MHz 范围内，基于多普勒效应的超声彩色血流成像系统。该标准规定了彩色成像模式下的探测深度、彩色血流图像与其所在管道的灰阶图像重合度和血流方向辨别，以及频谱多普勒模式下的探测深度、血流速度读数误差和血流方向辨别等性能要求。

（3）YY 0593-2005 超声经颅多普勒血液分析仪：该标准适用于超声经颅多普勒血流分析仪。该产品采用超声多普勒技术测量颅内、颅外血流技术，一般以频谱形式显示，不形成二维结构图像。该标准规定了声工作频率、流速测量范围及误差、最大工作距离、超声输出功率等性能要求。

（4）YY 0448-2009 超声多普勒胎儿心率仪：该标准适用于根据多普勒原理从孕妇腹部获取胎儿心脏运动信息的超声多普勒胎儿心率检测仪。不适用于系附在孕妇腹部、采用多元扁平超声多普勒换能器的连续胎儿心率监护装置。该标准规定了声工作频率、综合灵敏度、空间峰值、时间峰值、声压、输出超声功率等性能要求。该产品不涉及超声彩色血流成像。

（5）YY 0449-2009 超声多普勒胎儿监护仪：该标准适用于超声多普勒胎儿监护仪，该产品采用连续波或脉冲波超声多普勒原理，在围生期对胎儿进行连续监护，并在出现异常时及时提供报警信息。超声多普勒胎儿监护仪具备监测和储存胎儿心率、宫缩压力等数据的功能，不能形成二维结构图像，一般不涉及血流参数。

（6）YY/T 0749-2009 超声手持探头式多普勒胎儿心率检测仪性能要求及测量和报告方法（IEC 61266：1994，IDT）：该标准适用于产生单超声波束、由手持式探头组成的超声多普勒胎儿心率检测仪，其应用于孕妇腹部并通过使用连续波或准连续波超声多普勒方法来获取胎儿心脏运动信息。不适用于产生多束超声波束的连续监护装置，通常这类装置采用类似的工作原理，但适用系附于患者的扁平探头。该标准规定了超声工作频率、综合灵敏度、空间峰值时间峰值声压、输出超声功率等性能要求。该产品不涉及超声彩色血流成像。

（7）YY 0773-2010 眼科 B 型超声诊断仪通用技术条件：该标准适用于超声工作频率在 10～25MHz 范围内的眼科 B 型超声诊断仪。该标准规定了探测深度、侧向分辨力、轴向分辨力、盲区、横向几何位置精度、纵向几何位置精度等性能要求。该产品不涉及超声彩色血流成像。

二、与医用超声诊断类直接相关的国外标准

1. 超声诊断设备声输出测量与报告的 510（K）导则（美国 FDA）；

2. IEC 61206：1993：超声连续波多普勒系统测试步骤（技术报告）；

3. IEC 61685：2001：超声血流测量系统仿血流体模（正式标准）；

4. IEC 61895：1999：超声脉冲波多普勒诊断系统确定性能的测试步骤（技术报告）；

5. 87/231/NP：超声 彩色血流成像系统确定性能的测试步骤（秘书提案）；

6. UD-3 Rev.1,1998：超声诊断设备热和机械声输出指数实时显示标准（AIUM 和 NEMA 制定并发布）；

7. IEC 60601-2-37：医用电气设备 第 2～37 部分：医用超声诊断和监护设备专用安全要求（以 UD-3 Rev.1,1998 为主要依据）；

8. IEC 61157：报告医学诊断设备声输出的标准方式；

9. IEC 62359：2005：声场表征确定与医用超声场有关的热指数和机械指数的测试方法（是具体实施 IEC 60601-2-37 的配套标准）；

10. IEC 61161：1998：0.5～25MHz 频率范围内液体中超声功率的测量。

上述标准和技术文件主要涉及被检设备的安全和基础方面的参数,但对彩色超声多普勒成像设备性能检测只做了方法研究,未做阈值要求。

三、相关计量检定规程及校准规范

1. JJG 639-1998 医用超声诊断仪超声源检定规程 该规程适用于通用 B 型脉冲反射式超声诊断仪超声源的检定(标准频率不高于 7.5MHz)。该规程规定了:①安全计量特性,包括输出声强和患者漏电流;②灰阶图像计量特性,包括探测深度、侧向分辨力、轴向分辨力、盲区、横向几何位置精度、纵向几何位置精度和囊性病灶直径误差等。该规程未涉及超声彩色血流成像。

2. GJB 7049-2010 医用超声多普勒诊断设备超声源检定规程 该规程规定了医用超声多普勒诊断设备超声源的技术要求、检定条件、检定项目、检定方法、检定结果的处理和检定周期。

该规程适用于配接非介入性平面线阵、凸阵、相控阵、容积和机械扇扫(包括单元式、多元切换式和环阵)探头的,且探头标称频率不高于 15MHz 的医用超声多普勒诊断设备超声源的检定。

该规程规定了:①安全计量特性,包括输出声强和患者漏电流;②灰阶图像计量特性,包括最大探测深度、侧向分辨力、轴向分辨力、盲区、几何位置示值误差、声束层厚误差、对比度分辨力;③彩色血流成像计量特性,包括多普勒信号灵敏度、彩色血流灵敏度、血流探测深度、最大血流速度、血流速度示值误差、方向分辨力等。

3. 医用超声多普勒诊断设备质量控制检测技术规范(2011 年) 该规范规定了医用超声多普勒诊断设备质量控制的一般要求,适用于配接非介入性平面线阵、凸阵、相控阵、容积和机械扇扫(包括单元式、多元切换式和环阵)探头的,且探头标称频率在 1.5 ~ 15MHz 范围内的医用超声多普勒诊断设备的检测。

该规范适用于医用超声多普勒诊断设备在临床应用中的周期检测、修后检测、验收检测、退役鉴定以及临床评价等技术环节。

点滴积累 ∨ ....

1. 超声诊断仪器相关标准化组织包括全国医用电器标准化技术委员会超声设备分技术委员会和全国声学标准化技术委员会超声水声分技术委员会。 另外,由国家质量监督检验检疫总局组织建立的全国声学计量技术委员会,也负责声学(含超声)计量领域内国家计量技术法规的制定、修订和宣传贯彻。

2. 与医用超声诊断类直接相关的国家和行业标准包括基础(材料和方法研究)和安全方面的标准和技术性能方面的标准,同时也有相关的国外标准可供参考。

3. 质量控制中还需参照相关计量检定规程及校准规范。

第三节 超声诊断仪器的检测装置

检测超声诊断仪器的装置主要有以下三类:检测灰阶图像表征参数的装置;检测彩超血流参数的装置;检测安全参数的装置。

一、检测灰阶图像表征参数的装置

常用的检测灰阶图像表征参数的装置是仿组织超声体模,用于检测探测深度、纵向分辨力、横向分辨力、盲区、几何位置示值误差、声束切片厚度、对比度分辨力等性能参数。

仿组织超声体模是 20 世纪 80 年代美国首先研制出来的,有 Gammex、ATS、CIRS、Nuclear-Associates 实验室和中国科学院声学研究所等生产的产品。它由与人体组织的声速、声衰减、背向散射参数数信相接近的材料制成,内嵌不同选材、布置的各种专用靶标,用以检测影响图像品质的性能参数。

仿组织超声体模的使用较简单,一般将被检超声诊断仪的配接探头通过耦合剂或除气泡水放置在体模声窗上,然后调节被检设备,使之呈现期望图像,进行检测即可。下面介绍几款常用的仿组织超声体模。

1. 中科院 KS107 系列　KS107 系列产品是由中国科学院声学研究所研制的仿组织超声体模,是与国家标准(GB 10152-2009)和检定规程(JJG 639-1998)配套的产品。有 KS107BD 型、KS107BG 型、KS107BQ 型和 KS107-3D 型等系列产品。

(1) KS107BD 型:四壁和底由有机玻璃加工组装而成,底板开有直径 36mm 圆孔两个,封有 1mm 厚橡皮,供注射保养液之用。四壁外表面贴有指示和装饰用塑料薄膜面板。顶面封以 60μm 厚聚酯薄膜用作声窗。最上面为 10mm 深水槽,检测时即使以水为耦合剂也不会流失。水槽上有 3mm 厚盖板,以便在不用时保护声窗。该超声体模适用于工作频率在 4MHz 以下超声诊断仪器设备的性能检测。其在仿组织材料(TM)内嵌埋有尼龙线靶 8 群,主要用于检测超声诊断仪器的 190mm 内探测深度、纵向分辨力、横向分辨力、盲区、几何位置示值误差以及囊肿、肿瘤、结石等三种典型病灶的成像质量与性能参数。具体应用请参考配套实训教材的质量控制模块。

KS107BD 型还有一款加长型,即 KS107BD(L)型,其探测深度达 250mm,其他与 KS107BD 型一样。

(2) KS107BG 型:其结构与 KS107BD 型相似,在 TM 材料内嵌埋有尼龙线靶 11 群,适用于 5 ~ 10MHz 以上超声诊断仪器二维灰阶成像的盲区、120mm 内探测深度、4 个典型深度处纵向和横向分辨力、纵向和横向几何位置示值误差的检测以及三种不同直径仿病灶的成像检测。具体应用请参考配套实训教材的质量控制模块。如图 7-1 为三款体模的外观图。

(3) KS107BQ 型:为切片厚度/声束形状体模,用于检测一维阵列探头声束的切片厚度和电子聚焦的声束形状。具体技术指标如表 7-1 所示。

图 7-1　KS107BD 型、KS107BD(L)型、KS107BG 型体模的外观图

表 7-1 KS107BQ 型体模的技术指标

技术参数	技术指标
超声仿组织材料声速	1540m/s
超声仿组织材料声衰减	(0.7±0.05)dB/(cm·MHz)
平面散射靶片层厚度	<0.4mm
声窗表面-漫反射靶夹角	70°
靶线数	19
靶线直径	(0.3±0.05)mm
线靶位置公差	±0.1mm
声窗表面上红色标记线与超声体模外壳的前后壁夹角	70°

（4）KS107-3D 型：为三维超声成像体模，其在仿组织材料中内置已标定尺寸和体积的椭球体，用于检测三维重建图像的失真度。具体技术指标如表 7-2 所示。

表 7-2 KS107-3D 型体模的技术指标

技术参数	技术指标
仿组织材料声速	(1540±10)m/s,(23±3)℃
衰减系数	(0.7±0.05)dB/(cm·MHz)
两个椭圆体体积	60cm^3 和 10cm^3
扫描面	双声窗子扫描
外形尺寸	150mm×150mm×160mm

如图 7-2 为 KS107-3D 型三维超声成像体模的外观图。

图 7-2 KS107-3D 型三维超声成像体模的外观图

2. Gammex 仿组织超声体模 Gammex 从 20 世纪 80 年代开始研究和生产的仿组织超声体模，相继生产出很多系列的超声仪器质量控制产品，其产品都符合 EN ISO 13485、FDA 21 CFR 820 和

IEC 60601-1 等国家标准,获得全球领先的检验、鉴定、测试和认证机构 SGS 颁发的 13485 认证。

（1）SONO403 和 SONO404 系列仿组织超声体模：SONO403 和 SONO404 系列仿组织超声体模共有 4 款,即 403GS LE 型、403 LE 型、404GS LE 型、404 LE 型,是 Gammex 生产的多用途精密灰阶体模(其型号中带 GS 的具有灰度比对靶线),适用于工作频率在 2～18MHz 范围内的超声诊断仪器设备的性能检测。可为分辨力、探测深度和几何位置示值误差等提供精准测量。同时仪器还提供一个 10mm 无回声的囊袋用来评估系统噪声和几何失真。体模采用最先进的仿组织凝胶技术,能提供一个更为稳定的背景材质,能兼容最新的组织谐波设备和技术。具体应用请参考配套实训教材的质量控制模块。

表 7-3 为 403GS LE/403 LE 和 404GS LE/404 LE 仿组织超声体模技术指标,两者的主要区别是 404GS LE/404 LE 部分靶线直径更小,更适合于高频探头状态下的检测。

表 7-3 403GS LE/403 LE 和 404GS LE/404 LE 体模的技术指标

项目			技术指标	
			403GS LE/403LE	404GS LE/404LE
仿组织材料	声速		(1540 ± 10)m/s$(22℃)$	(1540 ± 10)m/s$(22℃)$
	衰减系数		(0.5 ± 0.05)dB/(cm·MHz)或(0.7 ± 0.05)dB/(cm·MHz)	(0.5 ± 0.05)dB/(cm·MHz)或(0.7 ± 0.05)dB/(cm·MHz)
靶线	无回声囊肿靶线	直径	2、4、6、10mm	1、2、4、7mm
		声速	(1540 ± 10)m/s$(22℃)$	(1540 ± 10)m/s$(22℃)$
		衰减系数	(0.05 ± 0.01)dB/(cm·MHz)	(0.05 ± 10)dB/(cm·MHz)
	对比度分辨靶线	对比度(相对背景材料)	−6、+6、+12dB	−6、+6、+12dB
		直径	100mm	7mm
		声速	(1540 ± 10)m/s$(22℃)$	(1540 ± 10)m/s$(22℃)$
		衰减系数	(0.5 ± 0.05)dB/(cm·MHz)或(0.5 ± 0.05)dB/(cm·MHz)[1]	(0.5 ± 0.05)dB/(cm·MHz)或(0.5 ± 0.05)dB/(cm·MHz)
	尼龙靶线	直径	0.1mm(0.004in)	0.1mm(0.004in)
		纵向靶线群	8 根,深度 2～16cm 平均分布,相邻靶线间距:20mm	9 根,深度 1～9cm 平均分布,相邻靶线间距:5mm
		横向靶线群	位于 2cm 和 12cm 深处各 1 组,每组 4 根,相邻靶线间距为 30mm	位于 2cm 和 12cm 深处各 1 组,每组 4 根,相邻靶线间距为 30mm
		纵向分辨力靶线	3 组,分别位于 3、8、14cm 深处,每组靶线间距分别为 2.0、1.0、0.5、0.25mm	3 组,分别位于 1、3.5、6cm 深处,每组靶线间距分别为 2.0、1.0、0.5、0.25mm
		盲区靶线	4 根,相邻靶线纵向间距 3mm,第 4 根位于 10mm 处	4 根,相邻靶线纵向间距 3mm,第 4 根位于 10mm 处

如图 7-3 与 7-4 为 SONO403 和 SONO404 仿组织超声体模的外观图和应用图。

图7-3　SONO403和SONO404体模外观图

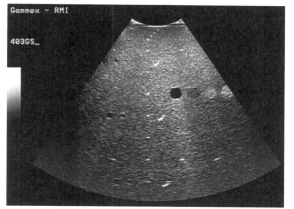

图7-4　SONO403和SONO404体模应用图

（2）SONO408球形病灶体模：因为球形病灶对回声表现弱，没有远端增强或影子，所以要求特制的模体来进行专门的测试。408可以精确地同时测量三个维度的分辨力，同时也可用于超声心动图的高频探头的测试。体模内包含多种深度、间隔及直径的球形靶区，探测深度达到16cm，可以满足各种高度要求的相关测试。如图7-5为SONO408球形病灶体模外观图。

（3）SONO416探头评估体模：SONO416是个快速的探头评估体模，模拟16cm深度的人体组织。可用于测试线性、凸形及腔内等多种探头的图像均匀性，简便易用，成本相对低廉，几乎每台超声都可配置一台（注：TE内部没有靶区）。如图7-6为SONO416探头评估体模外观图。

图7-5　SONO408体模外观图

图7-6　SONO416探头评估体模外观图

二、检测血流参数的装置

彩色超声多普勒血流成像系统应用越来越广泛，其质量控制不仅要进行灰阶图像表征参数检测，还要对血流参数进行检测。血流参数检测装置主要是由恒流泵、恒流泵控制器、缓冲器、流量计、多普勒仿血流体模和仿血液储罐组成等组成。下面介绍几种检测装置。

1. CDFT 100 型彩色多普勒血流检测仪　中国人民解放军总后勤部卫生部药品仪器检验所研制的 CDFT 100 型彩色多普勒血流检测仪是一种微控电子系统、精密机械、高精度计量传感器相结合，能够实现精确模拟人体血液流速的设备，主要用于医用超声诊断设备的血流参数的检测。其主要功能包括多普勒信号灵敏度测试、彩色血流灵敏度测试、血流探测深度测试、血流速度示值误差测试、最大血流速度测试、血流方向分辨力测试等。

该仪器与中国科学院声学研究所研制的 KS205D 血流流速体模配接使用，其技术指标见表7-4。

表 7-4　CDFT 100 型色彩多普勒血流检测仪的技术指标

项目		技术指标
主机	流速范围	$1 \sim 3000$ mm/s（体模大管：$1 \sim 750$ mm/s；体模小管：$4 \sim 3000$ mm/s）
	流速最大允许误差	$30 \sim 3000$ mm/s：$\pm 5\%$；$1 \sim 30$ mm/s：$\pm 10\%$
	工作电压	AC220V,50Hz/60Hz
	输入电流	<10A
	漏电流	<0.1mA
	电击保护	Ⅰ 类 B 型
多普勒体模	超声仿组织（TM）材料　声速	(1540 ± 10) m/s,(23 ± 3)℃
	衰减系数	(0.5 ± 0.05) dB/(cm・MHz),(23 ± 3)℃
	超声仿血管　密度	0.930 g/cm^3
	材料声速	1555m/s
	内径	8mm（大管）和 4mm（小管）
	与声窗平角夹角	42°（斜置段）
	超声仿血液　密度	(1.05 ± 0.04) g/cm^3
	声速	(1570 ± 30) m/s
	衰减	<0.1 dB/(cm・MHz)
	背向散射系数	$(1 \sim 10) \times 10^{-9}$/(cm・MHz^4・sr)
	黏度	$(4 \pm 0.4) \times 10^{-3}$ Pa・s
环境	工作环境　温度	$5 \sim 40$℃
	相对湿度	$20\% \sim 90\%$
	大气压力	$70 \sim 106$ kPa
	运输和储存环境　环境温度范围	$-10 \sim +55$℃
	湿度范围	$\leqslant 93\%$
	大气压力	$50 \sim 106$ kPa
	其他要求	无腐蚀性气体和通风良好的室内

2. Gammex 1425 型多普勒血流体模　1425 型是集 B 超性能测试和多普勒性能测试体模于一身的一套齐备的超声多普勒检测系统,其体模内置有 1 个 403GS LE 模体,可同时用于多普勒和 B 超系统测量的设备。包括流体系统、组织模拟体模和电子流量控制系统。组织模拟啫喱、血管和血液模拟流体都与人体组织的超声特性近似。使用通常的扫描设定就可以进行测量,而且保证用体模测得的性能表现与其在临床检查中的表现一致。检测除了 403GS LE 模体可检测的项目以外,还可以进行多普勒信号灵敏度、彩色血流灵敏度、深度流动灵敏度、彩色血流与 B 模式图像的一致性、方向分辨力、流速读出精度、取样门控定位精度等项目的检测。

此体模材料模拟人体组织的衰减有针靶用来测试穿透深度、纵向和横向分辨力以及电子卡钳精度。2、4、6mm 的无回声囊靶嵌在三个不同深度,用于图像质量分析。用于多普勒测试的 5mm 管路符合 FDA 灵敏度推荐值。一条血管模拟颈动脉,另一条用于测量多普勒灵敏度及开发扫描技术。

带角度的血管用来测试不同频率探头的灵敏度和多普勒角度的精度。不同的流速则测试多普勒偏移的精度。好的流量设备是完备的系统并提供精确的声速,它们能用于常规超声系统的实际质量控制和比较,同样也能用于多普勒超声的基础教学。具体技术指标如表 7-5 所示。

表 7-5　1425 多普勒血流系统技术指标

项目			技术指标
电子流速控制系统	恒流	流量范围	1~12.5ml/s
		流量最大允许误差	满量程的 ± 3%
		流速范围(计算获得)	10~110m/s
	脉冲流量		5个编程波,对应面板下方5个功能按键
仿组织体模	仿组织(TM)材料	声速	(1540 ± 10)m/s
		衰减系数	(0.5 ± 0.05)dB/(cm · MHz) 或(0.7 ± 0.05)dB/(cm · MHz)
	超声仿血管	数量	2条
		内径	5mm
		与水平面夹角及深度	2cm为0°,2~16cm为40°
	超声仿血液	密度	1.03g/cm^3
		声速	(1550 ± 10)m/s
		微粒尺寸	平均4.7μm
	靶	无回声囊肿	声速	(1540 ± 10)m/s
			衰减系数	(0.5 ± 0.05)dB · cm^{-1} · MHz^{-1}
		尼龙靶线	直径	0.1mm(0.004in)
			直径误差	± 5%
			位置误差	± 0.1mm(0.004in)

如图 7-7 和 7-8(彩图 5)为 1425 型体模的外观图与应用图。

图 7-7　1425 型体模外观图

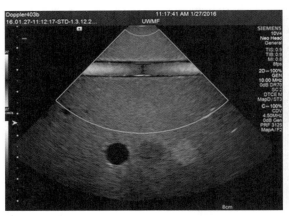

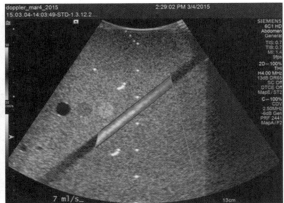

Gammex Doppler Flow Phantom

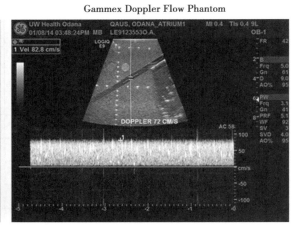

图 7-8　1425 型体模应用图

三、检测安全参数的装置

检测超声诊断仪器安全参数主要有输出声强、机械指数(MI)、热指数(TI)和漏电流等。

国际上,医用超声诊断设备的声输出用空间峰值时间平均声强折减值表示,所谓折减值是在水中测量空间峰值时间平均声强依照指定路途衰减折减后的数值,见表7-6。

表 7-6　医用超声诊断设备的空间峰值时间平均声强要求

序号	部位	折减值/ (mW/cm^2)	水中测量值/ (mW/cm^2)
1	眼科	17	68
2	胎儿及其他	94	180
3	心脏	430	730
4	外周血管	720	1500

注:"其他"是指腹部、术中、儿科、小器官(乳房、睾丸、甲状腺)、婴儿头部和成人头部。

为最大限度地减小临床风险,将空间峰值时间平均声强转换为热指数,将负峰值声压转换为机械指数,并在仪器屏幕上予以显示,由临床操作者依据 AIARA 原则,即在获得所需诊断信息的前提下,采用尽可能低的声输出和尽可能短的扫查时间,以保障患者安全。彩超系统中的二维灰阶成像(黑白超)部分,原则上还是用毫瓦级超声功率计检定输出声强;涉及彩超的多普勒功能时,先检测空间峰值时间平均声强和负峰值声压,再换算出热指数和机械指数。

输出声强是针对被检仪器安全性能指标的检测,它的大小直接涉及人类的生命健康及生命繁衍。

机械指数指示被检仪器潜在的空化生物效应的程度。热指数则指示被检仪器的热生物效应,即超声波在体内产生的温升程度,热指数包括骨热指数(TIB)、颅骨热指数(TIC)和软组织热指数(TIS)。

1. **超声功率计**　超声功率计是用来检定各类医用超声诊断仪超声源(二维灰阶成像)输出声强的主要标准计量器具,是计量部门对生产、使用医用超声源输出的平均超声功率进行计量检定的依据。在全国质量检验机构和计量院所迄今所用的超声功率计中,常用的为 BCZ100-1 型(浮力靶电磁力平衡式)和 UPM DT-1 型(辐射力天平式)。

(1) BCZ100-1 型毫瓦级超声功率计:主要由探头夹持器、消声水槽、全反射靶、磁电式力平衡装置、光电式零位测试电路和显示系统组成。其测量频率范围为 0.5 ~ 10MHz,功率范围为 0 ~ 100mW,分辨力为 0.1mW,最大允许误差为 10%,读数±0.1mW。

BCZ100-1 型毫瓦级超声功率计的工作原理是采用辐射压力法测量超声功率,再除以探头的有效面积,从而计算出输出声强。当超声束入射角不变时,磁电式力平衡机构动圈中的电流

I 与超声功率 P 成正比关系,因此根据电流的大小可测量出超声功率值。全反射靶的动态特性及零位状态由"平衡指示"仪表进行显示。如图 7-9 为 BCZ100-1 型毫瓦级超声功率计外观图。

图 7-9　BCZ100-1 型毫瓦级超声功率计外观图

（2）UPM DT-1 型超声功率计:由电子天平、基座、测试水槽等部分组成。采用辐射力方法测量,可测量的最大输出功率为 30W。它利用定位螺丝钳可以把超声探头固定在蒸馏水上方的锥形靶上,超声能量通过蒸馏水传播到锥形靶上,其余能量被水槽中的橡胶吸收。当声能量作用到锥体时,作用到天平上测压元件的合力直接与总的辐射能量成正比关系,电子天平可以直接将压力值转换成功率值。测试罐衬有吸收声音的橡胶,可防止功率反射。如图 7-10 为 UPM DT-1 型超声功率计外观图。

图 7-10　UPM DT-1 型超声功率计外观图

2. 超声声场分布检测系统　超声声场分布检测系统主要用来测量超声诊断仪器工作时的声输出参数,如最大空间平均声功率输出(最大功率)、峰值负声压、输出波束声强、空间峰值时间平均导出声强、−6dB 脉冲波束宽度、脉冲重复频率或扫描重复频率、输出波束尺寸、声开机系数、声初始系数、换能器至换能器输出端面距离、换能器投射距离等。

超声声场分布检测系统的核心部件是水听器和三维定位水箱。医用超声诊断设备的探头发射超声,用水听器接收信号,放大后送至示波器和数字仪表。

Sonora 超声声场分布检测系统是一套高度集成的超声实验和测试设备,由硬件和软件组成,用来测量超声诊断设备和理疗设备的声输出参数。该系统操作简单,可将超声信号数字化,可对超声输出进行一维或二维扫描。通过软件可进行收集、显示和储存数据,并能根据原始数据进行各种运算,得到所需的技术指标包含热指数和机械指数的测量。利用一维或二维扫描可得到输出波束尺寸,二维扫描还可得到超声输出功率。可出具 IEC60601-2-37、FDA track L FDA track Ⅲ 格式报告,并支持各种类型的医用超声诊断设备的超声探头,包括线阵、凸阵、扇扫等各种常见类型。

该检测系统由三维超声测量水箱系统(包含三维步进电机控制器、水箱、水听器固定装置等)、PVDF 水听器(带前置放大器)、专用 Lab-VIEW 测量软件、数字示波器和连接电缆组成,技术性能为:三维水箱的步进电机运动步进优于 10 微米/步,最高可达 1.25 微米/步,运动精度≤10μm,最大运动速度大于 2cm/s,每个轴相有两个限位点;双层膜式水听器频率范围(±3dB)为 1～20MHz,标称灵敏度为 –272dB 水听器敏感元件尺寸为 0.4mm,输出阻抗为 50Ω,最高使用温度为 40℃。如图 7-11 为 Sonora 超声声场分布检测系统外观图。

图 7-11　Sonora 超声声场分布检测系统外观图

3. **医用漏电流测量**　医用漏电流测量仪主要用来测量超声诊断仪的机壳漏电流和患者漏电流。由于医用超声诊断类设备接触患者的器件为换能器(探头),因此对患者漏电流的检测工具就需要其与探头有良好的接触。

国产 YDI 型医用漏电流测量仪就是一款常用的漏电流测量仪器,它最大的特点为顶部有一极板,上面涂上超声耦合剂就可以与超声诊断设备的探头进行良好接触。其测量范围为 0～199.0μA,最大允许误差为 1%±1 个字,分辨力为 0.1μA。如图 7-12 为 YDI 型医用漏电流测量仪外观图。

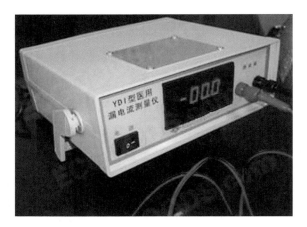

图 7-12　YDI 型医用漏电流测量仪外观图

点滴积累 ∨

1. 超声诊断仪器的检测装置包括检测灰阶图像表征参数的装置、检测彩超血流参数的装置和检查安全参数的装置。

2. 仿组织超声体模是常用的检测灰阶图像表征参数的检测装置。

3. 彩色超声多普勒血流成像系统的质量控制需要使用血流参数检测装置进行血流参数的检测。

4. 超声诊断仪器的安全参数主要有输出声强、机械指数、热指数和漏电流等。

学习小结

一、学习内容

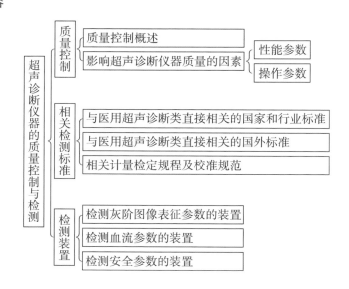

二、学习方法体会

1. 本章节内容阐述了超声诊断仪器质量控制的基本概念与检测方法,重在培养学生树立质量控制意识。

2. 超声诊断仪器的质量控制参数有很多,应结合相应的实验理解和掌握。

3. 学会超声诊断仪器的检测是非常重要的,应通过实操性的实训反复训练,以达到熟练掌握的程度。

目标检测

一、单项选择题

1. B超的纵向分辨力可达到(　　)波长数值
   A. 2～3个　　　　　　　　　　　B. 12～13个
   C. 20～30个　　　　　　　　　　D. 200～300个

2. 人体反射的超声信号动态范围一般在(　　)
   A. 4～12dB　　　　　　　　　　B. 40～120dB
   C. 400～1200dB　　　　　　　　D. 4000～12 000dB

3. 在测量血流速度时要求多普勒角度控制在(　　)度以内
   A. 6　　　　B. 16　　　　C. 36　　　　D. 60

4. 脉冲多普勒取样容积大小的调整,主要指沿声束方向上的长度调整,一般具有(　　)的可调范围
   A. 10～100cm　　　　　　　　　B. 1～10cm
   C. 1～10mm　　　　　　　　　　D. 0.1～1mm

二、多项选择题

1. 常用检测灰阶图像表征参数的检测装置是仿组织超声体模,用于检测(　　)等性能参数
   A. 探测深度　　　　　B. 纵向分辨力　　　　C. 盲区
   D. 声束切片厚度　　　E. 几何位置示值误差　F. 超声速度

2. 血流参数检测装置主要是由(　　)等组成
   A. 恒流泵　　　　　　B. 恒流泵控制器　　　C. 高压脉冲产生电路
   D. 缓冲器　　　　　　E. 流量计　　　　　　F. 仿血液储罐

3. Gammex 1425型多普勒血流体模可以进行(　　)等项目的检测
   A. 彩色图像锐利度　　B. 多普勒信号灵敏度　C. 彩色血流灵敏度
   D. 深度流动灵敏度　　E. 流速读出精度　　　F. 取样门控定位精度

4. 检测超声诊断仪器安全参数主要包括(　　)等
   A. 灰阶　　　　　　　B. 输出声强　　　　　C. 动态范围
   D. 机械指数(MI)　　　E. 热指数(TI)　　　　F. 漏电流

三、简答题

1. 什么是盲区？影响盲区的因素有哪些？

2. 彩超血流性能参数都有哪些？

3. 检测超声诊断仪器的装置分哪几类？

（李哲旭　王锐）

ER-07章习题

第八章

超声诊断仪器的验收、安装与维修

ER-08章PPT

学习目标 ∨

知识目标

1. 了解超声诊断仪器的验收内容和保养范围，掌握超声诊断仪器的安装条件及其安装、调试的要求和过程。

2. 熟悉超声诊断仪器主要部件的维修要求、方法、经验及其维修思想，掌握超声诊断仪器的安装和调试过程。

3. 掌握彩色超声电路板及板上电源、主要元件等的测试、维修和更换方法。

技能目标

1. 掌握超声诊断仪器安装和调试过程，具备独立安装和调试超声诊断仪器的能力。

2. 熟悉超声仪器电路板中的各级原理方框图以及电路图，能够分析超声诊断仪器整机和主要部件的系统构成和工作原理。

3. 熟悉超声仪器电路的主要电子元件，了解超大集成电路板的测量方法、BGA 封装电路维修方法和 BGA 焊台的使用，能够正确使用万用表和示波器，掌握维修方法和维修工具的使用，初步具备维修超声诊断仪器的能力。

导学情景 ∨

情景描述：

眼科使用的 A/B 超显示器为了满足 A 型波形的连续，采用了从 CPU 把扫描数据送到 D/A 变换后的模拟波形，再使用电流放大器，驱动 X 轴和 Y 轴的扫描线圈，完成磁场扫描。 开机后观察发现图像下方多功能键对应的图框字符标有时卷成一条直线，其他图像正常，而 B 型超声图像也是下边被卷起。 打开机器后经测量查看，为达林顿管性能失效所致，更换后卷边消失，故障修复。

学前导语：

超声诊断仪器验收、安装以及保养维修在本书中占有重要地位，本章我们将带领同学们学习掌握超声诊断仪器的安装条件及其安装、调试的要求和过程，掌握超声诊断仪器主要部件的维修，初步具有维修超声诊断仪器的能力。

第一节 超声诊断仪器的验收、安装和调试

一、超声诊断仪器装机前验收

超声诊断仪器的验收包括整箱到货验收与开箱验货验收。

（一）整箱到货验收

收到货物时，首先要求进行整箱到货验收，验收的内容有：

1. 清点箱数并对每只包装箱外包装进行检查。

2. 注意倒装标识、振动标识是否变红。

3. 注意包装是否完好、是否有破损、湿痕和打开包装的痕迹。

验收时，如果出现上面任意一种情况，都要保留照片并在运输单上进行记录，记录下车牌号码，由该次运输的人员核实后签字。由于货物的问题是由运输公司、保险公司和供货公司共同负责，所以出现问题时，应当及时通知供应商，并要求其到达现场。

（二）开箱验货验收

1. 按照合同和装箱单清点货物。

2. 按照安装手册安装。

3. 清点探头编号和序号。

4. 清点使用手册、维修手册以及软件光盘。

5. 如果是配有相控阵探头和 CW 连续多普勒功能的仪器，要在通电后进行这一功能实际操作；特别注意是否安装有 CW 独立电路板。

6. 对每支探头都要进行测试，测试所有功能和软件。

7. 验货过程中出现的装箱单以外的配件，厂家收回时，应要求其作出证明。

二、超声诊断仪器的安装

（一）安装的基础条件

1. 湿度要求 低于 70%。湿度过高会使电路板寿命下降。

2. 温度要求 低于 25℃。随着温度的升高，半导体的使用寿命会减少，整机故障也会提前显现，寿命也要减少。

3. 对于设置中央空调的房间，其发热量应在人均发热量基础上，加上彩超 3000W 的用电热量。如果中央空调机组在春、秋两季停机，则应当单独安装空调。为了防尘，并防止冷风吹至操作者足部，空调的冷风口可通过风道引到位于机器下方进风口。

4. 供电电源要符合仪器要求，对中国供货一般为 220V±10%、50Hz 交流电。一般情况下，电源误差在 5% 以内。但是交流电供电没有法规的要求，当突然掉电又上电时，将带来三次谐波、五次谐波、浪涌电压和尖峰电压等干扰。

5. 如果供电不能满足仪器用电要求，可选用安装交流净化稳压电源。交流净化稳压电源应距离彩超1m以上，因为交流磁场对设备正常运行有干扰，图像会跳动。

6. 对于突然掉电又上电的情况，可选用具备220V线圈电压接触器。其接点串接在交流供电回路中，作为交流开关控制开关机器。

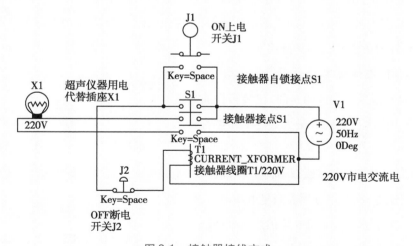

当彩超开机时，突然产生交流电停电，T1 线圈回路也停电，S1 被打开，当再来电时，S1 和 J1 开路。T1 线圈也不会再吸合，所以插座 X1 不会有电。使用者可以等上几分钟，把机器关机后，再开一次机，便于保护彩超。

同时也带来了以下三个好处：

1. 不会因打印机忘关机而失火。

2. 切断机器的交流供电，防止机器电源工作在准备状态。多数机器的交流开关设在仪器后边的最下面，很难开关。如未断开交流开关，仪器 24 小时有电，它的开关电源工作在后备状态，当晚间减少用电时，交流电压升高，对开关电源有破坏作用。

3. 防止使用者从插座上拨下电源插头。为防火，使用者多次拨插，会带来接触不良，也为烧坏机器的电源制造了条件。

7. 配置 UPS 电源，防止突然停电。UPS 电源应当选用在线正弦波而非方波或后备式的。因为非正弦波 UPS 有多次谐波干扰，会对超声多普勒频率形成干扰。

8. 正确连接零线和火线。因超声仪器和净化稳压中都有电感变压器元件，它们在绕制时从里到外、层层排列。里层多选 N 线，它是电源的零出线，电压很低，在同等分布电容和绝缘电阻条件下，感应漏电最少。如果接错火线 L 和零线 N，对地漏电电流会增加，会启动有漏电保护空开，使其动作跳闸。

9. 选用质量好的插座。要求铜材弹性高、厚度够、角度正确、接触面大。并且该插座应仅用于该套设备，只够机器本身和相片打印机等配件使用，无多余插座，不与其他电器设备共用。

10. 条件允许的条件下，屏蔽高频干扰。

（二）安装前的准备条件

1. 在具备合格温湿度条件的房间，包装箱提前静置 24 小时以上，避免因水汽导致电路板上电子元件管脚之间短路。

2. 电源准备。火线 L 与零线 N 和地线正确连接，如果首次使用该交流电源，要用万用表测量电源电压，确保输入与输出电压正常；另外，交流电源预热 5 分钟。

3. 房间内不能有高频电子设备。如：交换机、离心机、电梯、EPS 等交流供电装置，它们对多普勒有很强干扰。尤其注意手机充电器也会造成干扰。

▶ **课堂互动**

1. 仪器对环境湿度和温度的安装要求？

2. 为什么使用同一台净化稳压电源来供电？

3. 应正确连接零线和火线，如果反接有什么问题？为什么？

4. 为什么不能选用方波或后备式 UPS，使用了后果是怎样？

4. 建立数据库，存储仪器相关数据及为仪器建立相应资料档案，包括使用手册、维修手册、软件光盘、合格证、验收报告、安装报告、合同和维修报告等。

根据所建立的数据库，可实现仪器设备实时管理和分析，为仪器的经济核算做好准备。通过对公司和产品进行效益和性价对比，并且对服务进行综合评价，为找到最优供货商提供准确的数据。

三、超声诊断仪器的调试

开机顺序：首先将位于仪器后背板的空气开关闭合，再打开仪器前面板的电源开关。因为空气开关是位于变压器前的交流开关，机器前面板的电源开关是低电压直流开关。当其处于长时间按下状态，会关闭仪器。

超声启动过程：根据安装探头型号从硬盘中调用所对应的程序。在插座联接板上安装了一个 8 脚 IC 集成电路 FLASH 存储器，其用于存放相应探头的 ID 参数，从而实现从硬盘中找到程序入口。

显示器亮度调节：实施调节之前，拉上房间窗帘，使室内具有合适的亮度，在此基础上，显示器的调节还应当处于 B 型超声图像模式下，使用调节亮度和对比度的电位器或者按键，最终实现标准灰阶对比条能够完整而清晰地显示。如此，保证了在 B 型超声图像模式下的动态范围，使图像层次更丰厚。

仪器测试：当看到 B 型超声图像出现后，可选用较细的螺丝刀，使其金属杆部横置于涂有耦合剂的探头上滑动。此时，可观看到在 B 型超声图像中出现一回声场区，其近声场窄小而远声场宽大，接近扇形。可以测到回声图像缺少和晶体对应位置。

需要注意的是，当超声具有 CW、PW 多普勒功能或 CDI 彩色图时，应分别对其功能进行检测。特别是对用于心脏的相控阵探头，合同中又标明其具有 CW 连续多普勒功能，也应进行相应的功能检测。由此确定安装了 CW 连续多普勒电路板。还应注意查看是否安装了所有键盘和对应的软件。

掌握超声体模测量方法，获得 B 型图像的近场分辨率、最大探测深度、纵向分辨率、横向分辨率、纵向标尺精度以及横向标尺精度。重要的是，通过获取体模中模拟石头和囊肿灰阶，保存其图像，为以后维修做对比之用。同理，对 M 型超声模式，如果涉及 PW、CW 或 CDI 等功能也都要一一测试。

> **▶▶ 课堂互动**
>
> 　1. 详细说明彩超启动过程。
>
> 　2. 如果身上带有静电，在安装探头时，或用手摸碰到插座时，会发生什么情况？

四、超声诊断仪器性能验收

超声诊断仪的性能验收也叫装机后技术验收。

性能验收需要对照技术标书和装箱单、配置单进行。主要内容包括硬件部分和软件部分。硬件部分包括设备型号、探讨数量及型号、显示器大小等。软件部分验收是指技术参数里的每一项功能都要在设备上进行逐条运行测试，保证其功能正常。一些指标参数，如最大深度、流速等，条件允许的情况下可以使用专用模体进行检测。

第二节　超声诊断仪器的保养

超声诊断仪器作为医院的常规影像诊断仪器，已成为各级医院必不可少的检查仪器，其科学配置已成为医院先进程度的标志之一,是医院综合实力的体现。因此,做好超声诊断仪器保养工作,是保证仪器效益最大化及正常运行和发挥功能的前提,并直接关系到医院的经济效益和患者的切身利益。

超声诊断仪器保养范围有:

1. 每日用吸尘器清扫房间,禁止在室内吸烟。开机前,查看室温、湿度以及供电电压。开机时,先打开净化稳压电源,持续 20 秒,使室内地线放掉自身静电,待稳压器稳定后再开启超声电源开关。听风扇声有无杂声,闻机器有无异味。

关机时,应当在按下超声电源开关,或者运行设备关机程序,使机器自动关机后再关闭交流电源开关。每日关机后,应使用柔软的纱布,蘸取清水擦拭超声探头,清除残留的耦合剂,避免磕碰超声探头的表面晶体。恢复电缆线原有状态,避免扭绞,放回支架上。

2. 超声耦合剂选择。要求其不能对超声探头有任何破坏作用。尤其注意,有的耦合剂含有杂质多,易致探头起泡。

3. 每月清洗仪器进风口过滤器,干燥后安装。

4. 每月为键盘、轨迹球除尘。

5. 每半年为机器内部除尘。只打开外机盖,不取出电路板即可。

6. 每年计量检查时,对图像进行评估对比。

点滴积累 ╲╱

超声诊断仪器的保养有多种, 其是保证仪器效益最大化及正常运行和发挥功能的前提,并直接关系到医院的经济效益和患者的切身利益。

第三节　超声诊断仪器的维修

技能赛点 ╲╱

1. 熟练掌握超声诊断仪器的维修方法。

2. 能够根据某一故障进行简单故障维修。

3. 准确判断可变孔径电路某一路信号故障后的现象。

4. 正确分析对数压缩电路的工作原理。

一、超声诊断仪器维修技术的学习和提高

学习和提高超声诊断仪器维修技术,掌握超声仪器的维修方法,需要从简单电路到复杂电路的不断学习,没有任何捷径可走。经过同样的学习时间,不同的人得到的结果却有很大的差别,一是因为学习的有效性,二是因为学习知识的连接和联想,也就是学习的速度和经验积累有不同。

　　学习和提高超声诊断仪器维修技术，需要正确认识维修工作。维修是在测量的基础上进行的。那种不测量而换元件蒙着修的方法是修理工作的死敌。维修的板子别人很难修复，因为维修时又制造了更多的非常特殊的故障。维修高手是好的学习和工作习惯自我培养出来的。

▶▶ **课堂互动**

　　为了把学习兴趣提高到最高层次，建议从维修一开始，就要有一个联想：今后如果我是设计师，对这仪器我会怎样做？ 在知识结构上，应当有物理学上全方位的知识准备，如：高低频电场、磁场、功率布局和热的分布等。 设计产品时，产品的功率消耗越低越好，如果能够不采用风扇的自然风冷，既减少了风扇故障而引发的过热故障，又降低了功耗，延长了仪器寿命。 这样设计的仪器可应用于要求净化水平高的手术室，防止了术中尘灰的来源。 如果设计的产品用于军用和航天应用，还要思考装配有抵抗加速度力的装备。 设计的产品也应有自诊断功能和自修复功能，对操作者的错误操作和失误有很强的抵抗破坏的能力，当配件产生故障时，由于有预先准备而不会对患者和操作者造成任何的伤害。 如果设计的产品在传感器失效而灵敏度下降时，报警指标反而更严格，这就使得产品更加安全。

　　设计中要考虑到好拆装、好测量、好维修。 当然采用的设计，又要有很高的性价比。 通过多方位、多角度方式来了解仪器，可以提高对维修的兴趣。

　　当然没有过程，就更没有结果。 为提高学习兴趣，把经常性的维修与技术水平的难易程度排序，引导开展维修工作。 经过多年锻炼与积累，将会学有所成。

二、超声诊断仪器主要部件的维修

（一）轨迹球维修

轨迹球是每天使用最多的元件，由不同的厂家制造，有不同的型号。

知识链接

轨　迹　球

　　早期的轨迹球，是机械结构的。 它的电子元件很简单，有两个轴，一个是 X 轴，另一个是与它垂直 90° 的 Y 轴。 每个轴上都带有一个像光栅的小转盘，而转盘上有条型的光栅条。 转盘在轴承的固定下，被安放到了两个发光二极管和感光三极管耦合器之间，光电耦合三极管的集电极通过电阻接到电源上。当有光照到时，半导体因光电特性形成了集电极电流，集电极电压为低电平，当转动球时，光栅也转动，发光二极管的光被光栅条挡上时，因没有电流，输出为高电平。 四只光耦合器输出的直流电平脉冲由电缆送出，这种轨迹球后面要有单片机来处理。

　　早期轨迹球的主要故障是光耦合窗被尘土阻挡，反映在图像上是测量光标移动失灵。这种定期出现的故障，是机器灰尘多造成的，可用"精密电子仪器清洗剂"清洗。但因为有的清洗剂对塑料有损坏作用，有的光栅是油漆喷到光片上的，所以应在选择试用后再使用。没有清洗剂，也可以毛刷刷或一个吹气球吹。轨迹球实物图如图 8-2 所示。

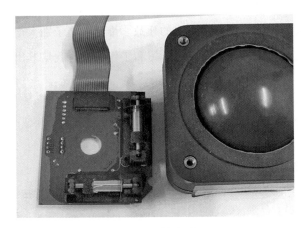

图 8-2　轨迹球

　　早期轨迹球的另一种故障是机械转动失灵,主要是海绵与球的摩擦问题。这是因为人手上的油被海绵吸收后变形而光滑。证实的方法是把球放上轴后,再转动球,看轴承和轴杆在球转动时,它转动的好与坏。在轴承没有损坏的情况下,如果时常停转就是此问题。应急方法是降低轴与球的接触面,把球下面的托盘用细沙纸磨下一层,这样做的后果是球的上面空隙加大了一些,但能用就行。如果海绵完全烂了,只可用同等粗细的硅胶胶管来代替。此时调节的手感和精度会下降。应急处理时,事先要与操作的医师说明结果不理想的程度。

　　以上问题都排除后,如果确定是光耦合的问题时,可把它取下来。加上电压,用万用表测量其输出电压。因一轴有两只光耦合管,可用对照的方法,很快测出是哪一只光耦合管输出不正常的高低电平,从而确定轨迹球光耦合管的好坏,有正常电平幅度变化的就是好的。

　　另一种轨迹球见图 8-3。因为球的硬质材料可以与金属轴直接摩擦,球可摩擦而不会变形,在电子元件上又使用了有单片机固化程序的 USB 接口。设计者把轨迹球设计成一个 USB 的球鼠标来用,价格高一点,而开发时可不用机器语言来编程,所以整机的开发速度快了。

　　对开发成本敏感而对元件成本相对不敏感的医用仪器,常常优先采用 USB 接口的球鼠。由于这个原因,维修时可购买一只 USB 接口的鼠标来应急使用。因为USB 接口的鼠标可应用于软件平台上,当插到仪器 USB 口上时就可使用。如果仪器不识别,再开一次机后就能使用。另外,USB 接口鼠标的光耦合器也可维修,但单片机的芯片不能更换,因为内部有固化在 EPROM 中的程序。使用电脑上的 USB 接口可对鼠标进行维修,但只能对它的光耦合器进行测试。如果想取单片机内的程序则很难。

　　图 8-4 是可购买的一种 USB 接口的轨迹球。这只就使用了 CY7C63XXX 的单片机,有 EPROM,能够写入程序,USB 接口与主机连接很方便。

▶ **课堂互动**

　　如果测转动时,一只光耦合管有电平变化的脉冲,就知道转轴已被转动,而且与转动的速度成正比。 为什么轨迹球又被设计成一支转轴有两只光耦合管? 是为了不出错吗?

图 8-3　USB 接口的球鼠

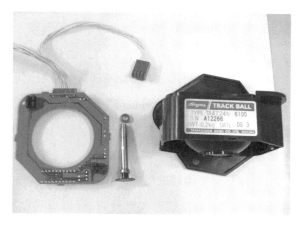

图 8-4　使用 CY7C63XXX 单片机的轨迹球

（二）操作键盘的维修

超声仪器的键盘为所需要的操作过程而设计,都是专用的。各厂商都以诊断操作为主体,以医师操作的方便快速为目的,全面为符合医师的生理特性而研发。有的超声仪器的键盘开发了语音识别蓝牙系统,能够解放医师的双手,为穿刺手术服务;有的按项目诊断过程编程化,减少了一半的操作按钮时间;有的设定一键调节回声图智能键,可见键盘智能开发的力度,所以,超声仪器键盘的电路很复杂。超声仪器键盘还有各种直接转换测量功能的键,如:B 型、PW、CW、CDI、Power、TGC、垂直分区增益等功能键和对应的增益调节旋钮、测量键和字母输入键、超声输出调节、冻结键等。这些键下都有照明二极管,也有上面讲过的轨迹球。操作键盘面板的功能做得很强大,厂商是为体现仪器个性而生产,生产量少,因此价格较高。

操作键盘主要以单片机为主电路的功能部件,对维修的知识要求,需要深刻了解单片机的工作原理,再进行部分维修工作。图 8-5 是 iE33 的操作面板,图 8-6 是 iE33 的键盘。

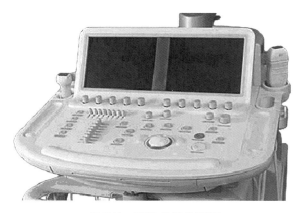

图 8-5　iE33 的操作面板

图 8-6　iE33 的键盘

1. 有面板操作键的显示屏可以响应医师的要求和应用,为适应检查而改变操作界面,另外用于心脏检查等项目多使用两只屏,有面板操作键的显示屏实际上就是一个小的单片机系统,完成人机对话。对于没有 EPROM 程序的元件,可以购买相同的产品更换。

2. TGC 和垂直分区增益功能调节的一排电位器,是彩超仪器中特有的。该排电位器可针对不同深度而调整不同的增益。这一配件各个厂家有很大差异,有的键盘用这排电阻和放大器,使用电容积分法产生电平去控制各层放大倍数。也有键盘用 CPLD 逻辑电路对电阻排的电压进行分时切换后送出。当有故障时,如 GE180,可以从电路板上取下插头后还能正常使用,因为电路板上的 A/D 可变换成数码后送出,它的时钟与图像深度有相关性。还有键盘直接用带有 A/D 功能的单片机,用程序转换开关 A/D 后进行数字化送出,这组元件可取下来进行维修。图 8-7 是 GE L7 的键盘,该键盘冻结键失灵。

3. 对冻结键要能够进行更换。因为冻结键用的次数较多,故障率较高,也可用脚闸开关互换。更换开关时,当没有按钮开关配件时,可以选用面板上其他不常用开关的键钮来互换。图 8-8 为 GE730 面板按键。

图 8-7　GE L7 的键盘

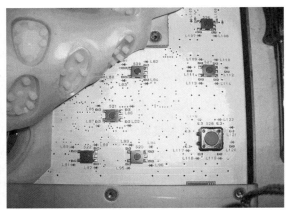

图 8-8　GE730 面板按键

4. 当有键盘工作失灵时,使用其他键,查看是否也失灵。因为键盘多为行列电压脉冲扫描法进行的,查找到相关键钮后,再进行电路相互连接测量。找准测量点后,加电用示波器观看波形,区分是扫描电压驱动问题,还是接收器问题。查找元件图册后,判断好坏,再更换对应的集成电路。图 8-9 是 GE L7 的键盘,为日本 CAUDI CO LTD 公司所生产,型号为 MODEL NO GF10A22-KTF。图中手的下面是灯管高压板子,左侧灯管线,黄插头是从 VGA 连到 PC 显卡上的。维修时可以分开化为小单元件来修理。

5. 学会对单片机的供电、晶振和时钟、地址、数字、控制三总线的测量,中断后响应过程的测量,及对片机复位看门狗的工作做测量。利用复位功能键对单片机进行初始过程的程序跟踪,用示波器对 RS232 口、I2C 口进行测量,找出问题所在。

6. 利用键盘的操作功能进行超声诊断

图 8-9　GE L7 灯管高压板

仪器的维修工作将更便利。键盘有对发射超声束形成与接收聚焦的叠加和相位合成为前处理功能，使用发射功率调节钮，用示波器可观察到发射波形幅度的变化，而且也可测得每道晶体发射电路功能的好与坏。

使用 PW 功能的深度调节，也可观察到发射波形幅度的变化。探测越深，发射的电压幅度就越高，取样体积越大，波形的长度越延长，可观察到波形很好的正弦波。使用 CW 功能可观察一半晶体都有连续的发射波形，另一半晶体没有连续的发射波形。

调节 B 型增益变化时，可看到前放器的 VGA 的电压波形也会变化，调 TGC 时可看到波形状变化。

使用 B 型的测量深度调节功能，可测到发射的 PRF 的频率改变。去掉发射高电压后，在放大器的输入端，用手拿金属针注入干扰，可观察到 B 型图像感应到的干扰图像，由此可判断哪一个接收器有阻断问题。最好使用自检测的测试程序，完成接收通道的诊断。

（三）交流电源部分的维修

交流电源所发生的故障多是机器后面下方的空气开关过流而跳闸，起因是交流变压器的输出被全桥短路后，导致交流电流过大。采用交流变压器原因一是医疗仪器必须满足在电源输入线上加上高电压 1 分钟的耐压要求，另一个原因是交流电源部分能为 110V 的交流设备提供用电。

知识链接

几种超声诊断仪器故障的检修

美国 DiASONICS 产的彩超电源故障检修：打开稳压器电源，把彩超自动保护装置的开关拨向 ON 的位置，当按下主机电源开关时，瞬间"啪"的一声，保护装置的开关立刻跳到 OFF 的位置，机器不能进入正常的自检工作状态。

利用万用表电阻测量档，发现一方形铝壳全桥整流桥块，一臂阻值为零，已击穿损坏。接着再测量其输出后的电路，看是否有短路的情况，没再发现损坏的元件，更换同规格元件。接通电源试机，机器运行正常，故障排除。因为该仪器的电源太热，多只全桥一起安装在机板上，温度过热，是桥烧坏的主要原因。

日本 ALOKa 厂产的一台小手提 B 超210型的图像，从左至右像风吹旗子一样，判定是与交流的波纹过大有关。当测量它的全桥时，一只二极管开路了，半波整流，当然波纹很大。更换后工作正常。

GE LOGIQ 500 的显示器不亮，其他还有电，测它的交流电压插头有 50V，发现交流保险烧掉了。更换后，工作正常。

（四）直流电源的维修

直流电源是彩超的重点，由于故障率高、电路复杂，因此维修较为困难。维修前要排除电源不能正常上电的几种原因。不可以认为，不能加电就是电源问题，盲目进行修理。

GE180 开机不能上电，把探头全部取下后，可以工作。说明探头的电源短路后，电源进行了保护而关断电源,而彩超也一样有过流保护。所以取下探头和其供电的电路板再试,防止因负载短路保护后误认为电源无输出而去修电源。

以 GE LOGIQ9 电源为例,见图8-10,可看到关机开关。这种关机与电脑的关机一样,长时间按关机键后将关断电源。

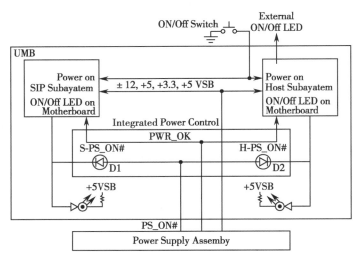

图 8-10　GE LOGIQ9 的电源图

GE LOGIQ 7、GE LOGIQ9 机器开机工作 20 分钟后,自动关机,再次开机 5 分钟后,再自动关机。此时不要认为是电源坏了,而是 PC 图形工作站的 CPU 风扇停转,或时停时转。CPU 过热后,发出了强制停机的信号。该信号是由 CPU 中的温度传感器发出的命令而切断了电源。GE LOGIQ 9 图形工作站 CPU 见图8-11。

从上面发生的情况可发现,彩超电源是智能电源,上面有单片机和 A/D 与 D/A 电路,能完成对电源的测量和控制。图8-12 为 HDI5000 的模电单元,其中的 U73 就是单片机。

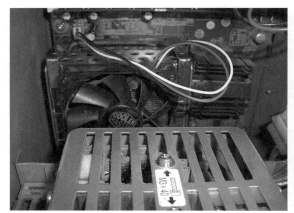

图 8-11　GE LOGIQ 9 图形工作站 CPU

图 8-12　HDI5000 的模电单元

更换 DC/DC 电源块,是维修开关电源时应当熟练掌握的技术能力。更换前,应对 DC/DC 电源块进行测量,不可在机器上试机。

案例分析

案例：GE LOGIQ 700 的开关电源，第一次开机不能启动，查+5V 的电源少了一路输出。

分析：检查后发现机器后面有一路电源输出无电压，取下后有一插件，看到一个 DC/DC 块（见图 8-13），更换后工作正常。

图 8-13　DC/DC 块

此机器只出现两次故障，分别是不同的两块 DC/DC 故障。其中一块为 150W，另一块为 100W，采用 200W 更换后，工作至今都很正常。第一次更换 150W 的 DC/DC 块，同时也烧掉了一个如同小方块电容一样的黑色小保险丝。5 年后更换 100W 的 DC/DC 块，因这块 DC/DC 故障时还能正常开机，但工作半小时后死机，停止画面不动，操作也失灵。测得 DC/DC 由+5V 变为+4.7V，更换后工作正常。

HDI5000 的 DC 电压输出测量端口（也称为模电图）如图 8-14，它有±15V、12V、6V 的电压输出，−5.2V、+5V 和+HV/10、−HV/10 等由多块开关电源模块组成。总共 8 块，在外测量后，如发现有问题，即可更换。+HV/10、−HV/10 供发射所用高电压和 FAN 风扇，由板上的开关电源供给，因调节范围很大所以需要单独设计。图 8-15 为模电图的接口连接线图。

去掉散热器后，可看到图 8-16 这种电源模块。它插在电路板上，取下来很方便，在彩超中应用较多。学会使用这种 DC/DC 块电源模块十分有必要，而且 VI-J52-07 型号的电源模块很容易得到。

VI-J52-07 可以把输出反转使用，得到负电压源，也可以多使用几只相同型号的并联输出，扩大了输出电流。因为该芯片组可以内部自动地"民主推举出"主控芯片，从而同步工作，平均分配电流输出。也可以选择它们制作一组多种电压的电源，为加电维修彩超电路板做好前期电源准备工作。而当有彩超需要维修使用 DC 模块时，又有可靠的 DC 模块可以备用。

更换电源模块前，应对 DC/DC 电源块进行测量和老化试验，不要在机器上试机，以防 DC/DC 有问题，烧掉电路板。图 8-17 是测量电源的电阻。测量时，半功率负载就可以，须在 DC/DC 电源块上安装散热片和风扇。

图 8-14　HDI5000 的模电图

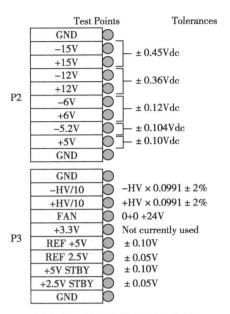

图 8-15　HDI5000 接口连线图

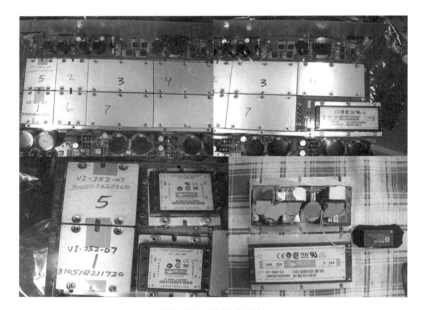

图 8-16　彩超电源块

图 8-17　电源电阻

图 8-17 中的大电阻排是 0.4 和 0.3 Ω,有 40 A 的电流能力,可用低电压模块中做电流负载用。其他电压可用 15、12、6 Ω 电阻,每只的功率瓦数也应大于欧姆数,这样每只可有 1 A 的负载能力。把相同欧姆的电阻用粗铜线焊到一排上,按需要裁剪电阻丝,很方便,请不要使用灯泡。因为灯泡热阻电阻值变化太大,是不稳定的负载,对测试电源不利。注意电阻排会很热,维修时别烫伤自己。

（五）彩超开关电源的维修

彩超开关电源的维修量占仪器维修总量一半以上,维修开关电源要做到能够根据电路板画出电路图来。图 8-18 是彩超的开关电源,由多组开关电源组成。

图 8-18　彩超的开关电源

加电测量开关电源时,必须加隔离变压器。变压器前可用调压器调节交流电压。有多路直流输出的多组电源,应加多组负载电阻,取用一半功率为好。选用隔离变压器,才能使用示波器来测量,否则示波器的地线会对开关电源虚拟地短路,发生交流电的跳闸。

开关电源的开关控制接口要能正确设定开机。保护电路在电源正常输出后,工作电压点能测量到。为此可以先断开原来电路,去掉负载后在输出端加上直流电压,对保护电路和调节电路做静态工作点测量。启动电阻是最容易烧掉的电阻。功率输出元件、全桥整流电路、光耦合、基准电压元件对开关电源集成电路的检测关键脚是电源端(VCC)、激励脉冲输出端、电压检测输入端、电流检测输入端。测量各引脚对地电压值和电阻值,若与正常值相差较大,在其外围元器件正常的情况下,可以确定该集成电路已损坏。内置大功率开关管的厚膜集成电路,还可通过测量开关管 C、B、E 极之间的正、反向电阻值,来判断开关管是否正常。

断开电路点后,接入直流电源进行通电测量。分区分块地维修,查看 IC 手册,对各脚的用途和波形电压要了如指掌。

知识链接

画出没有电路图开关电源的基本方法

以控制芯片 IC 为中心，从它的驱动功率元件输出找到电源开关管子，由芯片电流检测找到测电流的电阻，这也就能够再一次证明开关管的电流反馈，从而确定它的驱动的拓扑方式，能为进一步画图引导思路。再在变压器上找到消峰元件并测量，消峰元件有问题，也会烧驱动管。

从光耦合器找出稳压放大器和前端取样电路与基准电平器件。从输出找到电压、电流保护电路和可控硅，并测好与坏。从交流找到全桥并进行测量，找到高压电容器。通电后，可测到 300V 左右的电压。找到 IC 的启动电阻，并测量电阻值。因为它的阻值高而又承受的电压也高，时常被烧断后而没有任何迹象。找到开启电路和启动电源的控制线。

从多单元电路和多条方向边画电路图、边测量，可以比较快地画出完整电路图。画图的捷径是查主控芯片 IC 的手册，看它给出的评估电路图为参考。多看相似的电路图，应用测量的电路图和图形、图表来加深对所画电路图每只元件的理解，使用示波器测量、判别工作正常波形，找到故障器件。

（六）显示器的维修

彩超中所用的显示器是诊断级的最优秀的显示器,电路复杂,维修难度大。

CRT 显像管的维修。当图像不显示时,可调节亮度和对比度观察显示有无变化。如果没有字符出现,故障可能是主机没有信号输出,而不是显示器问题,当不能判别时可用示波器来测。确定电压和信号都正常时,则表示高压、扫描、电源、数控电路都基本正常,是信号板有问题。查信号板的电压后(注意别因没有及时发现开关电源的 DC 输出的保险电阻烧毁,留下遗憾),查看上面的 IC 编号,上网查元件说明即可以完成维修。

如果没有光亮,通电后,可从屏幕上感到有高电压静电,则电源、高压电路板的问题不大。可调节高压变压器的两只电位器,当看到有光栅,则电源、扫描电路、高压电路都正常,故障在视放的信号通道上。用万用表可测量显像管插座的 R、G、B 信号,如对地有 80V 以上电压,则说明是前面信通道 IC 的故障。将调节亮度与对比度的电位器或数控插头安装后,再判别确定 IC 的好坏。图 8-19 是 HP1500 的信号板,IC 是 LM1203,容易出现故障。当表现为信号放大后的幅

图 8-19　HP1500 的信号板

度不够高,应先排除芯片的供电电压和外围电路无故障,再更换 IC LM1203。

维修显示器时,如果没有彩色 R、G、B 信号发生器,补救的方法是买一条 VGA 接头变 RGB 的电缆,使用电脑的 VGA 信号当信号源。先把电脑的显示调到最低行帧频率的显示光栅,使用行同步黑

头接到板上,可以看到不同步的光栅。

当故障为软性时,故障常出现在电容的漏电,电感元件的击穿,特别是高压时的高频击穿。

案例分析

案例:图 8-20 是一台**西门子 128** 显示器的扫描板。开机时听到"哒哒"的声响,判断是开关电源工作后,又被停止,是过流保护了,关机测量确有短路。从大功率的半导体元件上找,一只行扫描输出场效应管击穿了。

图 8-20　HP1500 的扫描板

分析:同型号更换,过 15 分钟很热而烧掉,再换,测波形如图 8-21 所示。 电感元件,击穿后的电压前沿出现了高频震荡,元件功耗过大温升过高而烧掉。

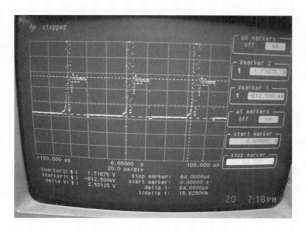

图 8-21　扫描输出波形图

现在仪器采用液晶显示器的较多,液晶显示器中的照明灯管和电子高频、高压驱动器是可以维修和更换的。现成的电路图板也很多,互换性很强,信号也改为 DVI 接口。

知识链接

DVI

DVI 全称为 digital visual interface，一个 DVI 显示系统包括一个传送器和一个接收器。传送器是信号的来源，可以内建在显卡芯片中，也可以以附加芯片的形式出现在显卡 PCB 上；而接收器则是显示器上的一块电路，它可以接受数字信号，将其解码并传递到数字显示电路中的集成电路中，通过这两者，显卡发出的信号成为显示器上的图像。

目前的 DVI 接口分为两种，一种是 DVI-D 接口，只能接收数字信号，接口上只有 3 排 8 列共 24 个针脚，其中右上角的一个针脚为空，不兼容模拟信号。如图 8-22 所示。

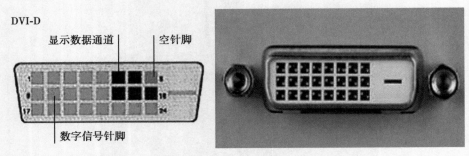

图 8-22　DVI-D 接口

另外一种则是 DVI-I 接口，可同时兼容模拟和数字信号，见图 8-23。

图 8-23　DVI-I 接口

显示设备采用 DVI 接口主要有以下两大优点：

1. 速度更快，有效消除拖影现象，而且使用 DVI 进行数据传输，信号没有衰减，色彩更纯净，更逼真。

2. 画面清晰。由于是数字信号，不需要再次 D/A、A/D 的转换，避免了信号传输过程中出现的损失和受到干扰时导致图像出现失真甚至显示错误。

（七）PC 维修

在主机母板上有多个 PCI 的插卡、USB 扩展卡、显卡。显卡也有两块，一只是超声图像显示器用，另一只是操作面板用，最重要是有一块超声发射/接收前置处理单元的数字通道连接卡，以 GE LOGIQ 5 为例，见图 8-24 所示。

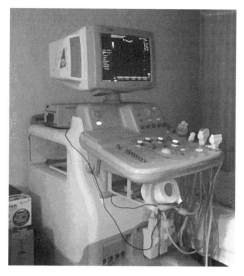

图 8-24　GE LOGIQ 5　　　　　　　　　图 8-25　GE LOGIQ 5 数字通道连接卡

图 8-25 为 GE LOGIQ 5 数字通道连接卡,它的一次故障与此卡的接触不良有关。

图 8-26 为开机后停止画面,机器对前端的加载软件永不能完成。图 8-27 为开机成功后出现缺失的图像,可判别此卡有问题,应当处理接触不良的故障。因为如果是内存有问题,则无法看到开机画面。

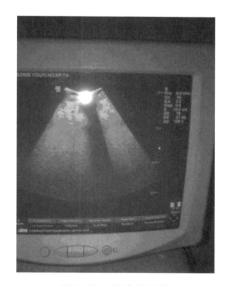

图 8-26　开机画面　　　　　　　　　　图 8-27　缺失的图像

硬盘程序的安装和备份。此项工作与维修仪器其他故障时同步进行,购买相同型号的硬盘进行备份。一台贵重的仪器,准备一个硬盘对维修很有帮助,可正确判别是硬件的故障,还是软件问题。硬盘备份的方法之一是购买硬盘拷贝机,利用备份工具软件可实现硬盘的完全备份。当设备硬盘故障时,只需用备份恢复整个硬盘,即可恢复正常工作。

修理主机板。应当对其他电脑板有熟练的维修技术后再进行维修,但一些小问题还是可以处理的,如更换电池、设置 BIOS、更换键盘和鼠标的接口插座以及对电源插头接触不良的应急处理。此种情况多发生在老型号 CPU 286/386/486 的电路板上。

（八）超大集成电路 FPGA、DSP 以及各种存储器和总线驱动电路硬件芯片电路板的维修

案例分析

实例：询问故障前后发生的一切现象，听到什么声音？　闻到什么味道？　什么功能不能实现？

解析：有烧糊了的味道，多为电阻和板子烧了的味道，电感的更刺鼻，有鱼腥味的多为电解电容。检查时，先外后内，先电源后其他。使用仪器的自检功能检查故障现象时，要有一个初步的判断，首先确定是相关电路板问题，才可维修。例如 HDI3000/5000，按下 Super key，再按"0"进入维修测试菜单，进行测试工作。不能确定电路板故障时，决不能动手。只维修能够确定故障的板子、电源、显示器、PC 机等。

一般芯片抗静电电压值为 1000~2000V，人体所带静电电压为上万伏，故在电路板维修操作中，要注意使用防静电手环，防止芯片意外损坏。由于不同的人之间有较大的静电电压差，两个人在传递电路板时，电路板上也就有较大的静电压差，多人维修时不能互相交换查看电路板，一定要养成好的维修习惯。

取下板子后立即用双手测温，对温度高的芯片，要特别关注。观看有无烧过的芯片和器件，观察电路板的导线是否有过电流。对不应出现高温和过热的 IC 标识出来后，再查看其 IC 定量功耗能量值，计算比较可判断哪个芯片升温过高。同时再用万用表测电容，查看 IC 的脚上有没有多余焊锡和虚焊点，记下板上 IC 的型号，上网查找芯片资料。处理器、寄存器故障等多是 IC 芯片插脚接触不良造成，尤其是方型插接芯片。

当今电路板检修中常遇到的问题是故障没有得到解决，缺少电路原理图资料。但在线测试仪提供了常用 IC 芯片在线测试功能，是修理板子测试中常用仪器。一般情况下可查出电路板上功能损坏的 IC 器件，对电路板上的芯片进行排除性测试。

进行上电检查维修，示波器是主要工具，先查主要芯片电源，查晶体和时钟电路，查控制总线，测量芯片片选脚与使能管脚和看门狗与定时电路状态，再看地址总线与数据总线，看到电平脉冲中有低电平出现时，实际测量对比，与正常工作状态不一致时就找到了故障点。

取下电路板后维修，只能设计加电工作平台。找对电路板的电源，可加电后，对板上的开关电源进行测量。再加时钟后用 JTAG 扫描与示波器配合，用 JTAG 扫描与逻辑分析仪配合，图 8-28 是 GE-E9 的接收电路板，4 块中的一块，它有一个 JTAG 接口，就是测试电路板上 16 片 BGA 芯片用的。右下方是板上电源部，有 3 个 LT1963、每个有输出有 1.5A 电流的能力，是低压差电路。上面 8 块 12Bit 的 A/D 芯片每块中有 8 个通道，一块板就有了 64 通道的接收能力。每道的数据由 LVDS 标准的 D+和 D−串口送到下面的 16 个有接收 LVDS 芯片中去，完成了 B 型超声波的接收。

（九）发射和接收电路板的维修

发射和接收电路板有很多相同的电路单元，有 16、32、64 个收发器，也有 128、256、512 个收发器。因为 IC 数量多，相同的板子有 2 块、4 块或者 8 块，它们可以互换，比较容易维修。但也有软故障发生干扰时，难以区别是哪只 A/D 变换的 IC 电路故障，只好一块一块地测。

图 8-29 是 IU22 的发射与接收电路板，一台仪器有相同的 4 块板子。发射电路检查从输出晶体线上观察，输出功率调到 30%，观看每个通道都要有输出，当没有电压波时，查看发射的高电压。

当接收器故障时，可观察到 B 型超声图像中有黑线或白线，如果 A/D 没有故障，只是前端有，从收发开关到 A/D 前都要测量。对 VGA 放大器的 TGC 电压和芯片电压也要测量。

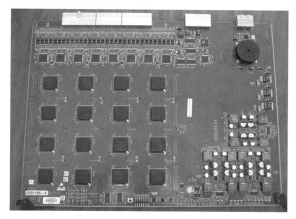

图 8-28　JTAG 接口

图 8-29　IU22 的发射与接收电路板

（十）探头的维修

探头维修以探头气泡为例。探头气泡最简单的维修方法是先选好超声耦合剂，做好探头保养。每天要做好探头的清洗工作，关机后保证探头上无耦合剂。

知识链接

探头气泡应急维修方法

选用硅胶 HZ-705。透明稀稠液表面固化时间：40 分钟；剪切强度：$3kg/cm^2$；体积电阻：$2.5 \times 101.3\Omega \cdot cm^3$；介电常数：3.4（1MHX）；击穿电压：15kV/mm。该胶吸收空气中的微量水气后可固化。保存期为一年。

制作能够把探头很好固定的木制绑架，探头表面选用有一定硬度平面发泡板，发泡板后用木板作为固定，并试用塑料绑带有效固定。再对探头起泡处用 10ml 医用注射器吸入 705 胶后，安装针头从侧面把 705 胶注入泡内，用手压已注入的胶使它充满起泡处。最后把胶全都排出，再用塑料绑带固定。24 小时后可以使用。胶层越厚，对超声图像的影响越大。所以排出胶是操作关键，如图 8-30 所示。

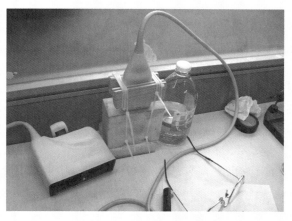

图 8-30　探头注胶固定

维修工作要根据不同机器的状况,差别对待。要考虑机器的使用环境,使用频率,不同的操作者等多种因素。有些机器经常出现故障,和单次维修价格对比后,就要根据各机器的工作条件,从经济角度考虑购买保修。

点滴积累　∨

1. 培养和提高超声诊断仪器的维修技术,掌握超声仪器的维修方法。
2. 学习超声诊断仪器主要部件的维修。

第四节　彩色超声电路板的维修

彩超设备发生了故障,国外彩超厂家或其维修站多采取板级维修方式,即工程师运行诊断程序找出故障电路板进行更换,修复彩超故障,而有故障的电路板则发回公司本土的工厂进行修复,这种维修方式对于医院来说维修费用负担沉重。

一般来说,发生故障的彩超电路板损坏情况大多不是十分严重。除电源电路或高电压串入信号或低压电路造成芯片大面积烧坏外,多由于个别器件质量不好或电网脉冲干扰等原因,造成少量或个别的元器件损坏,具有修复的可能性。查到并更换故障电路板上损坏的芯片及元件,使之恢复使用称为元件级维修。所需费用大大降低,约是换板费用的数十分之一。

对电路板进行维修属于深层次维修,具有一定难度,其技术性含量高,彩色超声的多种电路板,如发射/接收板(T/R)、多普勒处理板 DSP(doppler spectral processor board)、彩色重建板 CRP(colour reconstruction processor board)、图像回放、血流计算等扫描转换处理板大部分都采用了 FPGA 元件。维修用仪器应与当前彩超设备发展水平相适应,单纯使用万用表、普通示波器、器件离线测试的方法已不能胜任彩超电路板芯片级维修的需求,采用新型维修仪器设备,对电路板元件级维修才能提供有力支持。

一、板上电源的维修

对彩超电路板进行维修时,首先确定是否为板上电源的故障。彩超电路板板上电源一般为 ±5V、±12V,应首先测量判断。当确定是电路板的故障时,在大多数情况下需要将电路板拆卸进行测试和维修。这要求我们能为彩超的电路板提供符合要求的电源。需要具备合适的电源条件。

> **知识链接**
>
> 医疗电源设计对 AC/DC 医疗电源的要求
>
> 医疗电源设计有其特殊的规范,对 AC/DC 医疗电源有如下要求:
>
> 1. 医疗电源安全性。对于安全性来讲主要体现在:①在设计上要求有足够的安全距离,一般来说,输入和输出之间的距离达到 8mm 以上。②输入和输出之间耐压要承受 4000V。③输入对输出的漏电流要求很小,一般情况下,对单一故障情况下要求漏电流要小于 200μA。④接地连续性(对于 CLASS I 类设备有此要求)。

2. 医疗电源可靠性。 由于医疗设备使用的对象是人，因此对医疗设备的可靠性要求更高。

3. 医疗电源环保要求。 要满足 ROHS 要求。 医疗设备属于 ROHS 豁免产品，所以电源产品也需满足 ROHS 要求。

4. 医疗电源要满足电磁辐射的要求。 EMI 传导和辐射满足 EN55011，限值和 EN55022ITE 设备相同，但是只有医疗器械指令（MDD）认可的测试机构出的 EMI 报告才是有效的。

5. 医疗电源具有抗干扰的能力。 合格的医用电源应符合 EN60601-1-2 标准。

（一）电源工作站的准备

为彩超电路板提供电源，要能够对电路板有保护，以有限制电流电压设定的高精度直流电源为例。

高精度直流电源要求低谐波和低噪音，具有高分辨率及精度。若有内置高精度五位半电压表和毫欧姆表，使用会更方便。支持 USB/RS232/GPIB 通信高精度和高速率输出，则可通过计算机进行软件监控，可按照程序所编的电压电流值输出，最好可以串并联使用。高精度的电源一般需要每年测试校准一次。

使用前要对高精度直流电源进行输出检查。

1. 输出电压检查 按下面的步骤可以验证电源在不带负载时的基本电压功能。

（1）打开电源供应器。

（2）使电源输出开启。此时，VFD 显示器上 CV 标志点亮。

（3）设置电源电压。设置不同的电压，检查 VFD 上显示的电压值是否接近于设置电压值，VFD 上显示的电流值是否接近于 0。

（4）确保电源电压能够从 0 调节到最大输出电压。

2. 输出电流检查 按下面的步骤可以验证电源在输出短路时的基本电流功能。

（1）打开电源供应器。

（2）使电源输出关闭。

（3）在电源的输出端(+)和(-)间连接一根绝缘导线，使用的导线应可以承受电源的最大输出电流。

（4）使电源输出开启。

（5）设置电源电压值为 1V。确认电源为 CC 模式，VFD 显示器上 CC 标志应点亮。

（6）设置电源电流。设置不同的电流值，检查 VFD 上显示的电压值是否接近于 0，VFD 上显示的电流值是否接近于设置的电流值。

（7）确保电源电流能够从 0 调节到其量程范围内的最大电流值。

（8）使电源输出关闭并取下短路导线。

因为彩超电路板价格很高，维修时要确保不增加故障。拆下来的电路板有可能出现过压或过流情况，一定要限制电压电流的保护。一般超声的电路板多以 12V、5V 为主要供电。使用高精度直流电源前首先要测量电路板电源输入端是否有短路,若有短路则需排除后再进行测试,否则可能会烧毁高精度直流电源。超声电路板电源电流很大,电源与电路板连接需专用粗铜导线且接头要压紧压实,避免产生电火花烧毁电路板。

（二）　对电路板的用电电流进行准确的测量

由于超声电路板的电流有些会很高,能达到几十安培,为了安全且不影响电路板本身运行,采用钳形电流表(交、直流)来测试用电电流。用普通电流表测量电流时,需要将电路切断停机后才能将电流表接入测量。此时,使用钳形电流表就方便多了,可在不切断电路的情况下测量电流。精确的测量要按规定的电流方向,并且载流导线要在环形钳的中心。不按此规定测量误差会大一些,但不应超出表的标签误差。

（三）　对电路板做热成像

对电路板进行热成像是维修中比较简便的方法。当电路板通电后,通过红外成像,可以使电路板的热量分布一目了然,从而快速判断出最有可能出现问题的元件。

知识链接

红外热像仪

红外热像仪利用红外探测器和光学成像物镜,接受被测目标的红外辐射能量分布图形反映到红外探测器的光敏元件上,从而获得红外热像图,这种热像图与物体表面的热分布场相对应。通俗地讲红外热像仪就是将物体发出的不可见红外能量转变为可见的热图像。热图像上的不同颜色代表被测物体的不同温度。

红外热像仪大体来说由四部分构成,探测器、信号处理器、显示器、光学系统,其中核心元器件便是红外探测器。

红外热像仪可将不可见的红外辐射转换成可见的图像。物体的红外辐射经过镜头聚焦到探测器上,探测器将产生电信号,电信号经过放大并数字化到热像仪的电子处理部分,再转换成我们能在显示器上看到的红外图像。

这类彩超设备在设计时已经考虑了热量分布的问题,一般不会有热量分布非常不均匀的情况。因此如果发现有某一部分温度异常升高,基本可以确定这里有问题。

二、电路板的测试

（一）　加相对应的时钟脉冲和复位脉冲

为电路板提供合适的电源后,进一步对电路板进行测试。首先要为电路板提供时钟脉冲。现在的彩超电路板以及绝大多数医疗仪器的电路板都有时钟脉冲,它是整个系统的时间工作基准,根据时钟脉冲进行工作。如果电路板本身有脉冲发生电路,就可以直接测试,但如果时钟脉冲是由其他电路板提供的,脉冲发生器是较好的选择。

知识链接

脉冲发生器

脉冲发生器是用来发生信号的系统，产生所需参数的电测试信号仪器。

按其信号波形分为四大类：①正弦信号发生器；②函数（波形）信号发生器；③脉冲信号发生器；④随机信号发生器。

彩超上电后，会首先对机器的各部分进行复位，进行自检，再进入工作状态。所以复位脉冲也是电路板进入正常工作状态所要求的。复位电路一般需要自己搭建电路，人为触发，也可以利用已有设备的触发脉冲功能。现在有不少测试设备混合了多种功能，有一些高级的示波器就有脉冲发生和触发功能。

（二）对电路中各测量点用逻辑分析仪和高级多通道示波器进行测量和记录

测试是维修的基础。通过测试确定问题所在，才能进行维修。但不论是加上相对应的时钟脉冲和复位电路，还是对电路中的各测量点用逻辑分析仪和高级多通道示波器进行测量和记录。进行元件级维修，首先要尽可能利用彩超设备提供的诊断软件、原理框图、逻辑电路图、信号流程图、测试点及故障状态指示灯去确定故障电路板和缩小或确定板上的故障范围或器件。了解故障电路板上集成电路的功能、主要用途、基本线路原理、电路芯片及器件的技术参数、信号流程及在正常的状态下各测试参考点的逻辑电平、波形等。使用示波器是元件级维修的基本要求，对逻辑分析仪熟练使用，就可以在维修上前进一大步。

知识链接

逻辑分析仪

逻辑分析仪是一种类似于示波器的波形测试设备，它可以监测硬件电路工作时的逻辑电平（高或低），并加以存储，用图形的方式直观地表达出来，便于用户检测、分析电路设计（硬件设计和软件设计）中的错误，逻辑分析仪是设计中不可缺少的设备，通过它可以迅速地定位错误，解决问题，达到事半功倍的效果。

逻辑分析仪最主要的作用在于时序判定。由于逻辑分析仪不像示波器那样有许多电压等级，通常只显示两个电压（逻辑 1 和 0），因此设定了参考电压后，逻辑分析仪将被测信号通过比较器进行判定，高于参考电压者为 High，低于参考电压者为 Low，在 High 与 Low 之间形成数字波形。

将被测系统接入逻辑分析仪，使用逻辑分析仪的探头（逻辑分析仪的探头是将若干个探极集中起来，其触针细小，以便于探测高密度集成电路）监测被测系统的数据流，形成并行数据送至比较器，输入信号在比较器中与外部设定的门限电平进行比较，大于门限电平值的信号在相应的线上输出高电平，反之输出低电平时对输入波形进行整形。经比较整形后的信号送至采样器，在时钟脉冲控制下进行采样，被采样的信号按顺序存储在存储器中。采样信息以"先进先出"的原则组织在存储器中，得到显示命令后，按照先后顺序逐一读出信息，按设定的显示方式进行被测量的显示。

一般超声设备提供的诊断软件均能诊断到电源、信号采集转换、图像处理、发射/接收部分等子系统的功能单元的故障,明确提示错误信息,供维修参考。但要进一步找到具体的故障芯片或器件还要颇费一番周折。归纳起来主要有集成电路及阻容元件性能变差、性能不稳定、功能失效;芯片及器件引脚的虚焊、虚接、开路;芯片及器件的击穿短路、引脚互碰等都会导致电路板不能正常运行工作。要依故障情况进行具体分析。

（三）对 FPGA 的超大规模集成电路进行边界扫描及测量

随着电子技术的不断发展,越来越多大规模可编程数字逻辑器件使用,如 FPGA 等。这种器件提高了电子设备的性能,增加了可靠性,但是其复杂的逻辑关系、细密的引脚也给设备的维修带来了巨大的压力。芯片封装技术的发展,特别是表面贴装技术(SMT)的发展给传统针床测试带来很多困难。维修人员无法通过探针来测量芯片引脚上的波形,而使用"针床"等专用测试平台又需要付出很高的成本。边界扫描技术的诞生为这一问题提供了一个新的解决途径。边界扫描就像一根"虚拟探针",能在不影响电路板正常工作的同时,采集芯片引脚的状态信息,通过分析这些信息达到故障诊断功能。

现在大多数彩超电路板都使用 FPGA、CPLD 等大规模可编程数字逻辑器件,这些芯片的出现就要求我们能够使用边界扫描测试系统进行测试判断和维修。

知识链接

边 界 扫 描

IEEE 1149.1 标准规定了一个四线串行接口（第五条线是可选的）,该接口称作测试访问端口（TAP）,用于访问复杂的集成电路（IC）,例如微处理器、DSP、ASIC 和 CPLD。除了 TAP 之外,混合 IC 也包含移位寄存器和状态机,以执行边界扫描功能。TDI（测试数据输入）引线上输入到芯片中的数据存储在指令寄存器中或一个数据寄存器中。串行数据从 TDO（测试数据输出）引线上离开芯片。边界扫描逻辑由 TCK（测试时钟）上的信号计时,而且 TMS（测试模式选择）信号驱动 TAP 控制器的状态。TRST（测试重置）是可选项。在 PCB 上可串行互连多个可兼容扫描功能的 IC,形成一个或多个扫描链,每一个链都有自己的 TAP。每一个扫描链提供电气访问,从串行 TAP 接口到作为链的一部分的每一个 IC 上的每一个引线。在正常的操作过程中,IC 执行其预定功能,就好像边界扫描电路不存在。但是,当为了进行测试或在系统编程而激活设备的扫描逻辑时,数据可以传送到 IC 中,并且使用串行接口从 IC 中读取出来。这样数据可以用来激活设备核心,将信号从设备引线发送到 PCB 上,读出 PCB 的输入引线并读出设备输出。边界扫描 IC 的内部结构,如图 8-31 所示。

对于边界扫描（boundary scan）测试,一些公司已经将其进一步简化。举例来说,比如通过 ISDN 进行传输数据,用户是不必介意底层的协议的。同理,很多边界扫描（boundary scan）的软件也做到了这些。

掌握 JTAG,就是要处理好五条线: TDI、TDO、TRST（test reset）、TCLK（test clock）、TMS（test mode select）。

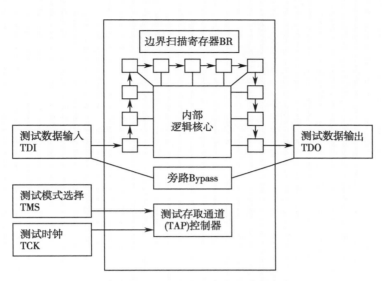

图 8-31　边界扫描 IC 的内部结构

含边界扫描器件(如 FPGA 等)的电路板具有在线测试、离线测试等功能,而且系统的体积小,测试时与电路板的连接线少。虽然由于测试点有限,不能提供 100% 的故障覆盖率,但该系统仍能够为维修人员对含边界扫描器件电路板的快速维修提供有效支持。可以在此基础上,开发一些程序或从厂家获得测试程序,将可以更细致的进行边界扫描测试。

三、电路板元件的更换

当确定了有问题的元件或芯片后,就需要对故障元件更换。分立元件可以用电烙铁吸锡器进行拆卸和安装。表面贴装元件可以使用热风机进行拆卸和安装。但大规模集成电路使用的封装方式越来越小型化,BGA 这类封装方式应用后,这时就需要使用 BGA 返修台了。

BGA 封装(ball grid array package)的 I/O 端子以圆形或柱状焊点按阵列形式分布在封装下面,BGA 技术的优点是 I/O 引脚数虽然增加了,但引脚间距并没有减小反而增加了,从而提高了组装成品率;虽然它的功耗增加,但 BGA 能用可控塌陷芯片法焊接,从而可以改善它的电热性能;厚度和重量都较以前的封装技术有所减少;寄生参数减小,信号传输延迟小,使用频率大大提高;组装可用共面焊接,可靠性高。

知识链接

BGA 封装技术的分类

BGA 封装技术可详分为五大类:

1. PBGA (plasric BGA) 基板　一般为 2 ~ 4 层有机材料构成的多层板。 Intel 系列 CPU 中, Pentium Ⅱ、Ⅲ、Ⅳ处理器均采用这种封装形式。

2. CBGA（CeramicBGA）基板　即陶瓷基板，芯片与基板间的电气连接通常采用倒装芯片（FlipChip，简称 FC）的安装方式。Intel 系列 CPU 中，Pentium Ⅰ、Ⅱ、Pentium Pro 处理器均采用过这种封装形式。

3. FCBGA（FilpChipBGA）基板　硬质多层基板。

4. TBGA（TapeBGA）基板　基板为带状软质的 1～2 层 PCB 电路板。

5. CDPBGA（Carity Down PBGA）基板　指封装中央有方型低陷的芯片区（又称空腔区）。

对 BGA 的电子元件可用 BGA 返修台（图 8-32）进行更换。

BGA 是一种典型芯片封装形式，越来越多应用到电脑主板、手机主板、MP3/MP4 主板等产品，医疗设备中也大量使用。作为一种新型的芯片封装技术，BGA 的返修同样面临着新的挑战。

1. **拆下 BGA/PCB**　采用 BGA 返修台，选取合适的温度曲线，对齐位置，加热并取下电路板上有问题的 BGA 芯片。一般来讲，拆除元件时最好采用与焊接相同的温度曲线。在拆除之前测量好温度曲线，以保证拆取效果。拆下来的 BGA 如要重新利用，进行植球工艺后才可再利用。

2. **清理 PCB**　为了涂敷新助焊剂和新焊料，务必保证焊盘齐平、清洁，焊盘清理是非常有必要的。建议用扁铲形烙铁头清理焊盘，或采用吸锡方法，如真空吸锡法。使用扁铲形烙铁头时，同时使用加有助焊剂的吸锡线可以得到更好的效果。清洁完残锡后，有必要用洗板水洗去残留的助焊剂。见图 8-33。

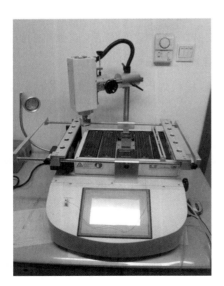

图 8-32　BGA 返修台

图 8-33　使用烙铁和吸锡线清理焊盘

3. 在 PCB 上涂上助焊剂，采用松香笔或者防静电刷子在 PCB 上均匀适量涂上助焊剂（见图 8-34）。

图 8-34　涂上助焊剂

4. 植球　在进行完以上操作后,就可以植球了,这里要用到钢网和植球台(见图 8-35)。

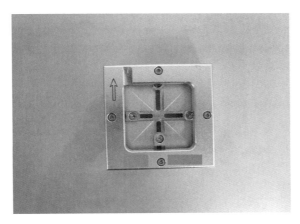

图 8-35　植球台

钢网可以很容易地将锡球放到 BGA 对应的焊盘上。植球台将 BGA 上的锡球熔化,使其固定在焊盘上。植球的时候,在 BGA 表面(有焊盘的那面)均匀地涂抹一层助焊膏(剂),将钢网(这里采用的是万能钢网)上每一个孔与 BGA 上每一个焊盘对齐,然后将锡球倒在钢网上,用毛刷或其他工具将锡球拨进钢网的每一个孔里,锡球顺着孔到达 BGA 的焊盘。完成这些步骤后,仔细检查有没有未与焊盘对齐的锡球,如果有,用针头将其拨正。小心地将钢网取下,将BGA 放在高温纸上,放到植球台。植球的时间根据 BGA 上锡球都熔化且表面发亮成完整的球形的时间来判定。

5. 贴放 BGA/PCB　采用 BGA 返修台完成 BGA 对位贴放。

对位:BGA 返修台自带的光学对位系统有助于快速而准确的对位。这种对位方式采用的是点对点式的对位方法,即 BGA 锡球点和 PCB 焊盘点一一对应,完全消除了由于对位不准而造成的焊接不良。

对位完成后,BGA 返修台将像贴片机一样准确地将 BGA 贴放在 PCB 上。少数情况对位准确贴放后会有轻微的偏位,一般只要不超过 50%,则在回流的过程中,有铅焊料的拉力会将芯片自动拉正。由于无铅焊料表面张力较低,自对中能力就较差。

6. BGA/PCB　回流采用已经调试好的温度曲线,完成焊接动作。温度曲线直接决定了焊接结果。这是无铅返修中最具挑战性的工作。大多数加热是通过顶部和底部的加热器在四个加热区内实现的。PCB越大,底部加热器需要提供的热量就越多;对加热器的升温及降温的要求可在所示的温度曲线中看到。这条曲线与常规的有铅BGA返修所用的阶梯状加热曲线不同。

故障元件更换后,将设备安装复原。

四、维修后续工作

由于现在维修中的技术图纸资料不详细,大多数情况没有电路图可供参考,因此要对进行维修的电路板拍照存档,将故障元件以及测试过程记录下来。如果时间允许应画出电路图,并对相关电路板进行拍照存档,这些电路板的电子档案会为以后的维修工作提供巨大的帮助。

点滴积累 ∨

1. 板级维修和元件级维修。

2. 彩色超声电路板的维修。

3. 电路板的测试与元件的更换。

4. 超声诊断仪器中电源的维修与更换。

学习小结

一、学习内容

超声诊断仪器的验收、安装与维修
- 超声诊断仪器的验收、安装和调试
  - 超声诊断仪器的验收
  - 超声诊断仪器的安装
  - 超声诊断仪器的调试
- 超声诊断仪器的保养
- 超声诊断仪器的维修
  - 超声诊断仪器维修技术的学习和提高
  - 超声诊断仪器主要部件的维修
- 彩色超声电路板的维修
  - 板上电源的维修
  - 电路板的测试
  - 电路板的元件的更换
  - 维修后续工作

二、学习方法体会

1. 学习和掌握在线测试电路板的方法,逐步培养维修超声诊断仪器的能力。

2. 学习和丰富超声诊断仪器电路知识,查找资料、元件手册,学会看懂芯片说明书和评估电路图,扩展知识范围,积累维修经验。

3. 掌握超声诊断仪器安装和调试过程,能够分析超声诊断仪器整机和主要部件的系统构成和工作原理;熟悉超声仪器电路的主要电子元件,了解超大集成电路板的测量方法、BGA 封装电路维修方法和 BGA 焊台的使用,能够正确使用万用表和示波器,掌握维修方法和维修工具的使用,初步具备维修超声诊断仪器的能力。

目标检测

一、单项选择题

1. 超声诊断仪器的安装湿度要求是(　　　)

    A. 低于 70%　　　　　　　　　　B. 低于 90%

    C. 低于 10%　　　　　　　　　　D. 低于 95%

2. 超声诊断仪器的电源要求是(　　　)

    A. 交流 220V±10% 、50Hz　　　　B. 交流 380V±10% 、50Hz

    C. 交流 110V±10% 、60Hz　　　　D. 交流 240V±10% 、60Hz

3. 验收超声仪器时,最重要的随机文档是(　　　)

    A. 合格证　　　　　　　　　　　B. 装箱单

    C. 保修卡　　　　　　　　　　　D. 使用说明书

4. 当超声设备上轨迹球损坏时,直接影响哪个功能(　　　)

    A. 超声图像显示　　　　　　　　B. 测量功能

    C. 灰阶显示　　　　　　　　　　D. 时间显示

5. 超声体模主要用来检测超声图像的哪项性能(　　　)

    A. 超声图像的横向、纵向分辨力　　B. 超声图像的噪声

    C. 显示器的分辨力　　　　　　　D. 超声成像的通道数

6. 一般芯片抗静电电压值为(　　　),人体所带静电电压为上万伏,故在电路板维修操作中,要注意使用防静电手环防止意外芯片损坏

    A. 10 ~ 200V　　　　　　　　　　B. 200 ~ 500V

    C. 1000 ~ 2000V　　　　　　　　D. 10 000 ~ 20 000V

7. 进行上电检查维修,(　　　)是主要工具,先查主要芯片电源,查晶体和时钟电路,查控制总线,测量芯片片选脚与使能管脚和看门狗与定时电路状态,再看地址总线与数据总线,看到电平脉冲中有低电平的出现时,就找到了故障点

    A. 万用表　　　　　　　　　　　B. 示波器

C. 信号源　　　　　　　　　　　　　D. 逻辑分析仪

8. 探头起泡最简单的维修方法是先(　　),做好探头保养

　　A. 清洗探头　　　　　　　　　　B. 胶水粘贴

　　C. 选好超声耦合剂　　　　　　　D. 将气泡部位磨平

9. 探头起泡应急维修方法中选用硅胶 HZ-705,透明稀稠液表面固化时间为(　　)

　　A. 30 分钟　　　　　　　　　　B. 10 分钟

　　C. 20 分钟　　　　　　　　　　D. 40 分钟

10. 对彩超电路板进行维修时,首先确定是否为板上电源的故障。彩超电路板板上电源一般为(　　)

　　A. ±5V、±24V　　　　　　　　B. ±3.3V、±24V

　　C. ±5V、±3.3V　　　　　　　D. ±5V、±12V

二、多项选择题

1. 超声诊断仪器的保养范围有(　　)

　　A. 每日用吸尘器清扫房间,禁止在室内吸烟

　　B. 每月清洗仪器进风口过滤器,干燥后安装

　　C. 每月对键盘除尘。每半年为机器内部除尘

　　D. 每年的计量检查时,对图像进行评估对比

2. HDI5000 的 DC 电压输出测量端口(也称为模电图),它由(　　)等由多块开关电源模块组成

　　A. 正负 15V、12V、6V 的电压输出　　　　B. −5.2V、+5V

　　C. +HV/10　　　　　　　　　　　　　　D. −HV/10

3. DVI 全称为 Digital Visual Interface,一个 DVI 显示系统包括一个传送器和一个接收器。目前的 DVI 接口分为(　　)

　　A. DVI-D　　　　　　　　　　　　B. DVI-I

　　C. DVI-H　　　　　　　　　　　　D. USB

4. 医疗电源设计有其特殊的规范,对 AC/DC 医疗电源有如下要求(　　)

　　A. 医疗电源安全性、可靠性　　　　B. 医疗电源环保要求

　　C. 医疗电源要满足电磁辐射的要求　　D. 医疗电源具有抗干扰的能力

5. 彩超使用前要对高精度直流电源进行输出检查,输出电压检查按下面的步骤,可以验证电源在不带负载时的基本电压功能(　　)

　　A. 打开电源供应器

　　B. 使电源输出开启。此时,VFD 显示器上 CV 标志点亮

　　C. 设置电源电压。设置不同的电压,检查 VFD 上显示的电压值是否接近为设置电压值,
　　　　VFD 上显示的电流值是否接近为 0A

　　D. 确保电源电压能够从 0V 调节到最大输出电压

三、简答题

1. 简要说明验收一台超声诊断设备的流程？

2. 超声诊断仪设备上探头工作不正常时，图像上常见哪些现象？

3. 一台彩色多普勒超声诊断仪显示器颜色偏蓝，可能是哪些故障？

4. 简要说明 KS107D 超声体模的作用。

（张庆祝　苏永兴）

参考文献

---

1. 陈智文. B 型超声诊断仪原理、调试与维修. 湖北：湖北科学技术出版社,1992.

2. 万明习. 医学超声学. 西安：西安交通大学出版社,1992.

3. 王瑞玉. 医用超声仪原理构造和维修. 北京：中国医药科技出版社,2007.

4. 韩丰谈,朱险峰. 医学影像设备学. 北京：人民卫生出版社,2010.

5. 范毅明,范世忠,李祥杰. 医用 B 超仪与超声多普勒系统. 上海：第二军医大学出版社,1999.

6. 周永昌,郭万学. 超声医学. 北京：科技文献出版社,2006.

7. 冯若. 超声诊断设备原理与设计. 北京：中国医药科技出版社,1993.

8. 冯若. 超声手册. 南京：南京大学出版社,1999.

9. 关立勋. 超声诊断仪原理与维护. 北京：人民卫生出版社,1983.

10. 甘心照. 近代电子医疗设备与技术. 南京：南京大学出版社,1991.

11. 付建国. 医学影像设备学. 北京：高等教育出版社,2005.

12. 邵会华. 医学超声原理与仪器. 北京：清华大学出版社,1982.

13. 张海滨,宋立为. 医用超声多普勒成像设备质量控制检测技术. 北京：中国质检出版社,2013.

目标检测参考答案

第一章

一、单项选择题

1. B　2. C　3. D　4. C　5. A　6. A　7. B　8. A　9. A　10. C

二、多项选择题

1. ABC　2. ABC　3. ABC　4. ABC　5. ABC

三、简答题

1. 简述超声波衰减的三种形式。

答：①扩散衰减：超声波在传播过程中，随着传播距离的增大，由于反射、折射使其波阵面逐步扩大，从而导致超声波束的截面积增大，导致传播方向上单位面积的声波能量减弱。②散射衰减：声波在介质中传播时，当介质中含有微小颗粒时会发生散射现象，可以造成传播方向上的声能衰减。③吸收衰减：超声波在介质中传播时，有一部分能量会转化为热能等其他形式的能量。

2. 简述超声波在人体内传播的特性。

答：由于超声波频率 f 高，波长 λ 短，使得超声波比普通声波具有特殊性，即近似于光的某些特征，如束射性、折射、反射等，超声波在人体内的传播主要特性：

（1）超声波的束射（定向）性：人耳可感受的声音是无指向性的球面波，即以声源为中心呈球面向四周扩散，其周围均能听到的声音。超声波频率越高，波长越短，超声波束射性越强，其指向性越明显。

（2）超声波在人体组织介面上的反射特性：在原介质中的声波称为入射波；在分界面处，入射波的能量一部分产生反射，如果界面尺寸比入射超声波的波长大很多时，则一部分入射超声波能量波速不变，在不同声阻抗改变的分界面处形成反射波，回到原介质内。

（3）超声波的折射：因人体各种组织中的声阻抗不同，超声波束倾斜入射经过这些组织间的大界面时，由于声速发生变化而引起超声波束前进方向的改变。

（4）超声波的透射：超声波垂直或倾斜入射到两种组织介质界面时，有部分超声能量产生透射，垂直通过界面后的超声传播方向不变，倾斜入射时通过界面后超声传播方向发生变化。

（5）超声波的衍射：当超声传播过程中，遇到界面或障碍物的线径与超声的波长相近时，超声会绕过这一分界面或障碍物的边缘几乎无阻碍地向前传播，这是超声波的衍射。

（6）超声波的散射：超声波传播过程中，遇到直径小于波长的微小粒子（即 $d \ll \lambda$），微粒吸收声波能量后，再向四周各个方向辐射球面波的现象称为超声散射。

（7）叠加原理和干涉：介质中同时存在几列波时，每列波能保持各自的传播规律而不互相干扰。在波的重叠区域里各点的振动的物理量等于各列波在该点引起的物理量的矢量和。

3. 如何理解两种介质的声阻抗差愈大,超声波反射能量越大?

答：超声波垂直投射到两种不同的声阻抗 Z_1、Z_2 的介质界面时，不考虑超声吸收的情况下，超声波声压反射系数 γ 为：

$$\gamma = \frac{Z_2 - Z_1}{Z_2 + Z_1}$$

式中：

γ—超声波垂直投射的声压反射系数；

Z_1—第一介质组织声阻抗值；

Z_2—第二介质组织声阻抗值。

超声垂直投射到两种不同的声阻抗 Z_1、Z_2 的介质界面时，不考虑超声吸收的情况下，声强反射系数为：

$$\gamma_q = \frac{Z_2 - Z_1}{Z_2 + Z_1}$$

式中：

γ_q—超声垂直投射的声强反射系数；

Z_1—第一介质组织声阻抗值；

Z_2—第二介质组织声阻抗值。由上式可见反射波声压和声强，是与超声波投射到两种不同声阻抗 Z_1、Z_2 的介质界面声阻抗差成正比，两种介质声阻抗差越大，反射能量越多。

第二章

一、单项选择题

1. B 2. A 3. B 4. B 5. A 6. C 7. D 8. D 9. D 10. A 11. D 12. A

二、多项选择题

1. CD 2. ABC 3. BCD 4. AD 5. ABC 6. ABCD 7. ABCD 8. ABD 9. CD 10. ABC 11. BD 12. BCD

三、简答题

1. 试绘出超声诊断仪的基本结构框图,简述其各部分的作用。

答案：超声诊断仪主要由两大部分组成，即超声换能器及仪器。

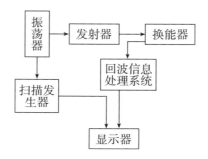

振荡器,即同步触发信号发生器,产生控制系统工作的同步触发脉冲,它决定了发射脉冲的重复频率。受触发后的发射器产生高压电脉冲以激励超声换能器向探测目标发射超声脉冲,由目标形成的回声脉冲信号经换能器接收后转换成电信号,接着进入回波信息处理系统。该系统由射频信号接收放大器、检波器和视频放大器等组成,最后由显示器进行显示。扫描发生器在振荡器产生同步脉冲控制下,输出扫描信号给显示器,使显示器显示的超声回声图得以稳定。

2. 简述 A 型超声工作原理。

答案:脉冲发射的瞬间,显示器上光点垂直偏移(a),随后超声脉冲以恒速通过介质 1,光点在显示器上形成水平扫描线(b),当超声脉冲传播至介质 1 和介质 2 的分界面(c)时,一部分超声能量经界面反射。同时,由于人体组织界面两边的声学差异通常不是很大,故大部分能穿过介面继续向前传播(d)。当反射回声到达探头(e)时。换能器将回声信号变为电信号,再经过接收放大器放大,成为垂直偏转板的输入信号,产生光点轨迹的垂直偏转,形成界面反射回声脉冲。显示器上两个脉冲间距离(时间)与介质的厚度成正比,反射脉冲的幅值与界面的声反射特性有关。如果过程重复的速度足够快(大于 20 帧/s)就可显示出稳定的波形(f)。

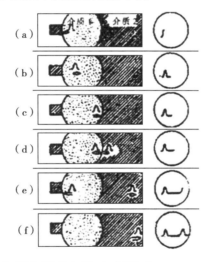

3. 超声诊断仪的工作频率与哪些因素有关,如何影响?

答案:首先,从分辨力的角度说,增高频率,可以改善分辨力。频率越高,波长越短,则波束的指向性越好(近场距离大,而发散角小),横向和纵向分辨力都能提高。其次,从穿透深度的角度来看,工作频率越高,则衰减成正比地增加,必然使探测深度减小。若要求较大的穿透深度,就得取较低的工作频率。

4. 医学超声成像与其他成像方式比较有什么特点?

答案:目前,医学超声成像诊断仪的种类非常繁多,它们的突出特点是:①对人体无损伤,这也是与 X 射线诊断最主要的区别,因此特别适合于产科与婴幼儿的检查;②能方便地进行动态连续实时观察。在中档以上的超声诊断仪,多留有影像输出接口,使影像易于采用多种形式(录像、打印、感光成像、计算机存储等)留存及传输与交流;③由于它采用超声脉冲回声方法进行探查,所以特别适用于腹部脏器、心脏、眼科和妇产科的诊断,而对骨骼或含气体的脏器组织如肺部,则不能较好地成像,这与常规 X 射线的诊断特点恰恰可以互相弥补;④从信息量的对比上看,超声诊断仪采用的是计算机数字影像处理,目前较 X 射线胶片记录的影像信息量和清晰度稍低。

5. 医学超声设备按照获取信息的空间如何分类?

答案:①一维信息设备包含 A 型、M 型、D 型;② 二维信息设备包含 B 型、C 型、F 型、P 型、彩超等;③ 三维信息设备主要为三维超声诊断仪。

6. 超声检查前的准备工作有哪些?

答案:①检查者在检查前需准备好所需超声诊断仪器,选择合适的探头及频率。开机前必须校对电源电压以及接地装置是否正常,待仪表正常后方可开机,正确调节各个按钮至设定的最佳工作状态。另外,检查前还应调节室内的温度和光线,是患者处于较为安静、实施的环境之下。②初步了解患者的病变情况,检查前可对受检者进行简短的询问,了解受检者病史,明确检查目的和要求;某些检查需给予必要的解释,以取得患者配合,达到最佳的检查效果。③做好消毒隔离、无菌操作,对有传染病的患者进行检查时,应按消毒隔离程序处理,所有器械应严格消毒,防止交叉感染。腔内超声、介入性超声、术中超声等需做好消毒、无菌操作等准备工作。

第三章

一、单项选择题

1. C　2. B　3. A　4. B　5. B　6. C　7. D　8. B　9. C　10. D

二、多项选择题

1. ABC　2. BCD　3. BCD　4. ABC　5. ABCD

三、简答题

1. 可变孔径电路的目的和意义?

采用电子聚焦,组合振子发射和接收,使远场分辨力得到提高,同时声束在近场区有效孔径也有增大,导致近场分辨力也有所下降接收时,在探测深度范围内,由浅至深分段增大换能器接收孔径的大小,保证了远、中和近场都有较好的横向分辨力。

2. 医用超声诊断仪接收电路为什么要采用时间增益控制(TGC)的补偿电路和怎样实现补偿?

答:医用超声仪器发出的超声波在人体内传播时,其能量将被人体组织吸收。随着探测深度的增加,超声波的能量将逐渐衰减。为了使不同深度组织界面的回波幅值相同,应将不同深度下的回波信号进行不同程度的衰减放大,以实现声程补偿,也就是需要接收机的增益随扫描时间的增加而增加,因为从较深部位声界面反射的回声信号的放大倍数较大,而距换能器较近的反射信号,也就是在时间上较早到达的回波信号则放大倍数较小。在超声波诊断仪器中,用深度时间增益补偿电路,即用一定的电压曲线来控制放大器的增益,以使得不同深度下的超声回波能够获得不同的放大倍数,从而起到补偿作用 。

3. 医用 B 型超声诊断仪接收电路为什么要采用动态滤波?

答:施加压电换能器上是非正弦周期电压,而是一个由直流电压与多次谐波合成占有一定频谱宽度的电压。要求探头压电换能器具有相应的频响特性,才能保证具有较高的分辨力,为了能获得全探测深度内最佳分辨力的回声图像,希望所接收回声仅选择为:①在体表部分具有良好分辨力的高频分量;②容易到达体内深部的低频分量。动态滤波器用来自动选择以上具有诊断价值的频率分量,并滤除体表低频为主的强回声信号和深部以高频为主的干扰的一个频率选择器,提高近场分辨力和远场信噪比,改善回声图像。

4. 什么是逆压电效应和正压电效应?

某些电介质,当受力变形时内部产生极化现象,同时在两个表面产生相异电荷,外力去掉后,又恢复到不带电状态。当作用力方向改变时,电荷极性随之改变,这种现象称为"正压电效应"当在电介质极化方向施加电场,这些电解质也会产生几何变形,这种现象称为"逆压电效应"。

第四章

一、单项选择题

1. B　2. C　3. B　4. D

二、多项选择题

1. ABCD　2. AC　3. ABE　4. ACDEF

三、简答题

1. 请简述全数字化超声诊断系统。

答案:全数字化超声诊断系统是指发射波束和接收波束都是数字化形成的超声诊断系统。经过不断地发展、改进与更新,已成为现代超声诊断系统的主流。

2. 请简述 DP-9900 型 B 超自检模块的工作原理。

答案:其工作原理是通过自检使能信号去控制切换继电器的状态。当自检使能信号无效时,探头板处于正常工作状态;当自检使能信号有效时,探头插座的所有信号端子被加入自检信号,从而依次开启每个收发通道(即只能有一个信号信道处于传导状态)。就可以应用自检信号测试每个信号信道的特性,并比较这些通道的一致性。

3. 请简述 DP-9900 型 B 超数字板主要组成。

答案:数字处理板主要由计算机系统、RF FPGA(UA1)、VF FPGA(UA2)、电影回路 FPGA(U31)和 DSC FPGA(U32)等组成。

第五章

一、单项选择题

1. C　2. A　3. B　4. D　5. D

二、多项选择题

1. ABCD　2. CD　3. AE　4. ABCDE

三、简答题

1. 简述超声多普勒频移解调。

答案:超声多普勒诊断仪接收器接收到的回波信号除有运动目标产生的多普勒频移信号外,还有静止目标或慢速运动目标产生的信号。这些不需要的波称为杂波。从复杂的回波信号中提取多普勒频移信号的过程称为多普勒频移解调。

2. 超声多普勒频谱显示包含哪些信息。

答案：

（1）频移时间：显示血流持续的时间，以横坐标的数值表示，单位为秒（s）。

（2）频移差值：显示血流速度，以纵坐标的数值表示，代表血流速度的大小，单位为米/秒（m/s）或千赫兹（kHz）。

（3）频移方向：显示血流方向，以频谱中间的零位基线加以区分。

（4）频谱强度：显示采样区内同速红细胞数量的多少，以频谱的亮度表示。

（5）频谱离散度：显示血流性质，以频谱在垂直距离上的宽度加以表示，代表某一瞬间采样区内红细胞速度分布范围的大小。

3. 简述 CDEI 工作原理。

答案：CDFI 以脉冲超声成像为基础，在超声波发射与接收过程中，系统首先产生差为 90° 的两个正交信号，分别与多普勒血流信号相乘，其乘积经 A/D 转换器变为数字信号，经梳形滤波器滤波，去掉血管壁、瓣膜等产生的低频分量后，送入自相关器做自相关检验。由于每次取样包含了许多红细胞所产生的多普勒血流信息，因此经自相关检验后得到的是多个血流速度的混合信号。将自相关检测结果送入速度计算器和方差计算器求得平均速度，连同经傅里叶变换处理后的血流频谱信息及二维图像信息一起存放到数字扫描转换器（DSC）中。最后，根据血流的方向和速度的大小，由彩色处理器对血流资料作伪彩色编码，送彩色显示器显示，从而完成彩色多普勒血流成像。

第六章

一、单项选择题

1. D　2. B　3. A　4. A　5. D　6. B　7. C　8. A　9. B　10. C

二、多项选择题

1. ABCD　2. AC　3. AB　4. ABCD　5. ACD　6. ABCD　7. ABC　8. ACD　9. ABC
10. ABCD

三、简答题

1. 简述三维超声图像的显示困难。

答案：①超声图像中的灰度并不具有"密度"的意义，超声图像反映的是超声波在人体中传播路径上声阻抗的变化。②原始三维数据的质量会直接影响图像显示的效果。由于超声图像中存在固有的噪声，图像的信噪比较低，给图像的边缘检测与分割带来了困难。③在三维超声图像数据的采集过程中，很可能在相邻的二维平面中出现缝隙。如果不采用诸如空间插值的方法，存在的缝隙将直接影响显示的质量。

2. 简述三维重建表面轮廓提取法缺点。

答案：缺点是：①需人工对脏器的组织结构勾边，既费时又受操作者主观因素的影响；②只能重建左、右心腔结构，不能对心瓣膜和腱索等细小结构进行三维重建；③不具有灰阶特征，难以显示解剖细节,故未被临床采用。

3. 简述与二维超声影像相比,三维超声影像的优势。

答案:

(1)图像显示直观:采集人体结构的三维数据后,医师可通过人-机交互方式实现图像的放大、旋转及剖切,从不同角度观察脏器的切面或整体。这将极大地帮助医师全面了解病情,提高疾病诊断的准确性。

(2)精确测量结构参数:心室容积、心内膜面积等是心血管疾病诊断的重要依据。在获得脏器的三维结构信息后,这些参数的精确测量就有了可靠的依据。

(3)准确定位病变组织:三维超声成像可以向医师提供肿瘤(尤其是腹部肝、肾等器官)在体内的空间位置及三维形态,从而为进行体外超声治疗和超声导向介入性治疗提供依据。避免在治疗中损伤正常组织。

(4)有利于排除胎儿畸形:对其面部、肢体、颅脑及其他部位的畸形显示直观,可以显著缩短诊疗时间,增加诊断的敏感性。

4. 简述谐波成像技术存在的缺陷。

答案:①频率依赖性衰减,即远场图像质量随频率增高而下降;②产生旁瓣伪像,主声束成像的同时,旁瓣亦形成图像,即伪像;③产生杂波簇,即近场声强变化较大,引起多重反射,使近场图像质量受到影响。

第七章

一、单项选择题

1. A　2. B　3. D　4. C

二、多项选择题

1. ABCDE　2. ABDEF　3. BCDEF　4. BDEF

三、简答题

1. 什么是盲区? 影响盲区的因素有哪些?

答案:盲区是指超声诊断仪器(主要是 B 超)可以识别的最近回波日标深度。盲区小有利于检查出接近体表的病灶,这一性能主要受探头的构造参数与发射脉冲放大电路的特性影响。可以通过调节发射脉冲幅度或发射脉冲放大电路时间常数等来影响盲区大小。

2. 彩超血流性能参数都有哪些?

答案:

(1)多普勒频谱信号灵敏度:多普勒频谱信号灵敏度是指能够从频谱中检测出的最小多普勒信号。

(2)彩色血流灵敏度:彩色血流灵敏度是指能够从彩色血流成像中检测出的最小彩色血流信号。

(3)血流探测深度:血流探测深度是指在多普勒血流显示、测量功能中,超过该深度即不再能检出多普勒血流信号处的最大深度。多普勒血流信号可以有三种表现方式:彩色血流图像、频谱图和音频输出。

（4）最大血流速度：最大血流速度是指在不计噪声影响的情况下，能够从取样容积中检测的血流最大速度。

（5）血流速度示值误差：血流速度示值误差是指彩超从体模或试件中测得的散射（反射）体速度相对其设定值的相对误差。

（6）血流方向识别能力：彩超辨别血流方向的能力，彩色显示中用红和蓝颜色区分，频谱显示中用相对于基线的位置表达。

3. 检测超声诊断仪器的装置分哪几类？

检测超声诊断仪器的装置主要有以下三类：检测灰阶图像表征参数的装置；检测彩超血流参数的装置；检测安全参数的装置。

第八章

一、单项选择题

1. A　2. A　3. A　4. B　5. A　6. A　7. B　8. C　9. D　10. D

二、多项选择题

1. ABCD　2. ABCD　3. AB　4. ABCD　5. ABCD

三、简答题

1. 简要说明验收一台超声诊断设备的流程？

答：

（1）整箱到货验收　收到货物时，首先要求进行整箱到货的验收。

1）清点箱数并对每只箱的外包装进行检查。

2）注意倒装标识、振动标识是否变红。

3）注意包装是否完好、是否有破损、湿痕和打开包装的痕迹。

（2）开箱验货验收

1）按照合同和装箱单清点货物。

2）按照安装手册安装。

3）清点探头的编号和序号。

4）清点使用手册、维修手册以及软件光盘。

5）如果配有相控阵探头和CW连续多普勒功能的仪器，要在通电后进行这一功能的实际操作；特别注意是否安装有CW的独立电路板。

6）对每支探头都要进行测试，测试所有功能和软件。

7）对验货过程中出现的装箱单以外的配件，厂家收回时，应要求其作出证明。

2. 超声诊断仪设备上探头工作不正常时，图像上常见哪些现象？

答：（1）当超声探头上某一阵元坏时，图像上沿超声发射的方向有一条窄暗带。

（2）当探头上超声换能器匹配层损坏时，图像上有暗区。

（3）探头上带有开关电路时，开关电路损坏时，图像上有多条暗影。

（4）探头识别号损坏时，主机不能正确识别探头，也就没有正确图像显示。

3. 一台彩色多普勒超声诊断仪显示器颜色偏蓝，可能是哪些故障？

答：（1）可能显示器信号线没插好，主机断电后可试试重新拔插一下。

（2）可能是主机显示输出端 R、G、B 信号输出有故障。

（3）可能是显示器内部信号有故障，显示缺色。

4. 简要说明 KS107D 超声体模的作用？

答：（1）测量超声诊断仪的分辨力。

（2）测量超声诊断仪的探测深度。

（3）测量超声诊断仪的几何位置失真。

（4）测量超声诊断仪的盲区。

（5）模拟结石、囊肿等病灶的超声图像。

医用超声诊断仪器应用
与维护课程标准

供医疗器械类专业用

ER-课程标准

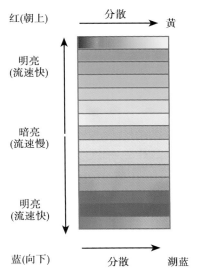

红(朝上) ——分散—→ 黄

明亮
(流速快)

暗亮
(流速慢)

明亮
(流速快)

蓝(向下) ——分散—→ 湖蓝

彩图 1　多普勒信号彩色显示原理图

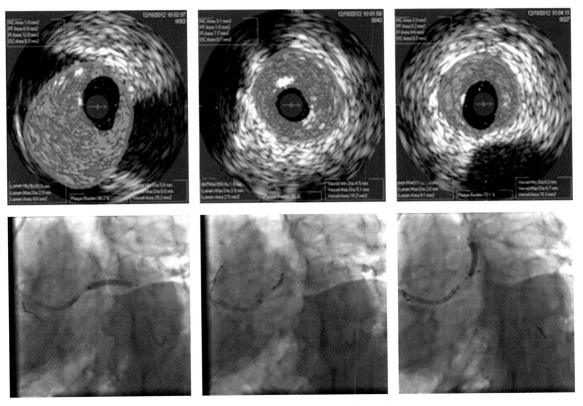

彩图 2　IVUS 临床图片及 DSA 造影对比

彩图 3　探头加压示意图及彩色编码图

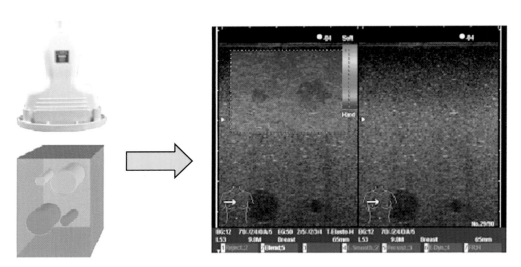

彩图 4　操作方法示意图

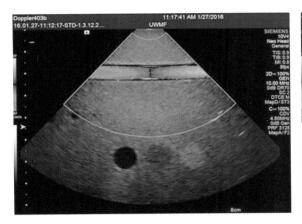
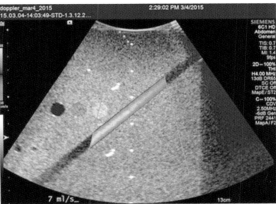

Gammex Doppler Flow Phantom

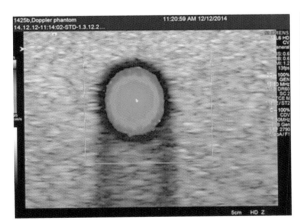
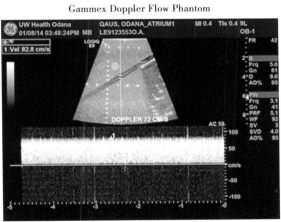

彩图 5　1425 型体模应用图